Horst-Eberhard Richter

Die Krise der Männlichkeit

»edition psychosozial«

Horst-Eberhard Richter

Die Krise der Männlichkeit

in der unerwachsenen Gesellschaft

Psychosozial-Verlag

Bibliografische Information Der Deutschen Nationalbibliothek
Die Deutsche Nationalbibliothek verzeichnet diese
Publikation in der Deutschen Nationalbibliografie;
detaillierte bibliografische Daten sind im Internet
über <http://dnb.ddb.de> abrufbar.

Originalausgabe

Goethestr. 29, D-35390 Gießen.
Tel.: 0641/77819; Fax: 0641/77742
E-Mail: info@psychosozial-verlag.de
www.psychosozial-verlag.de

Satzherstellung & Gestaltung:
Majuskel Medienproduktion GmbH, Wetzlar
Printed in Germany
ISBN 3-89806-570-7
ISBN 978-389806-570-2

Inhalt

Einführung

Als Freud 1930 sein berühmtes Werk über »*Das Unbehagen in der Kultur*« schrieb, fürchtete er noch, dass sich die Männer durch das weniger sublimierte Bindungsverlangen der Frauen zu viel von der Energie entziehen lassen könnten, die sie selber für ihre Kulturarbeit nötig hätten. Dabei dachte er vor allem an den Fortschritt der wissenschaftlich-technischen Naturbeherrschung. Vor ihm hatte ja bereits Schopenhauer festgestellt, dass die Frauen zwar den Männern in der Kraft des Mitfühlens und des Mitleids überlegen seien, worin die Tugenden der Gerechtigkeit und der Menschenliebe wurzelten. Aber bedauerlicherweise fehle es den Weibern an Vernunft, an Gewissenhaftigkeit und an der Fähigkeit zu unanschaulichem Denken. Der Gedanke, Weiber das Richteramt verwalten zu sehen, errege z.B. Lachen.

Nun sind Frauen Kanzlerin, Ministerin, Präsidentin des höchsten Gerichtes, erfolgreich in der Spitzenforschung und haben sich emanzipiert, wo immer ihnen die Männer auf ewig voraus zu sein glaubten. Und die Männer? Bereits vor einem halben Jahrhundert hatte der Psychologe C.G. Jung prophezeit: *»So wird sich der Mann gezwungen sehen, ein Stück Weiblichkeit zu entwickeln, d.h. psychologisch und erotisch sehend zu werden, um nicht hoffnungslos und knabenhaft bewundernd der vorausgehenden Frau nachlaufen zu müssen, auf die Gefahr hin, von ihr in die Tasche gesteckt zu werden.«*

Aber die Männer haben Jungs Warnung missachtet. Sie sind hinter den verselbständigten Frauen zurück und in der Illusion stecken geblieben, mit ihren wissenschaftlich-technischen Eroberungen ihre heimlichen Entmännlichungsängste beschwichtigen zu können. Was immer ihr Bemächtigungswille ihnen durch neue Erfindungen an phallisch narzisstischen Triumphen einbrachte, ihre Verunsicherung durch das Aufstreben der Frauen konnte es nicht wettmachen. Immer noch verwechseln sie ihre technischen Prothesen, mit denen sie sich aufrüsten, mit eigener Stärke und vertrauen auf das Anwachsen der künstlichen Intelligenz, ohne in der Verantwortungsreife für deren Gebrauch entsprechend mitzuwachsen.

***

Und dann war es zu der Tragödie gekommen, dass der größte und sanfteste Wissenschaftler Albert Einstein den Anstoß zum Bau der Waffe gegeben hatte, die – wie es gegenwärtig aussieht – einen Frieden der Menschlichkeit, d.h. des Zusammenlebens in Gleichheit, Freiheit und Geschwisterlichkeit, für lange Zeit unmöglich macht.

Einstein war Opfer des Prinzips geworden, das den atemlosen Wettlauf zu neuen technischen Eroberungen in Gang hält: *Eigentlich möchte ich einen gefährlichen Schritt noch nicht wagen. Aber wenn ich ihn nicht mache, dann kommt mir der Gegner zuvor, und ich bin in seiner Hand.* Die – allerdings voreilige – Annahme, mit einer atomaren Ambition Hitlers wetteifern zu müssen, hatte Einstein einen Fehler begehen lassen, den er später tief bedauert hat.

Längst wäre nun aber inzwischen Gelegenheit gewesen, sich von dieser mörderischen Selbstbedrohung durch die Nukleararsenale wieder zu befreien, spätestens nach dem Beinahe-Atomkrieg vor Cuba 1962, von dem der Ex-Kommandeur sämtlicher US-Nuklearstreitkräfte General Butler später bekannte, dass wohl himmlische Gnade nachgeholfen habe, einen »*nuklearen* Holocaust« im letzten Augenblick zu verhüten. Ihre Machtbesessenheit hinderte die Amerikaner daran, einen zuvor selbst geforderten und unterschriebenen Atomwaffensperrvertrag einzuhalten, der Verhandlungen mit dem Ziel einer vollständigen atomaren Abrüstung zur Pflicht machte. Die Folge: Heute stehen in den USA Tag für Tag 2.000 nukleare Sprengköpfe bereit, um nach Alarm binnen 15 Minuten abgeschossen zu werden und ein vielfaches Hiroshima anzurichten. Und ein einsamer Ex-Kriegsminister Robert McNamara mahnt ebenso verzweifelt wie vergeblich: *»Diese US-Nuklearpolitik ist«* – so wörtlich – *»unmoralisch, illegal, militärisch sinnlos und gefährlich!«*

Die Welt mit überlegener atomarer Bedrohung einzuschüchtern, ist der vorläufige Gipfel der männlichen Flucht in die Vision von gottähnlicher Allmacht. Aber genau besehen, verbirgt sich in diesem fragwürdigen Triumph eine panische Angst vor Schwäche. Es ist in Wahrheit ein pubertäres Verhaftetbleiben in der Phantasie, einer gefürchteten *»Entmännlichung«* nur durch Demonstration überlegener Potenz entgehen zu können. Mit der Beharrung auf der atomaren Herrschaft hat sich der Mann fürs Erste den Weg zu einer Gesellschaft von mehr Gleichheit, Freiheit und Geschwisterlichkeit stark erschwert. Im Übrigen bleibt es hoch gefährlich, sich auf eine Strategie des Einschüchterns zu verlassen. Denn diese verbirgt in sich einen Handlungszwang, nämlich die Bereitschaft, mit der Bedrohung gegebenenfalls ernst zu machen, weil sie ja sonst unglaubwürdig wäre. Aber was ist, wenn die Einschüchterung irgendwann versagt?

Jedenfalls täte der Mann immer noch gut daran, der Empfehlung von C. G. Jung zu folgen und in sich psychologisch ein Stück mehr Weiblichkeit zuzulassen – d. h., sich auf die Bindungskräfte zu verlassen, die für ein Zusammenleben in der uns vorgegebenen Gegenseitigkeit unentbehrlich sind. Wer an eine Freiheit zur Willkür glaubt, beliebig aus dem Netzwerk der wechselseitigen Abhängigkeit schadlos ausscheren zu können, läuft in die Irre. Da diese Verirrung indessen aus innerer Unreife erfolgt, ist sie schwer korrigierbar. Die Obsession unerwachsener Männlichkeit lautet: Man muss permanent siegen, um Leiden zu vermeiden, weil einzig Übermacht vor Ohnmacht schützt. Zeigt sich indessen nun, dass überlegene militärische Gewalt dennoch nicht vor schwerer Verletzung durch Gegenschläge bewahrt, vielmehr deren Gefahr durch angeheizten Hass erhöht – siehe Israel/Palästina und neuerdings Israel/Libanon, Hisbollah –, dann müsste man umlernen, ja sogar das Prinzip des Stärkekults grundsätzlich revidieren: nämlich erkennen, dass die einen immer an die anderen gebunden bleiben, und dass es den einen auf Dauer nur gut geht, wenn sie mithelfen, dass es auch den anderen gut geht; und dass man sich selbst erniedrigt, wenn man sich durch Erniedrigung anderer der eigenen Größe versichern muss.

So wie Frauen von den Männern ihren neuen Durchsetzungswillen gelernt haben, liegt es nun an den Männern, sich mehr von der bisher abschätzig den Frauen zugeteilten sozialen Sensibilität anzueignen. Der amerikanische pragmatische Philosoph Richard

Rorty[1] lehrt zu Recht, dass wir einen moralischen Fortschritt nicht durch Zunahme von Rationalität, sondern durch Erweiterung von Mitgefühl und Empfindsamkeit zu erhoffen haben. Rorty ist kein sentimentaler Bußprediger, sondern ein harter Kritiker der amerikanischen Kreuzzugs-Politik.

***

IM ERSTEN TEIL folgt dieses Buch einigen der großen Pioniere unseres wissenschaftlichen Zeitalters, denen genau jenes Erschrecken vor der Maßlosigkeit des männlichen Eroberungswillens widerfahren ist, vor der eben schon gewarnt wurde. Ausgehend von Forschern, die auf dem Wege ihres Erfindens und Entdeckens selbst erkennen mussten, dass sie ihr Gewissen zu verraten drohten, sollte die Warnung noch wirksamer sein. Ein paar sind darunter, wie Andrej Sacharow und Josef Weizenbaum, die ich in ihrer gewandelten Rolle als humanistische Häretiker ein Stückweit persönlich begleiten konnte.

IM ZWEITEN TEIL versucht das Buch in Anlehnung an das Vorgehen in der Psychoanalyse, Episoden der westlichen Geistesgeschichte in einer Art von kulturbiographischer Analyse zu verfolgen. Wieder werden herausragende Gestalten als Beispiele skizziert, die in ihrem Inneren und mit der Welt nach einer Geschlossenheit ringen, die nach dem Verlust des antiken Kosmos zerbrochen war: Selbstentfremdung, Entfremdung der Geschlechter von einander, Rettung aus Selbsthass durch Verfolgung des Bösen in der Inquisition und in drei Jahrhunderten Hexenjagd sind die entsprechenden Stichworte. Zwischenzeitlich Wieraufleben der Seele des Urchristentums in Franziskus und Klara von Assisi. Aber schließlich kommt es zum unaufhaltsamen Durchbruch des männlichen Bemächtigungswillens im *»Gotteskomplex«*: Unterdrückung von Ergebenheit und Gnadenhoffnung, Flucht in die Allmachtserwartung: Wissenschaft als Weg zur Selbstvergöttlichung. Entsorgung von Liebe, Güte, Leiden bei der erniedrigten Weiblichkeit.

---

1 R. Rorty: Hoffnung statt Erkenntnis, S. 79

Die prophetische Utopie »*Neu-Atlantis*« und die Psychologie ihres Autors Francis Bacon enthalten bereits vor 400 Jahren einen ziemlich exakten Entwurf der Moderne. Der Anspruch lautet: Die Wissenschaft werde Gott überflüssig machen, wenn man demnächst alles wissen werde, was vorher der Glauben in Ungewissheit belassen hatte. Die Gefühle bleiben gezügelt bzw. bei den Frauen deponiert, damit sie das männliche Machtstreben nicht schwächen. Bei Bacon stürzen die Wolkenkratzer, die er noch höher phantasierte als unsere heutigen, nicht ein. Dafür stürzt er selber über seine bedenkenlose Ausbeutung anderer Menschen und einen großen Korruptionsskandal, auch darin schon Vorbild der Moderne.

DER DRITTE TEIL schließt den Bogen zur Gegenwart. Im Mittelpunkt steht nach kurzer Wiedergabe die Analyse der Geschichte eines gerade noch vom Tode geretteten Bergsteigers (Beck Weathers) und seiner Familie – in der sich modellhaft Hauptzüge jener Krise der Männlichkeit abbilden, von der in gesellschaftlicher Dimension in diesem Buch immer wieder die Rede ist.

Zu meinem unentwegten Optimismus gehört es, die Überlegungen in der Skizzierung eines von Hoffnung erfüllten internationalen Projektes ausklingen zu lassen, das in allen fünf Kontinenten Männer und Frauen der verschiedenen Ethnien, Religionen, Rassen und sozialen Stellungen zu praktischen Initiativen für eine solidarischere Globalisierung zusammenführt. Dabei lernen Frauen wie Männer automatisch, dass sie nur als vollständige Menschen, die jeweils die andere Seite in sich mittragen, erfolgreich an der Überwindung der entfremdenden Spaltungen in der Welt arbeiten können. Bezeichnend ist immerhin, dass es gerade einer jungen Frau, der Fotografin Katharina Mouratidi, eingefallen ist, die Teilnehmerinnen und Teilnehmer in vielstimmigem Sprechen über sich selbst die Nähe zu einander in gemeinsamem Wollen erkennbar zu machen.

* * *

Ich widme dieses Buch dem Andenken Sir Peter Ustinovs. Gerade hatte ich seine Einladung zu einer von ihm an der Universität Wien gestifteten Gastprofessur abgelehnt, als er mich telefonisch rüffelte: *»Sagen Sie nicht, dass Sie zu alt sind. Sie sind 80, ich bin 82. Also drücken Sie sich nicht!«* Ich musste lachen und sagte dann doch zu. Gedanken aus jenen Vorlesungen sind in dieses Buch eingeflossen. Er war bereit, gleichsam als Gegenleistung, auf einer von mir zusammen mit den Internationalen Friedensärzten IPPNW organisierten Protestveranstaltung am US-Atombombenlager Ramstein eine Rede zu halten. Während ich gesundheitlich in der Lage war, mein Versprechen einzuhalten, fiel er kurz darauf tragischerweise einer schweren Krankheit zum Opfer. So bleibt mir nur, in diesem Buch als Botschaft eine uns beiden gemeinsame Grundüberzeugung weiterzutragen, die er am Ende seines letzten Werkes formuliert hat: *Andere Menschen mögen uns manchmal noch so fremd und unangenehm erscheinen – bis wir tiefer in sie hineinblicken und merken, dass wir selbst in ihnen enthalten sind.*

Von denen, die meine Arbeit an diesem Buch auf die eine oder andere Art unterstützt haben, nenne ich in Dankbarkeit: Dr. Friedrich Gehart und Prof. Friedrich Stadler, beide hilfreich für meine Vorlesungen an der Universität Wien; Prof. Joseph Weizenbaum, dem ich aus freundschaftlichen Gesprächen und aus seinen Schriften wichtige Anregungen verdanke; Katharina Mouratidi, Gestalterin der internationalen Ausstellung *»Die andere Globalisierung«*, hat mir durch ihre einzigartige Dokumentation geholfen, die Zusammenarbeit von Frauen und Männern in der globalisierungskritischen Bewegung in ihren Motiven besser zu verstehen; ohne meine Frau, kritische Beraterin über fast genau 60 Jahre, wäre dieses Buch nicht zustande gekommen.

Das Bündnis mit dem Psychosozial-Verlag des Ehepaares Trin Haland-Wirth und Prof. Hans-Jürgen Wirth, dem die psychoanalytische und die kritische sozialwissenschaftliche Literatur inzwischen eine ebenso intensive wie erfolgreiche Pflege verdanken, besiegelt für mich eine lange währende erfreuliche Beziehung mit einem Hause, durch das bereits eine Reihe meiner älteren Bücher in Neuauflagen wieder aufgelebt sind. Sehr herzlichen Dank an das Verlegerpaar und an die engagierte Mitarbeiterin Katja Kochalski sowie an meine beiden geduldigen Sekretärinnen Christa Schäfer und Katja Enners.

Erster Teil
Die Illusion des Stärkekults

1. Kapitel

Allmachtsdrang aus Haltlosigkeit

Vor einem Vierteljahrhundert habe ich mit einem Buch[1] einen Schock ausgelöst. Mein damaliger Verlag wollte es zunächst gar nicht produzieren. Dann tat er es doch und erzielte damit sogar einen internationalen Verkaufserfolg. Der SPIEGEL druckte den Text in mehreren Fortsetzungen. Was war an der Geschichte Satire, was ernst gemeint?

Es lief ähnlich ab wie bei einer beunruhigenden Deutung in einer Psychoanalyse: Zuerst Aufregung, dann Abschirmung und Versuch zu vergessen. Keines meiner so genannten Erfolgsbücher verschwand ähnlich rasch wieder aus den Läden. Hatte ich doch behauptet, die westliche Menschheit steuere in unbewusster Zielstrebigkeit einem chronischen tödlichen Siechtum entgegen. Kernaussage: Führende Köpfe aus den internationalen Geheimdiensten haben sich zu einem Club zusammengetan, um ein makabres Vorhaben zu realisieren. Sie bereiten für die Völker ein gemeinsames Ende mit Schrecken vor, um einen Schrecken ohne Ende zu verhüten, nämlich einen unvermeidlichen, Generationen überdauernden Niedergang mit schwindenden Ressourcen, Klimakatastrophen, epidemischen Umweltkrankheiten und eskalierender Gewalt in Komplizenschaft von Terrorismus und High-Tech-Kriegen. Der Club präpariert eine globale nukleare Explosion nach dem Muster des Beinahe-Atomkrieges zur Zeit der Cuba-Krise. Das makabre Unternehmen funktioniert. Auf der Erde erlischt nach dem Inferno teils sofort, teils mit Verzögerung, alles menschliche Leben. Irgendwann hunderte Jahre später landen Außerirdische auf unserem Planeten und bemühen sich lange, den Sinn und den Hergang des kollektiven Suizids zu rekonstru-

1 Alle redeten vom Frieden, Reinbek (Rowohlt), 1981

ieren, allerdings ohne zu verstehen, warum dieses intelligente Geschlecht der Erdbewohner, das so viel Wert auf Gesundheit, Lebenskomfort und Spaß gelegt hatte, sich ein solches grausames Ende bereiten konnte.

Als ich diese Satire damals niederschrieb, überschwemmten mich Informationen, die in die Richtung meiner Prognose wiesen. Als Psychiater erging es mir ähnlich wie bei der Einfühlung in das Wahnsystem eines Psychotikers, in dem alles überzeugend zusammenpasst, hat man erst den Schlüssel gefunden. Ich musste nur das bisherige Verständnis von Fortschritt des Zivilisationsprozesses umkehren, um die immanente Logik des tatsächlichen Niedergangs unserer Kultur klar vor Augen zu haben. Ich durfte nur nicht auf die kollektiv wirksame Suggestion hereinfallen, die einen stetigen Aufstieg vorschwindelt, den es gar nicht gibt.

Schon in der Schule wird uns als Dogma eingetrichtert, die westliche Menschheit erklimme seit der Aufklärung ein laufend höheres Zivilisationsniveau. Aber was passiert, ist das genaue Gegenteil: Zunehmende Militarisierung der Politik und immense Steigerung von Gewalt. Q. Wright und E. Fromm haben in ihren Untersuchungen *»A Study of War«* (1965) und *»Anatomie der menschlichen Destruktivität«* (1974) überzeugend belegt, dass die Zahl der Kriege und deren Grausamkeit im Verlauf der Geschichte nicht abgenommen, sondern zugenommen hat. Sie belegen das anhand von einwandfreien Daten. Die Bilanz von Fromm lautet: *»Je primitiver eine Zivilisation, umso weniger Kriege finden wir bei ihr. Die gleiche Tendenz spricht aus der Tatsache, dass die Zahl und Intensität der Kriege mit der Entwicklung der technischen Zivilisation größer geworden ist; sie ist bei mächtigen Staaten mit einer starken Regierung am größten und am niedrigsten bei primitiven Stämmen ohne einen ständigen Häuptling.«*

Diese Befunde passen nun gar nicht zu der Neigung, die Kriegsbereitschaft immer noch von der aggressiven Triebanlage des Menschen abzuleiten. Die Verhaltensforschung hat inzwischen ohnehin Klarheit geschaffen. Deren wohl prominentester Vertreter, der Nobelpreisträger Nikolaas Tinbergen hat dies klar und bündig formuliert: *»Einerseits ist der Mensch mit vielen Tierarten insofern verwandt, als er mit seinen eigenen Artgenossen kämpft. Andererseits jedoch ist er unter den Tausenden von Arten,* *die Kämpfe ausrichten, der Einzige, bei dem diese Kämpfe zerstörend wirken. Die menschliche Spezies ist als einzige eine Spezies von Massenmördern, und der Mensch ist das einzige Wesen, das seiner eigenen Gesellschaft nicht angepasst ist.«* [2]

Also handelt der Mensch regelrecht instinktwidrig, wenn er im Krieg vorsätzlich seinesgleichen tötet. Deshalb stuft der Physiker und Philosoph Carl Friedrich von Weizsäcker die menschliche Kriegsbereitschaft logischerweise als regelrechte psychische Krankheit ein.[3] Ich folge Weizsäcker auch darin, den Begriff Kriegsbereitschaft durch Friedlosigkeit zu ersetzen. Denn das Zerstörungswerk, das mit der wissenschaftlich-technischen Revolution einhergeht, vernichtet millionenfach Leben auch ohne Krieg.

Wenn diese Friedlosigkeit aber eine psychische Krankheit ist und alles andere als eine natürliche Notwendigkeit, warum ruft sie nicht weltweites Erschrecken hervor? Weil diese Unerschrockenheit selbst bereits Teil der Krankheit ist. Kurzfristig schien allerdings einmal etwas wie eine Krankheitseinsicht zu dämmern. Das war, als Sigmund Freud *»Das Unbehagen in der Kultur«* schrieb und 1930 besorgt feststellte: *»Die Menschen haben es jetzt in der Beherrschung der Naturkräfte so weit gebracht, dass sie es mit deren Hilfe leicht haben, einander bis auf den letzten Mann auszurotten. Sie wissen das, daher ein gut Stück ihrer gegenwärtigen Unruhe, ihres Unglücks, ihrer Angststimmung.«* [4] Gemeint ist doch wohl die Ausrottung bis zum letzten Menschen und nicht nur bis zum letzten *Mann*. Es ist nicht das einzige Mal, dass Freud *»Mann«* mit *»Mensch«* und *»Mensch«* mit *»Mann«* gleichsetzt. Ein anderes Mal (s. 2. Teil) warnt er den *»Menschen«* seine für kulturelle Zwecke benötigte Libido nicht an die *»Frauen«* und an das Sexualleben zu verschwenden. Denn die Kulturarbeit sei im Wesentlichen Männersache, weil die Frauen nur beschränkt zur Triebsublimierung fähig seien.

In derselben Schrift gibt Freud an früherer Stelle einen Hinweis auf das Dilemma, in das sich die westliche Menschheit verstrickt hat. Denn da feiert er noch ganz unbefangen die fort-

---

2 N. Tinbergen: Über Analogien zwischen menschlichem und tierischem Verhalten. Zit. nach Fromm: Anatomie der menschlichen Destruktivität, S. XVII

3 C. F. von Weizsäcker: Friedlosigkeit als seelische Krankheit, S. 153–177

4 S. Freud: G.W. Bd. 14, S. 506

schreitende Naturbeherrschung als Segen. Ausdrücklich lobt er den Entschluss, am Glück aller zu arbeiten, *»indem man als ein Mitglied der menschlichen Gemeinschaft mit Hilfe der von der Wissenschaft geleiteten Technik zum Angriff auf die Natur übergeht und sie menschlichem Willen unterwirft.«* [5]

Wie soll das zusammenpassen: das Glück in der Unterwerfung der Natur zu suchen und sich genau dadurch der Gefahr der gemeinsamen Selbstvernichtung auszusetzen? Freud kann diesen Widerspruch nicht auflösen. Er kann es nicht, weil die Widersprüchlichkeit in der geistigen Verfassung der Gesellschaft selbst begründet ist. Sie bildet geradezu den Kern der psychischen Krankheit, in die sich die westliche Menschheit hinein verirrt hat.

Es ist eine lange Geschichte, in deren Verlauf der Mensch seine Sicherheit immer mehr statt im religiösen Glauben in seiner Selbsterhöhung und Naturbeherrschung erblickt. In der geheimen Identifizierung mit dem Gott der Allmacht verblassen nach und nach die Züge von Liebe, Versöhnung und Güte im Gottesbild wie auch im menschlichen Selbstverständnis. Der Mensch der Neuzeit versteht sich an erster Stelle – wie es Johann Baptist Metz nennt, *»als herrschaftliches, unterwerfendes Subjekt«. »Er ›ist‹, indem er unterwirft.« »Alle nichtherrscherlichen Tugenden, die Dankbarkeit und die Freundlichkeit, die Leidensfähigkeit und die Sympathie, die Trauer und die Zärtlichkeit treten in den Hintergrund, werden gesellschaftlich entmächtigt.«* [6] Bindung erscheint nicht mehr als Grundverfassung des Lebens. Denn das narzisstische bzw. egozentrische Konzept verwandelt das Angewiesen-Sein aufeinander in Schwäche und fesselnde Abhängigkeit. Mensch-Sein ist nicht mehr primär Einbezogen-Sein in mutuelle Vernetzung, wie in der Sicht Martin Bubers, sondern ein Frei-Sein in unbegrenzter Selbstbestimmung. Der Mensch gehört nicht länger zur Natur, sondern diese gehört ihm, so wähnt er.

Ich nenne das Egomanie oder – noch deutlicher – einen *»Gotteskomplex«*, weil in diesem Begriff nicht nur die Grandiosität, sondern vor allem der Allmachtswahn erfasst ist – als Kompensation einer dahinter versteckten Ohnmachtsangst. Diese Ohnmachts-

5 S. Freud: G.W. Bd. 14, S. 435

6 J.P. Metz: Jenseits bürgerlicher Religion, S. 52

angst nämlich ist die heimliche Kehrseite der Omnipotenzphantasie. Wer alles sein will und nicht erträgt, nur ein sterbliches Etwas zu sein, wandelt am Abgrund des Nichts, der Leere, der Verlorenheit – als Strafe für sein Taumeln in die Haltlosigkeit.

Aber hätte die von Freud wahrgenommene Angst, als die Naturbeherrschung in die tödliche Selbstbedrohung umschlug, nicht eine Kehrtwende zu einem maßvolleren und verträglicheren Umgang mit den technischen Machbarkeiten erzwingen müssen? Warum hat die westliche Gesellschaft nicht die Finger von den Nuklearwaffen, spätestens nach Hiroshima und Nagasaki, gelassen, als jedermann erkennen musste, dass die Fortsetzung dieses Rüstungsprogramms unweigerlich ob kurz oder lang eine apokalyptische Selbstbedrohung der menschlichen Spezies heraufbeschwören würde, wie es meine Satire ausgemalt hat?

Es ist ein Wahnsinn, aber in ihm steckt Methode. Das offizielle Amerika hat die atomare Vernichtung von 200.000 Menschen in Hiroshima und Nagasaki nicht als furchtbare Untat, sondern als Heldenstück verbucht. Als dem Ereignis zum 50. Jahrestag eine große Gedächtnisausstellung in Washington gewidmet werden sollte, hat man diese am Ende aus Sorge verboten, die Bilder des Grauens könnten den patriotischen Stolz verletzen.

In einer Nachbemerkung zu einem Brief an Einstein schrieb Max Born am 08.11.53: *»Man muss in ›militärischem Geiste‹ erzogen sein, um den Unterschied zwischen Hiroshima und Nagasaki auf der einen Seite, Auschwitz und Bergen-Belsen auf der anderen zu verstehen. Die übliche Begründung ist diese: Im einen Fall handelt es sich um Kampf, im anderen um Abschlachten. Die ungeschminkte Wahrheit aber ist: In beiden Fällen handelt es sich um Unbeteiligte, Wehrlose, Alte, Frauen und Kinder, durch deren Vernichtung man irgendein politisch-militärisches Ziel erreichen will. Ich bin sicher, dass die Menschheit dem Untergang entgegengeht, wenn nicht der gefühlsmäßige Abscheu vor Greueltaten über das konstruierte Verstandesurteil die Oberhand gewinnt.«*[7]

Im offiziellen Umgang der Amerikaner mit dem Atomrüstungsproblem spiegelt sich der skizzierte *»Gotteskomplex«* fast greifbar wider. Das Erschrecken und das Ohnmachtsgefühl gegenüber der Ausrottungswaffe verwandeln sich aus Passivität in Besitzer-

---

7 A. Einstein – M. Born: Briefwechsel, S. 274

Euphorie. Das Bedrohende wird von eigenem Allmachtsgefühl verschlungen. In der christlichen Einsegnung des Bombenflugzeuges von Hiroshima hat der Mann, hat sich Amerika selbst gesegnet. General Thomas Farrel, der als Augenzeuge Hiroshimas Präsident Truman Bericht über das Inferno erstattet, vergleicht die ungeheure Zerstörungswirkung mit einem Signal des Jüngsten Gerichtes, bei welchem wir – er sagt wörtlich *»wir«* – es wagten, jene Kräfte zu entfesseln, *»die bis dahin dem Allmächtigen vorbehalten waren«*. Der General schildert sein Erschauern, aber zugleich klingt großartiger Stolz durch: Nun sind *»wir«* es, die Gott die Kräfte des Jüngsten Gerichtes abgerungen haben. So sieht sich Amerika befugt, die furchtbare Strafe an den Japanern zu vollziehen – mit dem Bombenflugzeug, mit dem sie sich indirekt selbst gesegnet haben. In der Identifizierung mit dem Höchsten verändert sich die Waffe von einer Geißel der Menschheit in ein selbstgesegnetes Machtmittel zur Schaffung einer neuen Weltordnung, demnächst geschützt mit einem Raketen-Abwehrschild. Der Weg in eine Freiheit, die eine unbegrenzte Machtwillkür verheißt, scheint offen zu stehen.

Aber im Rücken dieser phantasierten Allmacht lauert die verdrängte Ohnmacht und Haltlosigkeit. Keine andere Stütze ist mehr da als die eigenen Macht- und Zerstörungsmittel. Aber diese sind mit dem Menschen nicht verwachsen. Und so ist die beschworene herrliche Freiheit nur eine scheinbare. Denn echte Freiheit wächst aus Offenheit, nicht aus Argwohn. Wer sich erst sicher fühlt, wenn er bis an die Zähne gerüstet, mit einem Raketenschutzschild und mit einem weltweit operierenden Geheimdienst ausgestattet ist, befindet sich in Wahrheit im Gefängnis eines psychotischen Misstrauens. Das Misstrauen zwingt zu Kriegen gegen Waffen, die gar nicht da sind. Es schafft Feinde, um sich selbst durch präventive Kriege zu rechtfertigen. Es spaltet aus innerem Zwang die Welt in das gute Selbst und das böse Andere und erzeugt auf Dauer eine Komplizenschaft wechselseitiger Verfolgung. Der Starke, Reiche, Mächtige, kann sich durch keinen Vorteil endgültig der Angreifbar- und Verletzbarkeit durch die Schwächeren, Ärmeren, Ohnmächtigeren entledigen.

Der 11. September 2001 war keine zufällige Katastrophe oder Panne, sondern die Manifestation eines zuvor undurchschauten Gewaltverhältnisses. Sir Peter Ustinov hat das noch kurz vor seinem Tod auf die Formel gebracht: *»Der Terrorismus ist ein Krieg der Armen gegen die Reichen. Der Krieg, der im furchtbaren 11. September kulminierte, ist ein Terrorismus der Reichen gegen die Armen.«* [8] Dieses Szenario kann uns noch lange erhalten bleiben wie die über 200 Jahre währende Kette von sieben mittelalterlichen Kreuzzügen mit ihren Hunderttausenden von Opfern. Nur würden diesmal die schon existierenden und neu hinzukommenden verheerenden Massenvernichtungswaffen die Erde vermutlich endgültig verwüsten in der Dimension jenes Infernos, das in der Satire beschrieben wurde.

8 P. Ustinov: Achtung Vorurteile, S. 270

2. Kapitel

Wissenschaftler im Konflikt mit dem Zeitgeist, aus dem sie kommen (Weizenbaum, Chargaff, Born, Franck, Sacharow)

Man mag die Theorie vom »*Gotteskomplex*« vielleicht einleuchtend finden, wonach die Furcht vor Ohnmacht und Wehrlosigkeit den Drang zur Selbstsicherung durch stetige Machterhöhung in Gang hält. Schwer verständlich bleibt dennoch, warum die Selbstbedrohung durch diese Dynamik, seitdem Freud vor 75 Jahren seine Warnung formuliert hatte, nicht klarer erkannt wurde. Die zugrunde liegende psychische Krankheit bedarf also noch einer zusätzlichen Erklärung. Dafür schlage ich eine Hypothese vor, die zwar phantastisch klingt, dennoch bedenkenswert erscheint.

Es war gemeinsam mit Johannes Baptist Metz auf den rigorosen Herrschaftswillen hingewiesen worden, der in der Neuzeit die passive menschliche Seite von Ergebenheit, Ehrfurcht und Hingabe zurückgedrängt hat. Das erobernde Wissen scheint die Passivität des Glaubens besiegt zu haben. Der Eroberer idealisiert sich selbst und vereinnahmt nach und nach die zuvor Gott zugeteilten Attribute von Grandiosität und Macht. Klöster werden zu Denkmälern. Kirchen leeren sich. Es scheint, als sei das Bedürfnis nach einer geheiligten Autorität am Absterben. Aber das ist nicht so. Denn vor uns (und in uns) ist eine neue Kirche entstanden, die mit ihrer Lehre eine absolute Herrschaft über die Menschen gewinnt, ähnlich wie die Kirche im Mittelalter. Die neue Kirche ist der alten im Anspruch auf Unfehlbarkeit eng verwandt. Sie verspricht nicht Gnadenhilfe und Erlösung, dafür das Heil in moderner Fassung – als unbegrenzten Fortschritt. Keiner beschreibt dies ähnlich präzise und faszinierend wie Joseph Weizenbaum, Pionier der Computerwissenschaft, selbst als hoher Würdenträger aus dieser modernen Kirche hervorgegangen. Ich zitiere ihn:

»Heute herrscht die Naturwissenschaft als Fundament für nahezu alle unsere Vorstellungen, wie die Welt ist, warum die Welt so ist, wie sie ist, und wie und wer wir selbst sind. Eins aber ist ganz sicher: Die Naturwissenschaft ist die heute nachhaltig vorherrschende Weltreligion! Es gibt Novizen, das sind z.B. die Studenten, es gibt Priester und Bischöfe, sogar Kardinäle: die Nobelpreisträger. Es gibt Kirchen, ja sogar Kathedralen. Ich behaupte, dass die berühmten Technischen Universitäten – darunter das Massachusetts Institute of Technology (MIT) – wissenschaftliche Kathedralen sind.

Auch die notwendigen Rituale fehlen nicht – es gibt Sekten, Ketzerei, Exkommunikation und vieles mehr. Das sicherste Zeichen, dass Naturwissenschaft zu einer Religion – man könnte auch sagen, ›Ideologie‹ – geworden ist, ist die Wissenschaftsgläubigkeit der meisten modernen Menschen. Ihr Glaube an die Aussagen der Naturwissenschaftler, qua Priester, ist unbedingt, blind und unbegrenzt.«

»Selbstverständlich hat der Siegeszug der fürstlichen Tochter der Naturwissenschaft, der modernen Technologie, sehr viel mit dem ungeheuer großen Maß an Naturwissenschaftsgläubigkeit zu tun.« [1]

Überall wo die *»Neureligion«* Naturwissenschaft den Menschen leitet, lautet ihre Forderung, eine Haltung reiner Sachlichkeit einzunehmen, um beim Sammeln und Verrechnen von Daten nicht durch Gefühle beeinflusst zu werden. Der innere Abstand soll die *»Sauberkeit«* des Erkennens garantieren. Die Moral ist nicht diejenige des Gewissens, sondern die der Gewissenhaftigkeit und der *»Sauberkeit«* der Methoden auf Kosten der emotionalen zwischenmenschlichen Nähe. Der zitierte Joseph Weizenbaum hat ein anschauliches Beispiel genannt:

Etwa 40 amerikanische Naturwissenschaftler arbeiteten im Vietnamkrieg daran, eine elektronische Barriere zu ersinnen, um das Einsickern von Nordvietnamesen nach Süden zu stoppen. Gedacht war daran, bisherige Bombardements überflüssig zu machen. Kleine vergrabene Tretminen sollten das unverletzte Passieren dieses Geländestreifens unmöglich machen. Die Wissenschaftler konnten diesen Plan nur empfehlen, schreibt Weizenbaum, *»weil sie in enormer psychologischer Distanz zu den Menschen*

1 J. Weizenbaum: Computermacht, S. 35

operierten, die von den Waffensystemen verstümmelt und getötet werden würden ...«

Aus diesem Beispiel folgert Weizenbaum allgemein: *»dass der Naturwissenschaftler und der Techniker durch die Anstrengung ihres Willens und ihrer Vorstellungskraft aktiv bemüht sein müssen, diese psychologische Distanz zu verringern und den Kräften entgegenzutreten, die sie von den Folgen ihrer Handlung fernhalten wollen.«*

Psychologische Distanz verhindert Mitfühlen und Verantwortungsbewusstsein. Verantwortung ist an Nähe gebunden. Was ich dem anderen schuldig bin, spüre ich erst, wenn er – wie es heißt – vor meinem inneren Auge erscheint. *»Nähe bedeutet Verantwortung, und Verantwortung ist Nähe«*, schreibt Zygmunt Bauman.[2]

***

Aber die experimentelle Naturforschung entfernt sich gezielt aus dieser mitmenschlichen Nähe. Erwin Chargaff, berühmter Biochemiker, hat das eindringlich metaphorisch ausgedrückt: *»Wenn man mich fragt, woher ich das Recht nehme, so etwas Unschuldiges wie die Wissensexplosion mit so etwas Enormem wie dem Untergang der Menschheit in Beziehung zu setzen, habe ich eine einfache Antwort: Das Herz des Menschen ist zentripetal, die Naturforschung ist zentrifugal. Je weiter und schneller diese fortschreitet, umso mehr muss jenes zerrissen werden.«*[3]

Aber was die hektische Wissenschafts- und Technikrevolution mit dem Menschen macht, ist nach dem populären Verständnis eigentlich nicht *»herz-zerreißend«*, sondern *»herz-los«*. Das Gefühl wird betäubt. Tretminen werden von solchen erdacht und gemacht, deren Herz nicht die Grausamkeit der zerfetzten Beine fühlt. Das Gefühl fließt in die Genugtuung, dass der Fortschritt das Machbare erweitert. Der narzisstische Triumph der Aneignung der Zerstörungskraft des Atoms erstickt das Mitgefühl mit den Opfermassen von Hiroshima und Nagasaki. Noch einmal Chargaff: *»Mit der Spaltung des Atomkerns, mit der Misshandlung des Zellkerns hat unsere Zeit Experimente erlebt, die weisere Zeiten*

2 Z. Bauman: Dialektik der Ordnung, S. 198
3 E. Chargaff: Zeugenschaft, S. 153

als verboten betrachtet hätten. Und das geht weiter auf diesem Wege. Der Konsensus, der den Fortschritt bejubelt, kommt von der Ratlosigkeit des Einzelnen; der braucht etwas, was er anbeten kann, und erkennt in den Naturwissenschaften die bequemste Religion.« [4]

Damit reiht sich Chargaff wie Weizenbaum in die Gruppe der prominenten *»Häretiker«* ein, die als Glaubensabweichler von ihrer Zunft geächtet werden wie einst die frommen Katharer vom katholischen Klerus. Man möchte sie gern zu den ideologischen *»Wissenschafts- und Technikfeinden«* zählen, hätten nicht beide Karrieren als Spitzenforscher vorzuweisen. Chargaff war einer der bahnbrechenden Erforscher der Nukleinsäuren, der stofflichen Substanz der Gene, wofür er die höchste wissenschaftliche Auszeichnung der USA erhielt, die National Medal of Science. Weizenbaum wurde nach seiner Emigration als führender Computerwissenschaftler Professor am Massachusetts Institute of Technology in den USA. Beide wurden *»Ketzer«*, weil sie sich weigerten, in der *»Kirche Naturwissenschaft«* den Maßstab Menschlichkeit der Maßlosigkeit eines verantwortungslosen Fortschritts zu opfern.

***

Ein Dritter, der in diese Reihe der bedeutenden Häretiker gehört, ist Max Born, langjähriger Freund Einsteins, wie dieser Physik-Nobelpreisträger. Mit 81 Jahren hält er Rückblick auf die Bedeutung des Einflusses der Naturwissenschaft auf das Schicksal des Menschengeschlechtes in seiner Schrift *»Erinnerungen und Gedanken eines Physikers«*. Gleich zu Beginn dieses Textes verrät er das bestürzende Ergebnis seines Nachdenkens: *»Es scheint mir, dass der Versuch der Natur, auf dieser Erde ein denkendes Wesen hervorzubringen, gescheitert ist. Der Grund dafür ist nicht nur die beträchtliche und sogar noch wachsende Wahrscheinlichkeit, dass ein Krieg mit Kernwaffen ausbrechen und alles Leben auf der Erde zerstören kann. Selbst wenn diese Katastrophe vermieden werden kann, vermag ich für die Menschheit lediglich eine düstere Zukunft zu sehen.«* [5]

---

4 E. Chargaff: Zeugenschaft, S. 232
5 M. Born: Erinnerungen, S. 65

Auch Born erklärt diesen prognostizierten Niedergang mit einer tiefer sitzenden Krankheit: »*Sie besteht im Zusammenbruch aller ethischen Grundsätze, die sich im Laufe der Geschichte entwickelt und ein lebenswertes Leben gesichert haben.*« Zwei Beispiele: Maschinen und Automation hätten die menschliche Arbeit entwertet und ihrer Würde beraubt. Heute sei ihr Zweck nur noch das Geld, benötigt zum Ankauf technischer Erzeugnisse, die ihrerseits wieder von anderen um des Geldes willen geschaffen würden. Kriege hätten sich durch moderne High-Tech-Waffen der Massenvernichtung aller möglichen sittlich begründeten Einschränkungen entzogen und »*degradieren den Soldaten zu einem technischen Mörder*«. »*Alle Versuche, unseren ethischen Kodex unserer Situation im technischen Zeitalter anzugleichen, sind fehlgeschlagen*«, klagt Born. Und zwar seien sie gerade wegen der naturwissenschaftlichen Revolution fehlgeschlagen. Born benutzt nicht wie Weizenbaum und Chargaff das Wort Religion, um die Macht der Naturwissenschaft über die Seelen zu kennzeichnen. Aber er beschreibt eine verhüllte Ideologie, die mit ihren Auswirkungen die sittliche Grundlage der Zivilisation vielleicht für immer zerstört habe. Der vollständige Zusammenbruch der Ethik sowie die politischen und militärischen Schrecken, deren Zeuge er während seines Lebens habe werden müssen, seien keine Symptome einer nur vorübergehenden sozialen Schwäche, sondern notwendige Folge des naturwissenschaftlichen Aufstiegs.

Fazit: »*Sollte die Menschenrasse nicht durch einen Krieg mit Kernwaffen ausgelöscht werden, dann wird sie zu einer Herde von stumpfen, törichten Kreaturen degenerieren unter der Tyrannei von Diktatoren, die sie mit Hilfe von Maschinen und elektronischen Computern beherrschen.*«[6]

Das stimmt fast genau mit meiner zitierten Satire überein. Der vom Gotteskomplex besessene Intellekt hat die Bodenhaftung verloren. Das technische Bemächtigungsstreben wird von keiner Bescheidenheit und Ehrfurcht mehr gezügelt. Die Gefahrenquelle von Angst ist nicht etwa die ungehemmte Überheblichkeit, vielmehr der Rest von noch nicht überwundenen Abhängigkeiten. Daher das Gefangensein im Zirkel der kreisförmigen Selbstverstärkung von Machttrieb und Angst.

---

6 M. Born: Erinnerungen, S. 72

Born ist kein Tatmensch. Höhepunkt seines praktischen Engagements ist die Mitunterzeichnung der so genannten *»Göttinger Erklärung«*, in der 18 deutsche Atomphysiker geloben, sich auf keine Weise an der Herstellung, Erprobung und dem Einsatz von Atomwaffen zu beteiligen. Als Ende der 30er Jahre die Chance sichtbar wird, die Kernforschung auf militärische Nutzung hinzulenken, hat Born keinen Augenblick daran gedacht, sich dieser Möglichkeit zuzuwenden. Vergeblich hat er versucht, seinen langjährigen Mitarbeiter Klaus Fuchs von solchen Bestrebungen fernzuhalten. Dieser hat dann später bekanntlich amerikanische Atomgeheimnisse an die Sowjets verraten. Born selbst sieht in der militärischen Atomforschung nur ein Übel, doch hält er es lange Zeit für zwecklos, gegen die Entwicklung, die ihm zwangsläufig erscheint, anzukämpfen: *»Wenn meine Philosophie richtig ist«*, schreibt er, *»dann ist das Schicksal der Rasse eine notwendige Folge der Konstitution des Menschen, einer Kreatur, in der tierische Instinkte und intellektuelle Kräfte miteinander vermischt sind.«*

Im Klartext: Der Mensch kann nichts daran ändern, sich zugrunde zu richten. Er ist eine Fehlkonstruktion. Die Natur hat ihn so eingerichtet, dass seine Intelligenz ihn nicht vor der Macht der Destruktivität schützt, sondern im Gegenteil dieser dient. Nach dem Vokabular der traditionellen Psychiatrie wäre der Mensch also ein unheilbarer Psychopath, der von seiner Konstitution her auf ein endgültiges Scheitern festgelegt ist. Die zunehmende militärische Selbstbedrohung und die fortschreitende Misshandlung der Natur wären demnach unabänderliche Stadien auf diesem Weg. Das düstere Bild erinnert an die Stimmung Roms in der Untergangszeit. Damals konnte Johannes mit der offenbarten Apokalypse die Römer aufrütteln. Das Schreckensbild vom Untergang der *»Hure Babylon«* stiftete Entsetzen, aber zugleich Hoffnung. Denn anschließend meldete Johannes: Gott wird vom Himmel herabsteigen und bei den Menschen wohnen. Das verrottete Rom wird sich in ein heiliges Jerusalem verwandeln. Der kleine Trost, den Max Born anbietet, fällt dürftiger aus: *»Eines Tages mag ein Mann erscheinen, der geschickter und klüger ist als irgendjemand in unserer Generation und imstande, die Welt aus ihrer Sackgasse herauszuführen.«*[7]

---

7 M. Born: Erinnerungen, S. 73

Das klingt eher nach einer schwachen Selbsttröstung. Ist die Menschheit ohnehin schicksalsmäßig zur Selbstzerstörung bestimmt, ist jede noch so gut gemeinte Auflehnung verlorene Mühe. Max Born zieht diese Konsequenz aber nicht. Eindeutig und standhaft greift er die nukleare Bedrohungspolitik an. 1954 hat er eine Art Erweckungserlebnis, als er in der BBC einen kämpferischen Vortrag von Bertrand Russell hört. Russell schildert darin die Wirkung eines modernen Wasserstoffbomben-Krieges, der einem Selbstmord der Menschheit gleichkäme. In seinem sanguinischen Temperament steigert sich Russell zu einem bewegenden Appell: *»Ich appelliere als ein menschliches Wesen an menschliche Wesen: Erinnert Euch Eurer Menschlichkeit und vergesst den Rest. Wenn Ihr das tut, so liegt der Weg offen zu einem neuen Paradies; wenn Ihr das nicht tut, dann liegt nichts vor Euch, nur der weltweite Tod.«*

Die Rede wirkt in Max Born lange nach. Sie trifft auf eine Seite in seinem Innern, die er selten nach außen kehrt. Es ist, was Nelson Mandela *»Herzensgüte«* nennen würde. Einstein liebt den Kosmos und ist glücklich, wenn er dessen Gesetze versteht. Born liebt die Menschen, liebt seine Frau, seine Kinder, die Menschheit. Ihn erleichtert es, sich nach dem Hitlerkrieg mit den Menschen in Deutschland, wohin er zurückkehrt, wieder versöhnen zu können. Für Einstein bleiben die Deutschen ein *»Volk der Massenmörder«*. Born verteidigt ihm gegenüber seine Rückkehr und findet an seinem alten Wirkungsort Göttingen Menschen, zu denen sich die alte Nähe wieder herstellt. Die Borns ziehen nach Bad Pyrmont, wo die pazifistischen Quäker ihr Zentrum haben. Hedwig Born ist Quäkerin. Max steht der Organisation nahe.

Noch unter dem starken Eindruck von Russells Rede bekundet Born diesem seine unbedingte Zustimmung. In einem Brief an Russell kommt er auch auf den Nobelpreis zu sprechen, der ihm kürzlich verliehen worden war. Dazu macht er eine erstaunliche Bemerkung. Er sehe sich nicht mehr in der Lage, den Fortschritt der menschlichen Rasse zu fördern (wofür er den Physik-Nobelpreis erhalten hatte), stattdessen werde er gern für die andere Idee Nobels wirken, nämlich zum Schutz des Friedens beizutragen.

Da schimmert also wieder das Bedenken gegen eine ethisch

blinde Naturwissenschaft durch. »*Erinnert Euch Eurer Menschlichkeit, und vergesst den Rest!*«[8]

Born hilft Russell, weitere Unterstützer für einen Friedensappell der Wissenschaftler zu finden. Einstein ist bereit, mit zu unterschreiben. In dem Appell heißt es unter anderem: »*Wir sind alle gleichermaßen in Gefahr... darum legen wir Ihnen die Frage vor, eine Frage von harter, unausweichlicher Grauenhaftigkeit: Wollen wir die Menschenrasse oder den Krieg abschaffen?*«[9]

Als Mitunterzeichner will er auch Otto Hahn gewinnen, dem zusammen mit Fritz Strassmann erstmalig die Kernspaltung gelungen war: »*Sie werden natürlich sagen, was nützt das alles? Die Politiker sind doch nicht zu beeinflussen, und wir haben Besseres zu tun. Aber ich glaube, wir sollten doch nicht untätig zusehen, wenn man sozusagen den Untergang der Zivilisation vorbereitet, und zwar mit Hilfe der Kräfte, welche die Physik zur Verfügung gestellt hat. Ob man auf uns hört oder nicht, wir sollten uns von dem Wahnsinn und der Barbarei nicht nur fernhalten, sondern aufklären und warnen. Ich würde auch lieber meinen Lebensabend hier ruhig verbringen und schöne angenehme Dinge treiben. Aber die Situation der Welt ist so, dass ich keine Ruhe finde, weil ich mich mitverantwortlich fühle für die Gräuel.*«[10] Das schreibt Born als 73-Jähriger – und folgt damit einem Prinzip, das der Soziologie Max Horkheimer in einer Rede über »*Pessimismus*« etwa so formuliert hat: Man kann seinem theoretischen Pessimismus durch eine optimistische Praxis widersprechen.

* * *

Neben Born kann man seinen Freund James Franck nicht unerwähnt lassen, wie Born Physiknobelpreisträger, Jude, Emigrant, Rückkehrer nach dem Krieg. Dann Ehrenbürger von Göttingen und erneutes Mitglied in der dortigen Akademie der Wissenschaften.

James Franck ist von Hause aus nationalbewusster Deutscher.

---

8 M. Born: Der Luxus des Gewissens, S. 157

9 Den Appell unterschreiben u.a.: Max Born, Albert Einstein, Frederic Joliot Curie, Linus Pailing, Josef Rotblat, Bertrand Russell

10 M. Born: Der Luxus des Gewissens, S. 160

Im Ersten Weltkrieg meldet er sich freiwillig, avanciert zum Leutnant, wird mit dem Eisernen Kreuz erster und zweiter Klasse ausgezeichnet. 1920 wird er in Göttingen Professor für Physik. Während Born als Jude 1933 die Universität verlassen muss, könnte der Jude Franck als dekorierter Weltkriegsoffizier vorläufig bleiben. Aber aus Protest tritt er freiwillig von seinem Amt in der Universität zurück. Dem Rektor schreibt er: *»Wir Deutschen jüdischer Abstammung werden als Fremde und Feinde des Vaterlandes behandelt. Man fordert, dass unsere Kinder in dem Bewusstsein aufwachsen, sich nie als Deutsche bewähren zu dürfen. Wer im Kriege Soldat war, soll die Erlaubnis erhalten, weiter dem Staat zu dienen. Ich lehne ab, von dieser Vergünstigung Gebrauch zu machen…«* [11]

Nationalsozialistische Dozenten verurteilen Franck und solidarisieren sich mit der Hitler-Regierung. Der Rektor der Universität schweigt. Von Freunden und aus dem Ausland kommt viel Zuspruch. Franck emigriert und wird Professor an der Universität Chicago. Er nimmt die amerikanische Staatsangehörigkeit an. An seiner Universität trifft er Arthur Compton, ebenfalls Nobelpreisträger. Dieser lädt ihn zur Mitarbeit an dem Atombombenprojekt ein. Franck zögert, willigt aber schließlich ein, weil er, ähnlich wie Einstein, einen Vorsprung Hitlers beim Bau der Atomwaffe fürchtet, was verheerende Folgen haben könnte. Franck fordert aber von Compton die Zusage, dass er bei Gelingen des Projektes das Recht haben werde, den höchsten Stellen Bedenken gegen die Benutzung der Bombe zu übermitteln. Compton gibt ihm diese Zusage und hält später Wort. Aber das Wettrennen mit Hitler findet gar nicht statt. Deutschland kapituliert. Soll, darf Japan bombardiert werden? Das will Franck unbedingt verhindern. So verfasst er ein Memorandum, das später als Franck-Report bekannt, aber auch bald wieder vergessen werden wird, denn in ihm steckt eine unangenehme Wahrheit. In dem Text heißt es nämlich unter anderem: *»Nukleare Bomben können wahrscheinlich nicht länger als einige Jahre eine Geheimwaffe zum ausschließlichen Nutzen eines Landes bleiben.« »Wenn nicht eine wirksame internationale Kontrolle über die nuklearen Sprengstoffe geschaffen wird, ist es gewiss, dass unmit-*

11 Göttinger Zeitung vom 18.04.1933

telbar auf die für die ganze Welt erstmalige Enthüllung unseres Besitzes von Kernwaffen ein allgemeines Aufrüsten einsetzen wird …« »Wir glauben, diese Betrachtungen lassen die Anwendungen von nuklearen Bomben für einen baldigen unangekündigten Angriff auf Japan nicht ratsam erscheinen. Wenn die Vereinigten Staaten die Ersten wären, die dieses neue Mittel zur Zerstörung der Menschheit anwendeten, würden sie jeden öffentlichen Beistand in der Welt verlieren, das Wettrüsten heraufbeschwören und die Möglichkeit beeinträchtigen, ein Internationales Abkommen zur zukünftigen Kontrolle dieser Waffen zu erreichen.« [12]

Am 12. Juni 1945, also knapp zwei Monate vor der Bombardierung Hiroshimas und Nagasakis, wird der Franck-Report dem stellvertretenden Verteidigungsminister Georg Harrison in Washington übergeben. Mitunterzeichner sind vier Wissenschaftler, die auch an dem Projekt gearbeitet haben. Darunter ist L. Szilard, der zuvor Einstein den verhängnisvollen Brief an Roosevelt (siehe Kap. 3) abgerungen hatte. Das Memorandum bleibt wirkungslos.

Noch mit einem weiteren humanistischen Vorstoß ist James Franck gescheitert. Als er aus Briefen erfährt, dass in Deutschland viele Menschen durch Hunger und Kälte notleiden, will er eine Hilfsinitiative starten. Vor allem beunruhigt ihn der Morgenthau-Plan, den Präsident Roosevelt noch unterschrieben hatte. Der Plan sieht vor, Deutschland in einen Agrarstaat mit minimaler Industrialisierung umzuwandeln. Zusammen mit einflussreichen Amerikanern will Franck die Regierung durch einen Appell dazu gewinnen, ihre Haltung gegenüber Deutschland zu revidieren. Eine Kopie des Textes schickt er mit der Bitte um Unterschrift an Einstein. Aber dieser lehnt schroff ab, redet Franck plötzlich förmlich mit *»Sie«* an, und versichert, dass er auf die *»Tränenkampagne«* der Deutschen nicht hereinfalle und bei ihnen auch keine Schuldgefühle und Reue erkenne. Nach einem vergeblichen Versuch, Einstein doch noch umzustimmen, zieht er den Appell resigniert zurück in der Annahme, *»dass Du, wenn er veröffentlicht wird, dagegen auftreten wirst.«* So schickt er nur an frühere Freunde viele Lebensmittelpakete zur Linderung der Not. In Einstein haben sich offenbar die unter den Nazis erlittenen Krän-

12 In M. Born: Der Luxus des Gewissens, S. 133

kungen so tief eingegraben, dass er dem Freunde Franck die bloße Anfrage schon als ungehörige Zumutung verübelt, als hätte dieser nicht wie er selbst Verwandte und Freunde durch die Hitler-Barbarei verloren.

***

Nun soll von einem wissenschaftlich-technischen Eroberer die Rede sein, der bewiesen hat, dass radikaler und standhafter Humanismus inmitten einer destruktiven politischen Dynamik doch noch Bedeutendes bewirken kann. Gemeint ist der Atomphysiker Andrej Sacharow, der führend an der Entwicklung der russischen Wasserstoffbombe beteiligt war. Ich treffe ihn auf dem denkwürdigen internationalen Friedensforum in Moskau, zu dem Gorbatschow 1987 kritische Intellektuelle aus allen Kontinenten eingeladen hat. Er hat Sacharow vor kurzem aus dem Zwangsexil in Gorki befreit, wo ihn das stalinistische Regime von 1980 bis 1986 festgehalten hatte. Er ist einer unter Hunderten von engagierten Wissenschaftlern, Schriftstellern, Künstlern, Völkerrechtlern und Theologen, vor denen Gorbatschow seine berühmte Rede mit dem Titel hält: *»Für die Unsterblichkeit der menschlichen Zivilisation, für eine Welt ohne Kernwaffen.«* Leitgedanke: Die Lösung der Weltprobleme im Atomzeitalter dürfe nicht mehr allein den Politikern überlassen bleiben, vielmehr müssten alle gesellschaftlichen Gruppen, angefangen von den Jugendlichen, in das Gestalten der Zukunft einbezogen werden. Denn es seien die Menschen, die für eine Humanisierung der internationalen Beziehungen und zur Sicherung des Friedens eintreten müssten.

Noch am Saalausgang gehöre ich zu einem kleinen Kreis internationaler Teilnehmer, die eine Arbeitsgruppe für kontinuierliche Verfolgung der von Gorbatschow genannten Ziele gründen wollen. Schon am gleichen Tage wird daraus ein konkreter Plan. Gorbatschow erfährt davon und ermutigt uns. Als Moderator gewinnen wir den Vizepräsidenten der Akademie der Wissenschaften der UdSSR, Evgenii Velikhov. Dazu stoßen in der Folge Robert McNamara, Ex-Verteidigungsminister der USA; Jerome Wiesener, Ex-Präsident vom MIT USA; Federico Mayor, Generaldirektor der UNESCO; Michael Sela, Expräsident des Weizman-Instituts Israel; Hans-Peter Dürr, Max-Planck-Institut München; David

McTaggart, Greenpeace; Susan Eisenhower, Eisenhower-World-Affairs-Institute; Andrej Sacharow u.a. Endgültig sind wir 30 Stiftungsmitglieder, regelmäßig von Gorbatschow betreut. Wir treffen uns an unterschiedlichen Plätzen, mehrfach in Moskau, aber auch in Triest, Washington und New York und kooperieren in Projekten zu den Themen Sicherheit und Abrüstung, Entwicklung, Umwelt, Erziehung und Menschenrechte.[13] Aber zurück zu Sacharow. Obwohl durch eine Herzkrankheit sichtbar geschwächt, ist er jederzeit mit kämpferischem Elan bei der Sache. Er wacht darüber, dass sich alle Themen unserer Arbeit dem einen wichtigsten unterordnen. Seine oft wiederholte Mahnung lautet: *»Die Verminderung des Risikos, dass die Menschheit in einem Atomkrieg ausgelöscht wird, hat absoluten Vorrang vor allen sonstigen Überlegungen.«*[14]

Man spürt, welche Last für ihn die eigene Erfindung und deren Bedrohlichkeit bedeutet. Und es ist unschwer zu erkennen, dass ihn die absehbare Frist drängt, die ihm seine schwere Krankheit noch für das Erzielen eines Erfolges belässt. Er sieht, dass die nukleare Rüstung bereits ohne Krieg den Menschen die Freiheit für ein friedliches Zusammenleben in gegenseitigem Vertrauen nimmt. Jede Unterdrückung ist Sacharow zutiefst zuwider, sei es im System der stalinistischen Diktatur, sei es durch die nukleare Bedrohung. Aber diese ist die schlimmste Diktatur unter allen, weil sie die Menschen praktisch entmündigt, nicht nur die Nichtbesitzer von Atomwaffen, sondern auch die Besitzer, die sich der Macht dieser Waffen unterwerfen. Niemand in unserem Kreis bezweifelt diese Einschätzung. Insbesondere McNamara ist voll mit Sacharow identifiziert. Er wird sich 1995 in seiner großen Autobiographie am Ende auf Sacharow berufen. Besonders aufregend ist es für uns Teilnehmer, heftige Dispute zwischen Gorbatschow und Sacharow, die uns auf Englisch übersetzt werden, mitzuerleben. Ungeduldig verlangt Sacharow die immer noch da und dort lebendige stalinistische Willkür zu beseitigen, vor allem die entwürdigenden Formen des Strafvollzuges. Auf der anderen Seite erleben wir einen nachdenklichen Staatsmann Gorbatschow,

---

13 The International Foundation for the Survival and Development of Humanity founded in Moscow 13.–15. Jan. 1988

14 A. Sacharow in R.S. McNamara: Vietnam, S. 444

der jedes Argument seines ungeduldigen Kritikers ernst nimmt, wägt und meist zustimmend beantwortet, nur um Geduld ersuchend und um Anerkennung der Schwierigkeit, die bis weit in die Zarenzeit zurückreichenden autoritären Strukturen in Eile aufzubrechen. An keiner Stelle klingt da etwas von Dominanzgehabe des mächtigen Staatsmanns gegenüber dem gerade erst rehabilitierten Menschenrechtler durch. Auf der anderen Seite nimmt Sacharow bei seiner Kritik kein Blatt vor den Mund. Unüberhörbar ist aber der Gleichklang beider in der Einschätzung der weltpolitischen Situation und der Notwendigkeit, den Amerikanern durch Entgegenkommen das Einschwenken auf einen Verständigungskurs zu erleichtern. Auf einer Reise unserer Gruppe in die USA mit Vorträgen und Besuchen bei Politikern, z.B. bei der Familie Kennedy, passiert Erstaunliches. Natürlich konzentriert sich in den amerikanischen Städten besonderes Interesse auf Sacharow. Dessen Auftritte werden zur Sensation. Die Amerikaner wissen nicht viel darüber, was in der Welt draußen passiert. Aber von Sacharow haben alle gehört. Man weiß: Hier kommt der Mann, der ganz allein das stalinistische System seit langem unerschrocken herausgefordert und dafür diverse Diskriminierungen erfahren hat. Aus der Akademie der Wissenschaften wurde er hinausgeworfen, den Friedensnobelpreis durfte er nicht in Empfang nehmen. Jahrelang stand er unter Hausarrest in Gorki, von wo gelegentlich Filme, die ihn in beschämenden Situationen zeigten, um die Welt gingen. Nun hat man diesen Märtyrer-Helden leibhaftig vor sich, ist gespannt, von seinen Leiden und der Verfolgung durch den KGB zu hören. Sacharow hält sich nicht mit Kritik an der immer noch unbefriedigenden Menschenrechtslage in der UdSSR zurück. Aber er würdigt Gorbatschows Reformanstrengungen, und verblüfft erkennt man, dass man einen überzeugten Friedensbotschafter vor sich hat, der sich mit allem Nachdruck für die Glaubwürdigkeit seines Staatschefs einsetzt. Noch kürzlich hatte Bundeskanzler Kohl versucht, Gorbatschow bei den Amerikanern als tricksenden Propagandisten á la Goebbels zu diskreditieren. Nun kommt dieser Sacharow und macht als Bundesgenosse seines Staatschefs die Tür weit auf für die friedliche Wende. Der Kronzeuge für die ewige Bösartigkeit Moskaus schafft das noch kürzlich Undenkbare – eine Brücke des Vertrauens. Aber 1989 nimmt er die Hoffnung der Weltgemeinschaft auf die von ihm selbst und Gorbatschow geforderte totale nukleare Abrüstung mit sich ins Grab.

Zuvor habe ich ihn noch in seiner letzten Lebensphase in einer permanenten kämpferischen Unruhe erlebt, die seine Kräfte aufgezehrt hat. Es schien, er könne sich nicht verzeihen, zur Schaffung der technischen Mittel für die gemeinsame Selbstzerstörung beigetragen zu haben. Was sich in ihm abspielte, war der Aufstand der eigenen humanistischen Gefühlswelt gegen den technischen Eroberungstrieb mit dem er jene unterdrückt hatte. Er erkannte klar: Die teuflischen Waffen wegzuschaffen werde erst gelingen, wenn ein Geist des Vertrauens eine globale Zusammenarbeit in Friedlichkeit ermöglichen werde. Denn die Bedrohung mit Massenvernichtungswaffen war ja nur die letzte Folge eines profunden Misstrauens. Vertrauen kann sich indessen nur in einem Klima demokratischer Freiheiten entwickeln. Deshalb hatte Sacharow einst den Prager Frühling leidenschaftlich unterstützt.

Im Rahmen der genannten Stiftung übernahm er die Leitung von drei Forschungsprojekten in der UdSSR: 1. Meinungsfreiheit, 2. Freiheit der Wohnungswahl, 3. Humanisierung des Strafrechts. Mitten in den Vorbereitungsarbeiten starb er an seinem chronischen Herzleiden. Zuvor hatte er noch an der Genehmigung einer Studie von Frau Prof. Galina Andreeva und mir über die politischen Einstellungen und Erwartungen deutscher und russischer Studenten mitgewirkt, von denen im 18. Kapitel die Rede sein wird.

3. Kapitel

Einstein in Weisheit und Irrtum

Als Gotteskomplex wurde die wechselseitige Verstärkung von Allmachtsstreben und Vernichtungsangst beschrieben, angetrieben durch die rasanten Fortschritte der Naturbeherrschung bei gleichzeitigem Schwund der Geborgenheit in einer schützenden Glaubenssicherheit. Es entstand der Versuch, diese Sicherheit von der Kirche auf die Naturwissenschaft zu übertragen. Aber dabei ging mehr und mehr die Nähe verloren, die Nähe von Mensch zu Mensch, zur Natur und erst recht zu Gott. Die Gefühle von Demut, Ehrfurcht, Scheu und Scham, von Liebe und Vertrauen, von Solidarität und Verantwortung bildeten sich zurück bzw. wurden unterdrückt. Die *»logique du coeur«* des Blaise Pascal verlor an Kraft. So hat der Herrschaftswille nun paradoxerweise zur Unterwerfung unter die Nuklearrüstung und eine gentechnische Menschenplanung á la Huxley geführt. Aber die Situation ist noch komplexer. Es gibt nicht nur die von verdecktem Machtegoismus erfüllte Kirche Naturwissenschaft, sondern nach wie vor eine Naturforschung, die von religiösem Geist erfüllt ist. Herausragender Repräsentant ist der unlängst in aller Welt gefeierte Albert Einstein. Unter dem Titel *»Religion und Wissenschaft«* hat er sein Weltbild 1952 so skizziert: *»Das Individuum fühlt die Nichtigkeit menschlicher Wünsche und Ziele und die Erhabenheit und wunderbare Ordnung, welche sich in der Natur sowie in der Welt der Gedanken offenbart. Er empfindet sein individuelles Dasein als eine Art Gefängnis und will die Gesamtheit des Seienden als ein Einheitliches und Sinnvolles erleben.«* [1]

Einstein nennt diese Einstellung *kosmische Religiosität*. Diese

1 A. Einstein: Religion und Wissenschaft, S. 68

findet er in Ansätzen schon in Psalmen Davids und bei einigen Propheten, weiterhin bei Demokrit, Franziskus von Assisi und Spinoza. Kepler und Newton hätten die Gesetze der Himmelsmechanik nicht entwirren können, hätten sie nicht an die Vernunft des Weltenbaus geglaubt. Fazit: *»Naturwissenschaft ohne Religion ist lahm. Religion ohne Wissenschaft ist blind.«* Das ist die Gegenthese zu Freuds Erklärung, wonach das Wissen berufen sei, den Glauben abzulösen.

1951 stellt Einstein seine Position in einem Brief unmissverständlich dar: *»… glaube ich, dass Männer wie Konfuzius, Buddha, Jesus und Gandhi mehr zur Schärfung des ethischen Sinnes des Menschen getan haben, als die Wissenschaft es je vermöchte … Ich brauche nicht zu betonen, wie sehr ich alles Streben nach Wahrheit und Wissen achte und schätze. Aber ich glaube nicht, dass der Mangel an moralischen und ethischen Werten durch rein intellektuelle Bemühungen aufgewogen werden kann.«*[2]

Einstein lässt noch einmal eine unschuldige Naturwissenschaft aufleben, in welcher der Mensch nicht erkennen will, um das Erkannte zum Beherrschen auszubeuten, sondern um die wunderbare Ordnung der Dinge geistig nachzuvollziehen. Umso paradoxer mutet es an, dass dieser hochsensible Geist, dem nichts mehr zuwider ist als kriegerische Grausamkeit, die Menschheit in die Ära der drohenden kollektiven Selbstvernichtung führt. Man könnte denken, es seien Mächte der Finsternis am Werke, die sich gerade Einstein ausgesucht haben, um durch ihn die Ohnmacht eines empfindsamen Humanismus gegenüber der Überlegenheit der modernen technisch gestützten Ausrottungsmentalität nachzuweisen. Nur unentwegte romantische Gutmenschen mögen träumen, der Himmel habe gerade Einstein geschickt, um ihn in seinen letzten 10 Jahren noch als großen Mahner zur atomaren Abrüstung und zur Schaffung einer friedensschützenden Weltregierung wirken zu lassen.

Zuvor aber schreibt Einstein am 2. August 1939 auf Drängen von Kollegen jenen fatalen Brief an Präsident Roosevelt, in dem er diesem die Unterstützung der Experimente empfiehlt, die dann zum Bau der ersten Atombomben geführt haben. Offenbar

2 A. Einstein: Frieden, S. 553

sind zwei Gründe für Einstein ausschlaggebend: Das ist erstens sein Hass auf Hitler, weswegen er schon in den Vorjahren die westlichen Alliierten zu entschlossener Aufrüstung gemahnt hatte. Zu diesem Hass gesellt sich der aus unsicheren Informationen erwachte Verdacht, die Deutschen träfen bereits Vorkehrungen zu einem eigenen Atomwaffenbau. So kommt es zu einer für unser Zeitalter der unerbittlichen Konkurrenz typischen Entscheidung: *Ich will eine Sache eigentlich nicht, weil ich sie für zu gefährlich halte. Aber wenn ich sie nicht mache, kommt mir der Gegner zuvor, und ich bin in seiner Hand.* Der Antrieb ist also Argwohn, eingebettet in Hass und gestützt auf ein in diesem Falle falsches Wissen. Denn der Physiker Carl Friedrich von Weizsäcker, den Einstein in seinem Brief im Zusammenhang mit einer vermuteten deutschen Atomwaffen-Planung benennt, plant gar nicht, was ihm Einstein auch noch in einem zweiten Brief von 1940 unterstellt. Weizsäcker, älterer Bruder des vormaligen Bundespräsidenten, wird nach dem Krieg sogar Hauptinitiator der so genannten *»Göttinger Erklärung«*, in der 18 deutsche Atomphysiker für sich jede Teilnahme an einem Atomrüstungsprogramm ausschließen. Einstein hat sich an dem amerikanischen *»Manhattan-Projekt«*, das zum Atombombenbau führt, nicht beteiligt. Es ist auch nicht bekannt, dass er über den Fortgang der Arbeit informiert gewesen wäre. Aber er hat den Anstoß gegeben. Und so können ihn die Medien später als den Initiator des Unternehmens identifizieren, das in Hiroshima und Nagasaki am 6. und 9. August 1945 mehr als 200.000 Japaner sterben lässt und ungezählte Tausende chronischem Siechtum ausliefert. Gegenüber Linus Pauling hat Einstein von *»einem großen Fehler in meinem Leben«*[3] gesprochen. Max Born schreibt dazu: *»Einsteins Schicksal offenbart wie kaum ein anderes in der Geschichte, wie größte Kraft des Geistes und reinstes Wollen nicht davor schützen, Entscheidungen zwischen zwei Möglichkeiten fällen zu müssen, die beide gleich verabscheuungswürdig sind.«*[4]

Tragisch ist, dass Einsteins Irrtum Amerika mit einer Tat belastet, deren Begründung dreifach fragwürdig ist. Hitler sollte von einem Vorhaben abgehalten werden, das er, wie sich heraus-

3 R. W. Clark: Albert Einstein, Leben und Werk, S. 400
4 A. Einstein – M. Born: Briefwechsel 1916–1955, S. 201

gestellt hat, gar nicht im Sinne hatte. Er musste auch nicht mehr gestoppt werden, da er längst tot war. Japan war praktisch schon geschlagen. Um es zur Kapitulation zu zwingen, hätte ein demonstrativer Atomwaffen-Abwurf über unbesiedeltem Territorium ausgereicht. Aber Amerika teilt nicht Einsteins Entsetzen, feiert vielmehr Hiroshima und Nagasaki als patriotische Ruhmestaten. Robert J. Lifton hat diese ebenso erstaunliche wie befremdliche Reaktion, die über ein halbes Jahrhundert anhält, in seinem Buch *»Hiroshima in America«* ausführlich dokumentiert und kritisch analysiert. Einstein hat sein von der Hitlerzeit vorübergehend unterbrochenes pazifistisches Engagement nach Kriegsende mit Leidenschaft wieder aufgenommen. Ohne Scheu kritisiert er die Politik seiner Wahlheimat immer heftiger, macht sich beim Establishment unbeliebt und verdächtig. Der Geheimdienst überwacht ihn. FBI Chef Edgar Hoover lässt ihn nicht aus den Augen. In einem FBI-Dossier steht eine angebliche Äußerung Einsteins von 1947: *»Ich habe einen Fehler gemacht, Amerika als Land der Freiheit auszuwählen, einen Fehler, den ich in meinem Leben nicht mehr ausgleichen kann.«*

Aber er wird nicht verbannt und drangsaliert wie auf der anderen Seite lange Zeit Sacharow. Amerika verbietet seinem unangenehmen Kritiker keine provozierenden Auftritte wie den nachfolgenden protokollierten Fernseh-Beitrag, in welchem Einstein schonungslos am Beispiel USA die *»Krankheit Friedlosigkeit«* mit ihren wichtigsten Symptomen von falscher Verfolgungsangst, militärischer Machtbesessenheit, Militarisierung der Jugend, Bürgerüberwachung und Medien-Manipulation erläutert. Es ist eine von der Präsidenten-Witwe Eleanor Roosevelt moderierte Fernsehsendung vom 12. Februar 1950, kurz nachdem Präsident Truman die Herstellung der Wasserstoffbombe angekündigt hatte. Weil Einsteins brillante Analyse die desaströse Pathologie der herrschenden politischen Mentalität und Praxis eindrucksvoll erfasst, sei das Protokoll in ausführlichem Auszug wiedergegeben:

»Der Glaube, man könne Sicherheit durch nationale Bewaffnung erlangen, ist beim gegenwärtigen Stand der militärischen Technik eine verhängnisvolle Illusion. Auf der Seite der Vereinigten Staaten wurde diese Illusion noch besonders begünstigt durch einen zweiten Irrglauben, der darauf beruhte, dass es in diesem Land zuerst

gelang, eine Atombombe herzustellen. Man neigte daher zum Glauben, dass es für die Dauer möglich sei, eine entscheidende militärische Überlegenheit zu erreichen. Auf diesem Weg glaubte man, jeden potentiellen Gegner abschrecken zu können und dadurch uns selbst und der übrigen Menschheit die von allen so sehnlich gewünschte Sicherheit zu bringen. Die Maxime, der wir in den letzten fünf Jahren vertrauten, lautet: Sicherheit durch überlegene Macht, was sie auch kosten möge.

Die Folge dieser mechanistischen, technisch-militärischen und psychologischen Einstellung konnte nicht ausbleiben. Jede außenpolitische Handlung wird beherrscht durch den einzigen Gesichtspunkt: Wie müssen wir handeln, um im Kriegsfalle dem Gegner möglichst überlegen zu sein. Errichtung von militärischen Stützpunkten an allen erreichbaren strategisch wichtigen Punkten der Erde, Bewaffnung und wirtschaftliche Stärkung von potentiellen Bundesgenossen. Im Innern Konzentration ungeheurer finanzieller Macht in den Händen des Militärs, Militarisierung der Jugend, Überwachung der Loyalität der Bürger und besonders der Beamten durch eine immer mächtiger werdende Polizei, Einschüchterung der politisch unabhängig Denkenden, Beeinflussung der Mentalität der Bevölkerung durch Radio, Presse und Schule, Knebelung wachsender Gebiete der öffentlichen Informationsmittel durch das militärisch bedingte Geheimnis.«

»Der leitende Gedanke allen politischen Handelns müsste deshalb sein: Was können wir tun, um ein friedliches, im Rahmen des Möglichen befriedigendes Zusammenleben der Nationen herbeizuführen?

Erstes Problem ist die Beseitigung der gegenseitigen Furcht und des gegenseitigen Misstrauens. Feierlicher Verzicht auf gegenseitige Gewaltanwendung (nicht nur Verzicht auf Verwendung von Mitteln der Massenvernichtung) ist zweifellos nötig. Solcher Verzicht kann aber nur dann wirksam sein, wenn er mit der Einführung einer übernationalen richterlichen und exekutiven Instanz verbunden ist, der die Entscheidung der mit der Sicherheit der Nationen unmittelbar verknüpften Probleme übertragen wird.

Letzten Endes beruht jedes friedliche Zusammenleben der Menschen in erster Linie auf gegenseitigem Vertrauen und erst in zweiter Linie auf Institutionen wie Gericht und Polizei; dies gilt ebenso für Nationen wie für Individuen. Das Vertrauen aber gründet sich auf eine loyale Beziehung des ›Nehmens und Gebens‹«.[5]

***

Wenn Einstein sich in seinen letzten Jahren verstärkt der Unterstützung der Kriegsdienstverweigerung widmet, so vielleicht, weil er der Machtelite immer weniger zutraut, nationale militärische Interessen einer friedensschützenden übernationalen Institution unterzuordnen. Vielleicht kann Widerstand von unten mehr bewirken? Etwa nach dem bekannten Motto: *Es ist Krieg, und niemand geht hin. Es gibt militärische Ausbildung, aber keiner will sie haben.* Wenn eine solche Verweigerungs-Stimmung um sich griffe – vielleicht wäre eine derartige Bewegung wirksamer als alle friedenspolitischen Vorschläge? Einstein schlägt in seinen Empfehlungen und Forderungen einen härteren Ton an. Wiederholt fällt das Wort vom Krieg als organisiertem Mord. Ähnlich wie der andere große Friedensaktivist Günther Anders wird er in seinem Aufbegehren am Lebensende zunehmend radikaler. Der Roosevelt-Brief verfolgt ihn bis zum Grab.

In einem seiner letzten Briefe widerspricht der schwer Kranke einem US-Oberbundesrichter, der den Vorrang des Gewissens vor bestehenden Gesetzen bestritten hat. *»Ich selber entscheide als Individuum«*, insistiert Einstein. *»Ich denke, dieses soll seinem Gewissen gemäß handeln, auch wenn das zu einem Konflikt mit den Staatsgesetzen führt. Diese Auffassung entspricht meinem moralischen Gefühl. Man kann sie aber auch bis zu einem gewissen Grade objektiv rechtfertigen. Blinder Gehorsam gegenüber als unmenschlich empfundenen Staatsgesetzen ist der moralischen Verbesserung dieser Gesetze nicht förderlich.«*[6]

Man stelle sich vor, Einstein könnte heute vom Himmel herabschauen (wie ich es in meinem Hörbuch *»Als Einstein nicht mehr weiterwusste«* phantasiert habe). Er hielte das soeben zitierte Protokoll seines TV-Statements von 1950 in der Hand und würde überprüfen, wie sich die geistige und die politische Situation in

5 A. Einstein: Frieden, S. 519–521
6 A. Einstein: Frieden, S. 612

den verflossenen 50 Jahren verändert haben. Was würde er entdecken? Die Illusion, Sicherheit durch überlegene Stärke zu erlangen, hat sich weiter verfestigt. Unvermindert lebt die pathologische *»mechanistische, technisch-militärische und psychologische Fehleinstellung«* fort. Das Netzwerk amerikanischer Militär- und Spionage-Stützpunkte ist noch dichter und globaler geworden und um Atomwaffendepots in Satellitenländern vertragswidrig erweitert worden.

Eigene Rüstung und Waffenverkäufe an konforme Partner laufen auf Hochtouren. Präemptive Angriffskriege der USA gegen nukleare Konkurrenten sind offiziell im Washingtoner Strategie-Programm angekündigt. Bürger-Überwachung, Jugend-Militarisierung, Einschüchterung Andersdenkender, bellizistische Medienkampagnen – nichts ist besser, alles nur noch schlimmer geworden.

Aber Einstein würde wahrnehmen, dass man sich seiner zu seinem 50. Todestag wohlgemut erinnert. Man feiert ihn für sein mathematisches Weltverstehen wie einen Rekordchampion. Amerika sieht keinen Grund, Einstein seinen Roosevelt-Brief nachzutragen, hat er doch damit die vermeintlichen Heldenstücke von Hiroshima und Nagasaki ermöglicht und seine pazifistische Widerborstigkeit damit in etwa ausgeglichen. Die Deutschen haben ihn längst in ihr Herz geschlossen und ihm verziehen, dass er bis zu seinem Lebensende mit dem *»Land der Massenmörder«* nichts mehr zu tun haben wollte. Da die Deutschen selbst an ihrer Schuld gearbeitet haben, erscheint es ihnen selbstverständlich, dass auch er sich längst gewandelt hätte und keinen Brief an die Max Planck Gesellschaft mehr schreiben würde wie jenen, in dem er die Einladung zurückwies, als ausländisches Mitglied der Gesellschaft wieder beizutreten: *»Die Verbrechen der Deutschen sind wirklich das Abscheulichste, was die Geschichte der so genannten zivilisierten Nationen aufzuweisen hat. Die Haltung der deutschen Intellektuellen – als Klasse betrachtet – war nicht besser als die des Pöbels ... Unter diesen Umständen fühle ich eine unwiderstehliche Aversion dagegen, an irgendeiner Sache beteiligt zu sein, die ein Stück deutschen öffentlichen Lebens verkörpert, einfach aus Reinlichkeitsbedürfnis.«*[7]

In einer großen Zuschauer-Umfrage hat das deutsche Fernsehen

7 A. Einstein: Frieden, S. 575

ermittelt, dass Einstein in die Reihe der zehn größten Deutschen hineingehöre. Besondere Beklommenheit war bei dieser Vereinnahmung nicht zu spüren. Aber auch nirgends sonst im Westen haben die radikalen kulturkritischen Mahnungen und Warnungen des genialen Forschers tiefere Spuren hinterlassen. Als entschärfte, verharmloste, politisch kastrierte Figur schwebt Einstein über der Nachwelt. Man kann ihn neidfrei bewundern, weil die Größe seiner Entdeckungen ihn aller Rivalitäten enthebt. Am leichtesten ist es, denjenigen gemeinsam zu idealisieren, der für alle unerreichbar ist. Man kann aber auch sagen: Es ist das sicherste Zeichen für den fortschreitenden westlichen Verfall, dass gar kein Gefühl mehr da ist für die Verschlimmerung der von Einstein beklagten Krankheit Friedlosigkeit, für die vertiefte Spaltung zwischen den Mächtigen und den Schwachen, zwischen den Reichen und den Armen, zwischen den selbsternannten Guten und den anderen, denen die Guten das eigene verdrängte Böse zur Entsorgung zugeteilt haben. Alle können Einstein deshalb lieben, weil sie gar nicht mehr den Abgrund sehen, vor dem sie stehen und vor dem er sie gewarnt hat. Sie taumeln in ihrer kollektiven psychischen Krankheit dahin und erkennen gar nicht den Wahn, der in ihrer Haltung liegt: Was brauchen wir noch das Vertrauen zueinander zu üben? Wir haben ja die atomaren Völkermordwaffen, die auf uns aufpassen, aber nein, mit denen wir selber das Böse einschüchtern und bedrohen.

Das ist die von den USA vermittelte Einbildung: Seine Atommacht hat uns Gott abgetreten und damit zugleich die richterliche Verfügungsmacht zur Etablierung einer neuen unipolaren Weltordnung. General Farrel hat vermutlich gar nicht begriffen, welche hellsichtige Deutung darin lag, als er in seinem Augenzeugenbericht über Hiroshima Präsident Truman gegenüber die Bombenwirkung mit dem Jüngsten Gericht verglich. Vielleicht hat er nur nach einem ausdrucksstarken Bild gesucht. Aber unwillkürlich hat er die kollektive heimliche Größen- und Allmachtsphantasie Amerikas und der westlichen Welt erfasst. Es ist die Phantasie eines endgültigen Triumphes über alle spätantiken und alle mittelalterlichen Ängste durch Antritt der eigenen Herrschaft über Erlösung und Verdammnis. Da glaubten die Amerikaner, in eigener Vollmacht das Böse in Hiroshima vernichtend bestrafen zu dürfen, nachdem sie die Japaner in ihren Medien wiederholt als Ratten,

Affen oder schlicht als Tiere diskriminiert hatten. Und sie konnten die atomaren Brandstifter unbeschwert als nationale Helden feiern. So ist es nicht zufällig oder gar absonderlich, dass sich *»Gottes eigenes Land«* einem Präsidenten verschrieben hat, der sich allerhöchster Berufung sowie einer unfehlbaren Urteilskraft über die Verteilung von Gut und Böse in der Welt rühmt.

* * *

Nach der Niederwerfung Hitlers sah es einst noch ganz anders aus. Nie wieder sollte einer Nation erlaubt werden, durch überlegene Stärke der übrigen Welt den eigenen Willen aufzuzwingen. Am 26.06.1945 hatten 51 Staaten die Charta der Vereinten Nationen verabschiedet, die alle Nationen gleichstellte und auf die friedliche Überwindung der Konflikte untereinander verpflichtete. Bald wurde klar, dass überlegener Besitz von Atomwaffen die Ordnungsprinzipien der Charta außer Kraft setzen würde. Besonders deutlich wurde das in dem Land erkannt, das heute eben diese Entmachtung der UN selbst betreibt. Es war kein Geringerer als der Außenminister der Vereinigten Staaten, John Foster Dulles, der Mitte der 50er Jahre ein denkwürdiges Memorandum verfasste. Darin lautete der Kernsatz: *»Die Atomkraft ist zu gewaltig, um sie allein einem Land zu militärischen Zwecken zu überlassen.«* Der Außenminister schlug vor, *»das Potential thermonuklearer Waffen zur Abschreckung von Aggressionen der Allgemeinheit zu unterstellen.«* Die Kontrolle über die Waffen dürfe allein einem vetofreien Sicherheitsrat vorbehalten bleiben.[8]

Bezeichnend ist, dass die Warnung vor einseitiger atomarer Einschüchterung ausgerechnet von dem Chef-Außenpolitiker derjenigen Regierung ausging, die ein halbes Jahrhundert später genau die gefährliche Politik betreibt, vor der jener hellsichtig gewarnt hatte. Hätte nicht der Nuklearwaffen-Gegner McNamara an dieses Memorandum erinnert, kaum einer wüsste heute noch davon.

Dass es während der Cuba-Krise im Oktober 1962 nicht zu einem nuklearen Krieg kam, ist nach den Worten des Ex-Kommandeurs der US-Nuklearstreitkräfte General Lee Butler eher

8 R.S. McNamara: Vietnam, S. 440

himmlischer Fügung als menschlicher Besonnenheit zu verdanken. Der Cuba-Schock wirkte noch einige Jahre fort und führte 1970 zu dem so genannten Atomwaffensperrvertrag. In dessen Präambel bekräftigten die Vertragsparteien die Absicht, die Kernwaffenproduktion zu stoppen, alle Vorräte an solchen Waffen aufzulösen, Versuchsexplosionen von Kernwaffen für alle Zeiten einzustellen – dies alles, um die internationale Entspannung und das gegenseitige Vertrauen der Staaten zu stärken. Aber man konnte sich nur zu der gemeinsamen Verpflichtung durchringen *»in redlicher Absicht«* Verhandlungen zum Erreichen dieser Ziele einzuleiten. Im Mai 2005 hat wieder einmal eine Überprüfung der Bemühungen stattgefunden, die Vertragsziele von 1970 zu verwirklichen. Resultat: Es gibt diese in Artikel VI versprochenen Bemühungen gar nicht mehr. Die Supermacht hat das Problem, wie sie glaubt, auf die geschilderte andere Art gelöst, indem sie schlichtweg dem eigenen überlegenen Vernichtungspotential eine Beschützerfunktion gegen das Böse in der Welt zuteilt.

4. Kapitel

Die Männlichkeitskrise und die Verhaftung an den »absoluten Feind«

Von dem britischen Physiker und Nobelpreisträger Stuart Blackett ist die These überliefert: *»Wer die absolute Waffe hat, braucht den absoluten Feind«*. Aber wie ist es zum Besitz der absoluten Waffe gekommen? Ohne zu glauben, dass Hitler die Atombombe bauen wolle, hätte Einstein niemals Präsident Roosevelt geraten, Hitler zuvorzukommen. Also war zuerst der *»absolute Feind«* da, den man in Schach halten wollte. Aber dann, als das *»Manhattan-Projekt«* lief, fiel der inzwischen tote Hitler als Feind aus. Das wusste man, baute in Amerika aber weiter. Als Präsident Truman schließlich die Bombenabwürfe auf Hiroshima und Nagasaki von Potsdam aus befahl, war Hitler tot, Deutschland geschlagen und Japan bereits hoffnungslos geschwächt. Trotzdem machte Truman von der absoluten Waffe Gebrauch, die ihm im Franck-Report vorgerechneten furchtbaren Konsequenzen einschließlich des vorhersehbaren Wettrüstens in Kauf nehmend. Demnach bewirkte der eigene Machtwille, nicht der *»absolute Feind«*, den Eintritt ins Nuklearzeitalter.

Dennoch schien dieser zur Selbstrechtfertigung unentbehrlich. So übernahm die UdSSR zeitweilig die Rolle des absoluten Feindes, bis der Schock des Beinahe-Atomkrieges um Cuba kurzfristig die mörderische Konkurrenz unterbrach. Der Atomwaffensperrvertrag, 1968 unterschrieben und 1970 in Kraft getreten, bekundete die beiderseitige Absicht, sich von der absoluten Waffe zu befreien. Aber der Befriedungswille war nur von kurzer Dauer. Ungeachtet der Gefahr, die ganze Welt in Brand zu setzen, erreichte das Wettrüsten im Austausch der Projektion des Schreckbildes vom absoluten Feind einen Höhepunkt, angetrieben von einer Hasskampagne, die kein Geringerer als der UN Generalsekretär, Perez de Cuellar, als Wahn bezeichnete. Am Ende war es dann Gorbatschow mit seiner Entstalinisierung und seiner vom Kronzeugen Sacharow unterstützten Friedenspolitik, der zur vorläufigen Symptomheilung des Wahns den Anstoß gab. Aber wiederum wartete die Welt vergeblich auf den Abbau der absoluten Waffe.

* * *

Nimmt man die populär gewordene psychiatrische Sprache vom *»atomaren Rüstungswahn«* ernst, so meldet sich das Bedürfnis, gründlicher nach dem psychopathologischen Hintergrund des auffallend irrationalen Verhaltens zu fragen. Der derzeitige US-Präsident bietet sich dazu an, an seiner Person die Besessenheit von bisweilen mittelalterlich anmutenden Ideen zur Ausrottung des Bösen festzumachen. Aber vor ihm hatten schon alle anderen US-Präsidenten hartnäckig das erpresserische nukleare Überwicht der USA verteidigt, und George W. Bush ist von dem Volk ja wiedergewählt worden, nachdem er es von den eigenen ungelösten wirtschaftlichen und sozialen Problemen mit einem Krieg gegen einen erdichteten neuen atomaren Weltfeind abgelenkt hatte.

Also ist es eine tiefer verwurzelte kulturelle Mentalität, die immer wieder Konstellationen herbeiführt, welche die westliche und inzwischen die gesamte Menschheit an ein Regime fesselt, das unterdessen von verantwortlichen Menschen teilweise an ein unverantwortliches Waffensystem übergeht, das in Form von 2000 binnen 15 Minuten abschussbereiten Sprengköpfen große Teile der Erde zu entvölkern bereit ist. Wie kommt es zu der geradezu masochistischen Unterwerfung unter Arsenale, die zu nichts anderem als zu gigantischer Zerstörung gebaut sind und die durch ihr bloßes Vorhandensein ein Klima der Angst, der Spannung und der Wut herstellen und zu Erfindung ewig neuer Massenvernichtungsmittel reizen?

Max Born hat der Menschheit den Untergang prophezeit, wenn ihr der gefühlsmäßige Abscheu vor Gräueltaten abhanden komme. Eben um diese Gefahr handelt es sich, nämlich um das Schwinden der emotionalen Gegenkräfte gegen die unsichtbar materialisierte Grausamkeit der absoluten Waffe. Die fehlende Versöhnungskraft soll durch das Schreckbild eines immer wieder neu konstruierten absoluten Feindes ersetzt werden, d.h. durch die Inszenierung einer Notwehrsituation. Im Falle von Hiroshima war es noch gelungen, die Rachewut nach dem japanischen Hawaii-Anschlag zur Entlastung des Gewissens zu instrumentalisieren. Neuerdings hilft der islamistische Terrorismus, eine Verfolgungsmentalität zur Aufrechterhaltung und Modernisierung der High-Tech-Rüstung zu nützen.

Die Paradoxie – oder Pathologie – liegt in der Furcht, sich auf die positiven emotionalen Energien zu verlassen, die allein dazu imstande wären, das von Bedrohung und Gegenbedrohung, von Verfolgungshass und Rachewut erfüllte Klima zu reinigen. Aber wie kann man sich auf Kräfte verlassen, deren man nicht mehr sicher ist? Die britischen Moralphilosophen des 18. Jahrhunderts, Rousseau und selbst der alte Kant (im *»Streit der Fakultäten«*) glaubten noch an die Disposition zum *»Moralischen«*. Schopenhauer ernannte das natürliche Mitleid zum Grundantrieb für die Tugenden der Menschenliebe und der Gerechtigkeit – mit der Einschränkung, das Mitleid sei die spezifische Stärke der Frauen. Seine ausführlich erläuterte Mitleids-Ethik bildete den Kern seiner von der Dänischen Sozietät der Wissenschaften 1840 allerdings nicht gekrönten Preisschrift *»Über das Fundament der Moral«*. Unterdessen hat sich, wie erwähnt, ein Großteil der Frauen dem männlichen Weltbild nicht nur angenähert, sondern behauptet sich in erfolgreicher Konkurrenz. Das bedeutet nicht nur eine soziologische Umstrukturierung im Geschlechterverhältnis, sondern zugleich kulturpsychologisch einen Umbruch. Da bei den Männern zwar eine Identitätsverunsicherung, nicht aber eine kompensatorische Ausfüllung des Gefühlsanteils stattgefunden hat, der durch den Rollenwandel der Frauen in den Hintergrund getreten ist, kann man allein daraus eine Schwächung der emotionalen Widerstandskräfte ableiten, die vor einer Unterwerfung unter die Bedrohungspolitik und die moderne Kreuzzugsideologie schützen sollten. Das weibliche Geschlecht, das in den neuen Kriegen Panzer fährt und Raketen abschießt, steht nur noch bedingt für Abrüstungs- und Versöhnungsengagement zur Verfügung. Zum Teil hält es das Mitmarschieren mit der Waffe und die Identifizierung mit männlichem Kriegsgeist für großartige emanzipatorische Errungenschaften. Das Foto von der amerikanischen Soldatin, die einen irakischen Gefangenen wie einen Hund am Halsband führte, demonstrierte, wiewohl in krimineller Verzerrung, eine bislang undenkbare Situation von symbolhafter Bedeutung.

Die Verunsicherung der Männer schien in den 70er Jahren tatsächlich eine Sensibilisierung einzuleiten: In Wohngemeinschaften und in den Eltern-Kindergruppen lebte die Leitidee gemeinsamer Emanzipation auf. Junge Männer und Väter übten sich in partnerschaftlicher Zuwendung und Einfühlung, in Hüten, Pflegen und Hausmanntugenden. Doch schon gegen Ende der 70er Jahre ebbte diese Strömung ab. Softies und Gutmensch-Typen wurden zu Spottfiguren. Die Entmännlichungsangst kam von den Männern selbst. Die Grüne- und die Friedensbewegung boten vielen allerdings noch eine Chance, in der Wertewelt der Sanftheit klassische männliche Tugenden der Kampfbereitschaft und der Widerständigkeit Seite an Seite mit aktivistischen Frauen zu beweisen. Aber daneben entfaltete das rasende nukleare Wettrüsten eine deutliche Prägekraft in Richtung psychologischer Militarisierung. Die eigendynamische Wechselbeziehung von absoluter Waffe und absoluter Verfeindung war fast mit den Händen zu greifen. Die Installierung amerikanischer Pershingraketen in der Bundesrepublik erzwang die absolute Dämonisierung Moskaus, während die zuvor von großer Zustimmung begleitete West-Ost-Friedenspolitik Willy Brandts und Egon Bahrs mit dem Geruch schwächlicher Kapitulationsbereitschaft überzogen wurde. In der westlichen Friedensbewegung trafen sich beträchtliche Scharen aus den reformistischen sozialen Initiativen der 70er Jahre, Frauen und Männer kämpferisch vereint für die Durchsetzung der als gemeinsam erkannten weiblich-männlichen Wertewelt der Menschlichkeit.

Der Zustrom von jungen, aber auch älteren Medizinerinnen und Medizinern zu unserer internationalen Ärztebewegung IPPNW war gewaltig. Uns stärkte die schwer angreifbare Ethik des Hippokrates, die uns auf Schutz von Gesundheit und Leben ohne Rücksicht auf ethnische, nationale, ideologische oder rassische Unterschiede verpflichtet. Das Foto der Gründung unserer Organisation durch je einen prominenten Arzt aus Ost und West – über den Eisernen Vorhang hinweg – war sinnfälliger Ausdruck des Versöhnungswillens im Schatten der beiderseitigen absoluten Waffen. Ohne große Unterstützung aus blockfreien, vor allem nordischen Ländern, hätte unsere Ärztebewegung schwerlich die bedeutende Wirkung erreichen können, die ihr dann tatsächlich bis zum Erwerb des Friedensnobelpreises 1985 beschieden war. In der Bundesrepublik hatten wir uns gegen drei Mächte zu wehren: Erstens gegen die Regierungspartei mit christlichem Namen, die, Kanzler Kohl eingeschlossen, uns wider besseren Wissens der Komplizenschaft mit dem absoluten Ostfeind bezichtigte; zweitens gegen eine sich Friedensbewegung nennende – aus Ostberlin gesteuerte – Organisation, die mit der gleichen Entschiedenheit die US-Raketen verdammte, mit der sie Ost-Raketen mit Kritik verschonte; drittens gegen den DDR-Staatssicherheitsdienst, der mich z. B. observierte, am Telefon abhörte und einmal beim Grenzübertritt festsetzte, weil ich in der DDR Ärzte und Bürgerrechtler unterstützte, die auf christlichen *»Friedenswerkstätten«* für eine Versöhnungspolitik eintraten.

Aus Gorbatschows Mund vernahm ich später persönlich, dass seiner Idee der Humanisierung der internationalen Politik gerade die ärztliche Friedensbewegung hilfreich gewesen sei. Aber auch er hat dann ja die Rückkehr der Amerikaner zum nuklearen Stärkekult und das Wiedereinschwenken der westlichen Mentalität auf Duldung der atomaren Bedrohung nicht verhindern können. Die westliche Männergesellschaft stand und steht immer noch vor der Wahl, entweder weiterhin dem Superman-Traum von Bacon und Nietzsche nachzustreben – oder tatsächlich die von den Frauen partiell aufgegebenen Werte der Sensibilität, des Mitempfindens, der sorgenden Verantwortung stärker in die eigene Identität einzubeziehen. Das heißt aber, sich von dem Vorurteil einer vermeintlichen Entmännlichung durch eine solche Neuorientierung zu lösen. Man blicke nur auf die erfolgreichsten Befreiungskämpfer des 20. Jahrhunderts als Beispiele für die Demonstration von Willensstärke, Kühnheit, Standhaftigkeit bei gleichzeitiger Tragfähigkeit für Leiden.

* * *

Von dem herausragenden Psychoanalytiker Erik H. Erikson stammt eine brillante biographische Porträtierung Gandhis, der ein Volk von 300 Millionen Indern von britischer kolonialer Unterdrückung gewaltlos befreit hat. Erikson schildert Gandhi als tief verwurzelt in der indischen Religiosität und deren Quellen in einer frühen Mutterreligion. Er saß gern am – weiblichen – Spinnrad. Einen *»sublimierten Maternalismus«* erkannte er als *»notwendigen Bestandteil der positiven Identität eines ganzen Menschen«*. *»Der westlich Zivilisierte würde gut daran tun«*, schreibt Erikson, *»in Gandhis Bekundungen der Mütterlichkeit mehr zu sehen als nur eine emotionale Inversion: Die elementare Macht des Mütterlichen (symbolisiert in der Kuh) ist ein uralter alles erfüllender Bestandteil der indischen Religion.«*[1] Ghandi strebte geradezu danach, so Erikson, sich mütterlich zu zeigen. In seinem Widerstandskampf beherzigte er das alte indische Prinzip der *»ahimsa«*, d. h. sogar im Widerstand darauf zu achten, das Wesen eines anderen nicht zu verletzen. Also nicht nur um physische Gewaltlosigkeit ging es ihm, sondern gleichzeitig um Achtung des Anderen, um nicht durch irgendeine Gewalt Gegengewalt hervorzurufen. Wegen zivilen Ungehorsams im Unabhängigkeitskampf steckte man ihn immer wieder ins Gefängnis für Überschreitung ungerechter Gesetze. Aber am Ende gelang ihm das unmöglich Scheinende.

Gandhi wurde Vorbild für Nelson Mandela, der wie seine Freunde im Afrikanischen Nationalkongress die Notwendigkeit erkannte, für den Freiheitskampf Gesetze zu verletzen und dafür Gefängnis in Kauf zu nehmen. Aber er begriff, dass die weiße Apartheitsregierung nicht wie die Briten mit gewaltlosem Widerstand fair umging. Deshalb unterstützte er später bewaffnete Sabotage-Aktionen des ANC. Zuerst vier Jahre, dann ab 1964 mit dem Urteil *»lebenslänglich«* 27 Jahre eingesperrt, machte er allmählich zusammen mit anderen Häuptlingen eine tiefe Wandlung durch. Die Wunden der Unterdrückung riefen in ihm und den anderen in den Jahrzehnten der Haft statt Rachedurst den Entschluss hervor, zusammen mit den unterdrückenden Weißen einen Versöhnungsprozess zu wagen. Im eigenen Leiden beobachtete er bei seinen Gefängniswärtern, dass diese manchmal eine Regung von Mitgefühl durchschimmern ließen. Ein Zeichen von Anteilnahme, vielleicht nur für eine Sekunde, bestärkte Mandela in seinem Glauben, so wörtlich, *»dass tief unten in jedem menschlichen Herzen Gnade und Großmut zu finden sind.« »Das war*

1 E.H. Erikson: Gandhis Wahrheit, S. 124, 125

genug für mich«, so fährt er fort, *»um mich wieder sicher zu machen und mich weiterleben zu lassen.« »Die Güte des Menschen ist eine Flamme, die zwar versteckt, aber nicht ausgelöscht werden kann.«* Eine Sprache, die in einem Spottbuch über Gutmenschen hätte Platz finden können als weichlich, weibisch, kitschig. Aber es war die Sprache eines Widerstandskämpfers, mitverantwortlich für terroristische Anschläge des ANC, der gelernt hatte, *»dass der Unterdrücker genauso befreit werden musste wie der Unterdrückte.« »Ein Mensch, der einem anderen die Freiheit raubt, ist ein Gefangener des Hasses, er ist eingesperrt hinter den Gittern von Vorurteil und Engstirnigkeit.«*[2]

Das ist die emotionale Gegenkraft, die Männlichkeit menschlich vervollständigt, aber von dem so genannten starken Geschlecht der Moderne aus Furcht vor Entmännlichung stigmatisiert wird. Jedoch genau mit diesem Glauben an die *»Herzensgüte«* setzte Mandela zusammen mit seinen Häuptlingen und Bischof Tutu in Südafrika einen friedlichen politischen Versöhnungsprozess durch, an dessen Möglichkeit die wenigsten in der Welt noch geglaubt hatten.

In Deutschland war Willy Brandt mit seiner *»Politik der compassion«* ein bekennender Gutmensch, der sich nicht scheute, mit dem Herzen Politik zu machen. Auch er demonstrierte, dass *»weibliches«* Mitempfinden für eine Versöhnungspolitik unentbehrlich ist. Seinen Kniefall vor dem Warschauer Getto-Denkmal kreideten ihm manche als peinlich unmännlich an, aber weil es nicht nur eine Geste war, sondern durch die Person Brandt ein ungeschützter Ausdruck tiefer *Compassion* und glaubwürdigen Versöhnung Erbittens, ging dieses Zeichen als Versprechen und als Hoffnung auf eine humanisierte Politik durch die Welt.

* * *

Jeder der genannten großen Befreiungspolitiker hat jenes *»Stück Weiblichkeit«* in sein Engagement eingebracht, von dem C.G. Jung sprach, und eben nicht als Schwäche, sondern als positive Antriebskraft. Erst aus dem Mitfühlen schöpften diese Männer ihren Elan zu handelnder Entschlossenheit. Sie nahmen mit *innerer Offenheit* an dem Leiden der sozialen Verlierer teil und machten

---

2 N. Mandela: Der lange Weg zur Freiheit, S. 833

deren Leiden zu ihrem eigenen, aber eben als Ansporn zum Überwinden von Ausgrenzung. Alle drei bezogen aktiv Stellung für die Benachteiligten. Mandela und Brandt waren Sozialisten. Gandhi kämpfte für die Rechte der diskriminierten *Paria*, der *»Unberührbaren«* in der Hindu-Gesellschaft. Es ist die *weibliche* Bindungsenergie, die der Machtbesessenheit und dem ewigen Siegen-Müssen entgegentrat, die nicht reife Männlichkeit, sondern jene unerwachsene Schein-Männlichkeit ausdrücken, die nur den anderen voran sein will – größer, schneller, stärker – in ewiger Angst vor Ohnmacht und Niederlage.

Die unerwachsene Männlichkeit gerät in Panik, weil das Zeitalter der Rekorde und der unschädlichen technischen Eroberungen an seine Grenzen gerät und da der schrumpfende Vorrat an absoluten Feinden die absolute Waffe in eine reine Selbstbedrohung zu verwandeln droht. Es bleibt nur die Chance, dass Männlichkeit und Weiblichkeit sich zu der Stufe der *»Elterlichkeit«* weiterentwickeln, die den Blick von der narzisstischen Selbstverwirklichung für die gemeinsame Verantwortung erweitert. In der Politik bedeutet die Stufe der *»Elterlichkeit«*, über die Kurzfristigkeit von Wunscherfüllungen und Symptomtherapien hinauszudenken und Selbstachtung aus dem Mut zur Vorsorge zu schöpfen – alles aber nur möglich, wenn die Frauen bei allem Vermännlichungsehrgeiz ihre Bindungskräfte genügend hüten und die Männer begreifen, dass dauerhaftes gemeinsames Überleben unbedingt das Erlernen von mehr Gemeinschaftlichkeit voraussetzt. Wenn sich aber männlicher Freiheitswille auf pubertärer Stufe zunehmend von den Leitbildern Gleichheit und Geschwisterlichkeit ablöst, verfällt er der Machwillkür, reißt er Menschen und Völker immer weiter auseinander und produziert ewig neuen ruinösen Terrorismus.

Preist man große Vorbilder wie Gandhi, Mandela, Brandt u. a. heißt es schnell: Eben weil es inzwischen an solchen Heilsfiguren mangele, sei eine pessimistische Zukunftsperspektive gerechtfertigt. Aber jeder der genannten brachte, wenn man genau hinsieht, nur längst weit verbreitete kollektive Sehnsüchte ans Licht. Im 3. Teil dieses Buches wird eine gemeinsame repräsentative Erhebung an russischen und deutschen Studenten am Ende des Kalten Krieges zeigen, dass von oben geschürte absolute Feindschaft zwischen Völkern nicht das Wachsen eines großen Gleichklanges der Einstellungen über die Fronten hinweg verhindern konnte. Das heißt: Die Trägheit der Machtstrukturen verdeckt nicht nur in Diktaturen, sondern auch in Demokratien psychologische Reaktionen und Strömungen, die dem von oben verordneten Denken zuwiderlaufen. Neun von zehn Deutschen wollen, dass die 150 in der Bundesrepublik von den US gehorteten Atomwaffen verschwinden. Aber die Regierung rührt sich nicht. Millionen gingen am 15. Februar 2003 in allen fünf Kontinenten auf die Straße. Sie drückten den Mehrheitswunsch der Bevölkerungen in fast allen Ländern aus, einen Irak-Krieg zu unterlassen. Die USA Regierung scherte sich nicht darum. Zahlreiche andere Regierungen gehorchten in *»Willigkeit«* entgegen der *»Unwilligkeit«* ihrer Bürgermehrheiten. Aber eine diffuse Hörigkeitsbereitschaft großer Bevölkerungsteile fördert nach wie vor auch in vergleichsweise liberalen Strukturen einen z. T. widerwilligen Gehorsam, zumal wenn Widerstand mit Medienhilfe in den mythischen Dunst eines Satanspaktes getaucht wird. Es bleibt die Hoffnung, dass Debakel wie der Irak-Krieg und Verirrungen wie reproduzierte Kreuzzugsrezepte dennoch zur Beschleunigung psychischer und sozialer Reifungsprozesse führen. Es sollte doch allmählich möglich sein zu durchschauen, dass der Mensch selbst sein absoluter Feind ist und die absolute Waffe ein Abbild seiner Destruktivität und dass nicht der technische, sondern ein menschlicher männlich-weiblicher Fortschritt zu echter verantwortlicher Elterlichkeit das Ziel sein muss, was zugleich die Reformierung derjenigen Strukturen erfordert, die immer noch die Gefahr des Rückfalls in archaische massenpsychologische Regressionen in sich bergen, deren Dispositionen noch lange nicht überwunden sind (s. Kapitel 20).

5. Kapitel

Franziskanisches Christentum gegen evangelikalen Militarismus

Während der Mensch der Moderne seine technischen Machtmittel fortgesetzt erweitert, verbirgt er sich mit seinen tieferen Gefühlsbedürfnissen in zunehmender Heimlichkeit. Mit seinen technischen Prothesen präsentiert er sich stolz als immer schneller, größer und scheinbar unabhängiger als je zuvor. Aber er ist auch ganz anders. Da strömt er zu Hunderttausenden zum sterbenden Papst Wojtila nach Rom, wartet viele Stunden in langen Schlangen, um den Petersplatz zu erreichen. Steht dann still und geduldig in engem Beieinander, um dem Sterbenden nahe zu sein, ihm leise Dank zu sagen, vielleicht noch einmal seinen Segen zu empfangen, jedenfalls aber um an seinem Leiden Anteil zu nehmen. Alle sind im Innern mit der väterlichen Gestalt vereint, der die Sprache versagt und die kaum noch den segnenden Arm heben kann. *»Ich bin froh, seid Ihr es auch!«*, soll der Papst noch geflüstert haben. Die Menschen können nicht ausdrücken, was sie mitnehmen. Aber es ist für sie viel.

Die Bilder kommen wie aus einer anderen Welt. Sie offenbaren eine stille Kraft zu lieben, zu verehren, Leiden mitzutragen. Sie lassen eine innere Welt ahnen, eine Seite des Menschlichen, die im Alltag des Daseinskampfes und der Zerstreuungskultur längst untergegangen scheint und nun doch wieder ans Licht kommt.

Aber ist das wirklich eine andere Welt, diese Innerlichkeit, oder ist deren Abspaltung von der Handlungswirklichkeit doch nur eine künstliche? Der Verstorbene selbst hat die Zusammengehörigkeit beider Reiche für alle Zeit sichtbar vorgelebt und ist darin dem Philosophen Max Scheler gefolgt, über dessen Ethik er einst seine Habilitationsschrift angefertigt hat. Dieser hatte sogar in einer Schrift begründet, warum er die Abkapselung der Innerlichkeit für eine Krankheit mit gefährlichen Folgen halte. Johannes

Paul II. hat jedenfalls in besonderem Maße das Prinzip beherzigt, die christliche Idee der Versöhnung und des Friedens in der Handlungswirklichkeit anzuwenden. 1986 hat er als erster Papst ein jüdisches Gotteshaus, nämlich die Synagoge in Rom, betreten. 1998 hat er öffentlich die Mitschuld der Christen am Holocaust anerkannt. 2000 hat er an der jüdischen Klagemauer in Jerusalem gebetet und die Gedenkstätte Jad Vashem besucht. Als erstes katholisches Kirchenoberhaupt hat er die Omajaden-Moschee in Damaskus betreten. 2002 hat er mit Vertretern von 8 Religionen ein Weltgebetstreffen in Assisi abgehalten. Gemeinsam haben sie jede Form von Gewalt im Namen des Glaubens verurteilt. Als der Irak-Krieg drohte, hat er Gesandte nach Washington und Bagdad geschickt, um den militärischen Angriff abzuwenden. Noch im letzten Augenblick hat er den irakischen Vizepremier Tarek Aziz in Rom empfangen, um ein Friedenszeichen zu setzen. Er wäre, hätte man ihn gelassen, persönlich in den Irak gereist, um für die Verhütung des Krieges zu wirken, der dann von den USA gegen Depots verbotener Massenvernichtungswaffen geführt wurde, die gar nicht da waren, der bisher mehr als 30.000 Menschenleben forderte, darunter dasjenige vieler Frauen und Kinder.

***

Auf zweifache Weise wird zurzeit versucht, die christliche Lehre in verfälschender Weise mit Krieg und Machtwahn in Einklang zu bringen. Von der einen Variante war schon ausführlich die Rede: Das ist die krankhafte Anmaßung, Aggression unter dem Vorwand zu segnen, in allerhöchster Berufung die Bestrafung des Bösen vorzunehmen. Die Ausstattung mit der absoluten Waffe könne nur heißen, mit dem Richteramt und der Vollzugsgewalt betraut zu sein, das Schlechte in eigener Vollmacht auszurotten. Daher die Rechtfertigung, ein zum Völkermord befähigtes Atom-U-Boot *»Corpus Christi«* zu nennen und mit dem gesegneten Hiroshima-Bomber eine *»christliche«* Strafe zu vollziehen.

Die andere Verfälschung der christlichen Botschaft ist die Einschränkung ihrer Geltung auf eine abgegrenzte Innerlichkeit. Humanistische Gesinnung wird in dieser Sicht zu einer Privatangelegenheit. Sie ist nicht verpflichtend für die Praxis in Politik,

Wirtschaft und Militärsachen. Max Weber hat sogar *»Gesinnungsethik«* aus der Politik verweisen wollen, denn sie passe nicht in die *»ethische Irrationalität der Welt«.*[1] Aber wohin Politik gerät, wenn Ausrottungsmentalität nicht mehr durch Gesinnung gebremst wird, ist wahrlich zur schrecklichsten Erfahrung geworden. Max Scheler drückt es, polemisch zugespitzt, so aus: *»In den unsagbaren Tiefen der reinen Innerlichkeit wird der Geist, werden die Ideen, werden Taten und Gesinnung, werden Schönheitssinn und Religion – wird selbst Christus schlechthin harmlos, verantwortungslos, bedeutungslos; und je mehr sie dieses werden, desto hemmungsloser können Herrschsucht, Klassenegoismus, ideenlose Beamtenroutine, Militärdressur usw. sich auswirken.«*[2] Die Spaltung durchzieht die Medienprogramme: Die Innerlichkeit findet ihren Platz im Kulturteil. In Politik und Wirtschaft hat sie nichts zu suchen. Friedensbewegung ist Gesinnungsethik – also Innerlichkeit, also Kulturteil – wenn überhaupt berichtenswert. Es ist eine bislang ungelöste Perversion, dass eine herrschende Schicht den Namen des Christlichen für sich vereinnahmt und unter diesem Etikett die gesellschaftliche Ordnung dominiert und Kriege führt, während sie den sozial Schwachen beibringt, ihre Ohnmacht im christlichen Geist von Demut, Liebe und Mitgefühl still zu tragen.

* * *

Im feudalistischen System des 16. Jahrhunderts waren es zwei bedeutende Theologen, die diesen Widerspruch in einem dramatischen Duell austrugen, das den Konflikthintergrund besonders deutlich gemacht hat. Die erbitterten Kontrahenten sind Martin Luther und Thomas Müntzer, beide zunächst einander nahe stehend, sodass der ältere Luther Müntzer für eine Predigerstelle empfiehlt. Aber bald bricht ein fundamentaler Meinungsstreit zwischen ihnen auf. Müntzer gibt sich nicht mit dem Gott zufrieden, der außer in seinem einmaligen Erscheinen in der Bibel stumm ist. Müntzer will ihn in die soziale Wirklichkeit tragen. Er will es nicht der Oberschicht überlassen, mit Gesetz und Schwert

1 M. Weber: Gesammelte politische Schriften, S. 553–559
2 M. Scheler: Von zwei deutschen Krankheiten, S. 208f

zu herrschen. Luther wirft er vor, die Christengemeinde nur auf innere Frömmigkeit und Leidensbereitschaft zu verweisen und es der Obrigkeit zu überlassen, die Armen auszusaugen und ihnen Gehorsam abzufordern.

Müntzer entwickelt eine neue Gottesdienstordnung und will – heute würde man sagen – die Gemeinde emanzipieren. Der Geist Gottes gehöre auch in die soziale Wirklichkeit, wo die Armen nicht nur gehorchen, sondern sich auch wehren müssten. Zwischen den beiden entbrennt ein Machtkampf, in dem persönliche Erbitterung zu Entgleisungen bis zur Raserei treibt. Luther spricht vom Satan, der um sich eine Sekte schare. Müntzer spart seinerseits nicht mit Beleidigungen, nennt Luther einen *»allerehrgeizigsten schriftgelehrten doctor Lügner«*. Wichtiger ist, dass beide schließlich die zu ihnen passenden gesellschaftlichen Partner finden, die das Problem auf die Ebene eines gesellschaftlichen Grundkonfliktes erheben und ein Ende mit Gewalt herbeiführen. Luther wendet sich mit einer Schrift an die sächsische Obrigkeit *»wider den aufrührerischen Geist«*. Die aufbegehrenden Bauern hören nicht mehr auf den Professor aus Wittenberg. Dieser schlägt sich entschieden auf die Seite des herrschenden Adels: *»Gott selber tut es, wenn die Obrigkeit straft.«* Die Obrigkeit zögert lange. Der Herzog von Sachsen schwankt, bekommt aber von Luther gesagt: Wer jetzt weich werde, betreibe das Geschäft des Satans. Währenddessen fühlen sich die Bauern ihrer Sache sicher. Horst Herrmann beschreibt in seiner ausgezeichneten Luther-Biographie ihre Position: *»Ihre Leibeigenschaft war ja doch wohl unevangelisch genug, denn Christus hatte alle Menschen gleichermaßen erlöst und zur christlichen Freiheit berufen. Der Viehzehnt war doch wohl zu verweigern, da Gott das Vieh frei für die Menschen erschaffen und zur Verfügung gestellt hatte. Jagd und Fischerei mussten frei sein, weil derselbe Gott allen Menschen ohne Ausnahme die Herrschaft über die Schöpfung verliehen hatte. Und die zunehmend verschärften Abgaben, mit deren Hilfe die Herren ihre eigene Schuldenlast in wohlfeiler Münze abzutragen suchten, hatten nichts mehr mit dem guten alten Recht Gottes zu tun. Also galt es jetzt zuzuschlagen.«*[3]

Luther tobt: Die Obrigkeit solle nun endlich *»zuschmeißen,*

---

3 H. Herrmann: Martin Luther, S. 433

stechen und würgen« denn es sei *»des Schwertes und Zorns Zeit hie und nicht der Gnaden Zeit.«* Der Volksaufstand erreicht seinen Höhepunkt. Müntzer, der Theologe und Volksprediger, erfährt nach manchen Rückschlägen noch einmal einen großen Zulauf. Briefe unterschreibt er ungeniert mit *»Thomas Müntzer mit dem Schwert«*. Aber schließlich machen die Fürsten Ernst. Die Rebellen-Hochburgen Mühlhausen und Frankenhausen fallen. Müntzer wird ergriffen, unter Folter zum Widerruf gezwungen und geköpft. Sein Kopf wird als Mahnmal auf einem Pfahl aufgespießt.

Wenige Monate später zieht Luther seine Bilanz in einer Schrift: *»Sendbrief von dem harten Büchlein wider die Bauern.«* Kein Wort gegen die Bluttaten der Fürsten. Im Gegenteil: Hätte die Obrigkeit gleich einen oder hundert hingerichtet, hätten die übrigen vielleicht überlebt. Mit seiner offenen Parteinahme für die Fürsten ist Luther als Christ genauso gescheitert wie sein christlicher Gegenspieler Müntzer, der sich voll mit den Rebellen identifiziert hat. Beide verfallen erbittertem gegenseitigem Hass und steigern sich in eine unversöhnliche Radikalisierung hinein, mit der sie den politischen Konflikt nur verschärfen. Auf Seite der Fürsten gibt es manches Zögern und Zweifeln. Aber Luther spürt umso weniger einen Drang zum Vermitteln, je heftiger ihn der Volksprediger Müntzer attackiert. Am Ende lassen sich beide von einer Dynamik mitreißen, die sehr an eine hochmoderne Form von Gewaltverkettung erinnert: Der Bauernkrieg wird zu einem Terrorismus der Armen gegen die Reichen. Und der Fürstenkrieg wird zum Terrorismus der Reichen gegen die Armen. Wie üblich, haben die rebellierenden Armen verloren. Aber verloren hat damals – wie auch überwiegend heute – zugleich der Geist der Versöhnung und der Menschlichkeit. Damit schließt sich wieder der Kreis. Knapp 500 Jahre nach dem Bauernkrieg haben wir – nunmehr in globalem Maßstab – eine ganz ähnliche Konstellation. Wieder entspringt die Gewalt einer eklatanten Ungleichheit, diesmal zwischen der Macht des wohlhabenden Westens und der Ohnmacht der armen islamischen Länder. Diesmal haben die Reichen keinen Luther zur Seite, sondern einen *»Fürsten«*, der sich selbst als vom Himmel Berufener erklärt. Die Armen auf der Gegenseite werden wiederum von Gotteskriegern in die Schlacht geführt. Aber der Gott des Attentäters Mohammad

Atta trägt den Namen Allah. Erneut haben die Mächtigen natürlich die überlegenen Waffen und nennen die Aktion ihrer Streitkräfte Krieg, während die Rebellen aus dem Hinterhalt auf terroristische Weise töten und zerstören. Die Bauernkrieger zogen in ihre letzte Schlacht, die mit ihrer Vernichtung endete, hinter einer Fahne mit dem Regenbogen – ein aus dem alten Testament übernommenes Symbol der Verbindung Gottes mit den Menschen. Die islamischen Terroristen von heute erheben sich und sterben – wofür? Der Westen sagt: Sie haben überhaupt kein *»Dafür«* oder nur das *»Dafür«* des Töten-Wollens. Aber warum weicht dieser vermeintliche Vernichtungstrieb bei den jungen Palästinensern, wenn ihrem Volk das Leben in eigenstaatlicher Nachbarschaft versprochen wird? Fast drei Jahre schwieg die Intifada, als Itzhak Rabin den Friedenskurs von Oslo verfolgte. Sollte sich in Israel eine Mehrheit behaupten, die eine Freigabe der besetzten Gebiete anstrebt, könnten sich beiderseits Kräfte durchsetzen, die nicht mehr mit dem eigenen Gott ihre terroristische bzw. kriegerische Gewalt zu heiligen versuchen.

* * *

Die Zwei-Reiche-Lehre, die Augustinus vorschwebte und die Luther zum Dogma erhoben hat, ist nicht mehr als Ordnungsprinzip vorstellbar, weil ihr religiöses Element in pervertierter Form die Steuerung der destruktiven Prozesse selbst besorgt. Die christlich eingesegneten Atombomben vollziehen in Hiroshima und Nagasaki angeblich stellvertretend das *»Jüngste Gericht«*. Und Tausende vermeintliche islamische Märtyrer morden für Allah. Barbarei im Dienste des Seelenheils hier wie dort. Die Religion ist zur Komplizin der Destruktivität geworden.

Aber die Absicht, die religiösen Bedürfnisse im Fortschritt der technischen Revolution verschwinden zu lassen, ist gescheitert. Teils sind sie, wie Weizenbaum gezeigt hat, in die Wissenschaftsgläubigkeit eingeflossen, wo sich das Erkennen heimlich mit dem Bemächtigungstrieb verbündet und zur Huldigung der neuen Zerstörungsmittel geführt hat. Teils haben sie zum Versuch der Selbstvergöttlichung geführt – wie in der Einbildung der Bürger von *»Gottes eigenem Land«* oder in dem Berufungsglauben des amerikanischen Kreuzzugs-Präsidenten.

Weiterhin gibt es das Religiöse in der Form abgekapselter apolitischer Innerlichkeit, schließlich aber auch in der Weltoffenheit, wie vorgelebt von Johannes Paul II. Aber was man dem verstorbenen Papst erlaubte und anscheinend auch seinem Nachfolger, ist noch weit entfernt von einer Durchtränkung der Politik mit christlicher Ethik. Denn die so genannten *»christlichen«* Parteien Europas halten zur Lehre der Bergpredigt ähnliche Distanz wie die Fürsten zur Zeit Luthers im Bauernkrieg. Man baut auf die Kräfte im Hintergrund des Episkopats, die aufpassen, dass päpstliches Engagement eher als moralische Pflichtübung, weniger als ernst zu nehmende Einmischung erscheint. Immerhin hat Papst Wojtila üblicherweise respektierte Grenzen übertreten, als er einerseits die polnische Kirche offen gegen die stalinistische Unterdrückung unterstützt, andererseits das kommunistische Cuba besucht hat, zwar mit Anmahnung der Respektierung der Menschenrechte, aber auch mit deutlicher Kritik an der amerikanischen Embargopolitik.

Mutige 75 Pax-Christi-Bischöfe der USA haben 1998 ihre bereits vorher in einem Hirtenbrief erklärte Ablehnung der Atomrüstung noch erheblich verschärft. *»Für uns besteht kein Zweifel«*, erklären sie, *»dass die momentane Politik der USA kein entscheidendes Engagement für die fortschreitende nukleare Abrüstung vorsieht. Ganz im Gegenteil: Die nukleare Einsatzdoktrin wurde nach dem Kalten Krieg ausgeweitet und schließt jetzt neue Aufgaben ein, die weit über die bisherige Rolle der Abschreckung hinausgehen. Die USA behalten sich das Recht eines Ersteinsatzes von Kernwaffen vor, einschließlich vorbeugender Angriffe auf Länder, die selbst keine Kernwaffen besitzen.«*[4] Das sei keineswegs hinnehmbar, denn dadurch würden bisher kernwaffenfreie Länder ermutigt, sich genau auf den Weg zu begeben, der ihnen auf diese Weise vorgezeichnet werde. Die Bischöfe berufen sich auf die Warnung von Johannes Paul II., wonach Gewalt immer nur neue Gewalt schaffe und keine Konflikte löse. Die 75 Bischöfe haben ebenso wenig wie Johannes Paul II mit seinem politischen Engagement in der christlichen Welt eine großartige Aufbruchsstimmung entfacht. Doch sie lassen aufhorchen und bezeugen, dass es trotz aller Anpassungs-

4 In W. Sternstein: Atomwaffen abschaffen! S. 145f

und Fluchtmechanismen noch immer eine sich ihrer politischen Verantwortung bewusste kirchliche Religiosität gibt. Benedikt XVI. hat nicht gezögert, schon bald nach seiner Amtsübernahme am Weltfriedenstag, dem 01.01.2006, die energische Kritik seines Vorgängers an der Atomwaffenpolitik fortzusetzen. *»Was soll man dann über die Regierungen sagen, die sich auf Nuklearwaffen verlassen, um die Sicherheit ihres Landes zu gewährleisten?«* Dies sei eine verhängnisvolle und absolut trügerische Sichtweise. In Frage komme nur eine fortschreitende und mit einander fest vereinbarte Ausrichtung auf atomare Abrüstung.

Das ist eine eindeutige und präzise politische Forderung, die gegen die amerikanischen evangelischen Methodisten Stellung nimmt, die den Methodisten George W. Bush in seiner Atomwaffenpolitik den Rücken stärken. Die feministische Theologin Rosemarie Redford-Ruether greift dieses *»amerikanische, messianisch-nationalistische Christentum«* heftig an, nennt es *»häretisch«* und verurteilt vor allem drei Auffassungen:

1. Die USA sind das einzige von Gott ausgewählte Volk.
2. Das Böse wohnt in den Feinden der Vereinigten Staaten.
3. Das Böse kann durch äußeren Zwang, letztlich durch militärische Macht besiegt werden.

Das seien ketzerische Sätze, gegen die sich die Kirchen wehren müssten, fordert Frau Redford-Ruether. In der Zeitschrift *»Hospitality«* vom Januar 2005 lautete ein anderer Protest: *»Wir verwerfen die falsche Lehre, als könne ein Krieg gegen Terrorismus wichtiger sein als ethische und rechtliche Normen. Es gibt Dinge, die niemals und ohne Rücksicht auf Konsequenzen getan werden dürfen – Folter, die gezielte Bombardierung von Zivilisten, der Gebrauch unterschiedslos wirkender Massenvernichtungswaffen.«* Aber all dies wurde getan im Einklang mit den zitierten *»Glaubenssätzen«*, die nichts anderes bedeuten, als die Lehre der Bergpredigt auf den Kopf zu stellen.

* * *

Die USA sind ein Beispiel dafür, wie erstarrte Strukturen und Rituale, staatliche und vor allem ökonomische Abhängigkeiten die christliche Ethik nicht nur verfallen, sondern in ihr krasses Gegenteil umschlagen lassen. Weil sie in ihrer Prägnanz unübertrefflich ist, sei die Formulierung des Generals Omar Bradley noch einmal zitiert: »*Wir leben im Zeitalter der nuklearen Riesen und der ethischen Zwerge, in einer Welt, die Brillanz ohne Weisheit, Macht ohne Gewissen erreicht hat. Wir haben die Geheimnisse des Atoms entschleiert und die Lehren der Bergpredigt vergessen. Wir wissen mehr über den Krieg als über den Frieden ...*«[5]

Dies ist ein religiöser Text, der indirekt zur Wiedererweckung der christlichen Werte aufruft. Ansätze solcher Neubesinnung tauchen immer wieder auf. Sie meldeten sich in der sozialen Jugendbewegung der 70er Jahre, als die studentische Jugend in hellen Scharen zu den Ausgegrenzten in den Armengettos, zu den psychisch Kranken und zu den Unterdrückten in der Dritten Welt ausschwärmte, um ihnen beizustehen. Das war u.a. auch schon eine Kampagne gegen die Saat von Rachewut und Gewalt in Regionen, wo Verwahrlosung, Kriminalität und Drogenexzesse gediehen. Nur war das Ziel nicht ein Feldzug gegen das Böse, sondern das praktische Engagement zur Heilung einer auseinander brechenden Gesellschaft durch Unterstützung der Gefährdeten unter der Leitidee der Solidarität. Überwindung von Abspaltung und Ausgrenzung war das Ziel. Darin steckte eine Religiosität, die sich allerdings nicht so benannte. Es waren zwar viele Jugendliche aus evangelischen Studentengemeinden und von Pax Christi dabei, aber man wollte sich als politisch und nicht als karitativ darstellen. Man wollte die Gesellschaft politisch verändern und nicht etwa nur das Leiden der Ausgegrenzten mildern. Als einer, der mitten in der Bewegung als engagierter Psychoanalytiker mitwirkte, erkannte ich viel von uneingestandener Empathie. Niemand hätte von Nächstenliebe gesprochen. Denn das hätte schwächlich geklungen, nach Unterwerfung unter das kapitalistische System, das man ja von unten ändern wollte. Die Bewegung entsprang aus antiautoritärem Protest, aber war inzwischen in der Weise »*erwachsen*« geworden, dass sie nicht mehr nur pubertär aufbegehrte, sondern auf gleicher Augenhöhe mit der Politik Reformen einforderte und zum Teil mitlenkte. Beispiel in der Bundesrepublik: *Die Reform der Psychiatrie*. Vom Deut-

5 In Butler: Sind Kernwaffen notwendig? S. 5

schen Bundestag beschlossen wurde 1971 eine Sachverständigen Enquête zur Lage der psychiatrisch-psychohygienischen Lage der Bevölkerung.[6] Zur Zeit dieses Beschlusses hatten sich bereits in der Psychiatrie neue Gemeinschaftsmodelle zur Reaktivierung der Kranken gebildet. Tageskliniken und Betreutes Wohnen ersparten Klinikaufenthalte. Flächendeckend entwickelten sich Netzwerke von Beratung und Betreuung auf dem Lande. Weiterhin sprach man offiziell von Versorgung, aber überall waren die Klienten aktiv beteiligt. So war es am Ende das veränderte Menschenbild der sozialen Bewegung, das sich in dem Bericht an das Parlament widerspiegelte. Dieses genehmigte die Reform. Als dann kein Geld für die Umsetzung da war, war es wiederum eine Initiative von unten, die für die Bereitstellung der bereits vom Finanzminister gestrichenen Mittel sorgte, nämlich ein Anruf bei Willy Brandt durch die Reformaktivisten. Man kann darüber streiten, inwieweit an solchen Reformmodellen religiöse Motive beteiligt waren und z.T. noch sind. Es war jedenfalls ein echtes Verlangen, mit psychisch Kranken in persönlicher Nähe und in neuer Gemeinschaftlichkeit verbunden zu sein. Es war ein Aufstand gegen die Nazi-Herabstufung von psychisch Kranken zu minderwertigem oder gar unwertem Leben. Die Patienten sollten nicht mehr Versorgungsempfänger von Maßnahmen sein, sondern ihr Leben – in welcher Einrichtung auch immer – frei mitgestalten, nicht zuletzt, weil die Betreuer diese Ebenbürtigkeit und Respektbeweisung auch für sich selbst suchten. Solidarität war ein spontan auflebendes moralisches Gebot. Mein Buch *»Lernziel Solidarität«* wäre niemals zu einem internationalen Bestseller geworden, hätte man es als Moralfibel und nicht als Hilfe für ein neues humanistisches Selbstverständnis verstanden. Die jungen Leute suchten eine Erlösung aus der in der Psychiatrie, im Strafvollzug und in sozialen Brennpunkten noch immer versteckten Ideologie der sublimen Menschenverachtung. In Europa nahm die Bewegung z.T. Gedanken aus der katholischen Sozialethik auf. In Lateinamerika wurde die Befreiungstheologie mit deren unerschrockenem Verfechter Leonardo Boff sogar eine wichtige Stütze für Basis-

6 Bericht über die Lage des Psychiatrie in der Bundesrepublik Deutschland – zur psychiatrischen und psychotherapeutisch-psychosomatischen Versorgung der Bevölkerung, 1975

gruppen gegen Unterdrückung. Wenn Christentum noch einen Sinn beanspruche, so heißt es, dann müsse die Kirche aktiv mitwirken, die Armen zu befreien. Aber mit dem von Boff inszenierten regelrechten politischen Kampf war der Vatikan dann doch nicht einverstanden. Nach dem sozialen Reformismus der 70er Jahre bildeten die Grüne Bewegung, die Friedensbewegung, dann attac und die globalisierungskritische Bewegung neue oder modifizierte Versuche, die ego- und machtfixierte Fortschrittskultur mit franziskanischen Elementen zu humanisieren. Auf den neuen Weltsozial-Foren ist etwas von diesem Geist spürbar. Davon wird im Schlusskapitel noch ausführlich die Rede sein.

In Europa haben wichtige Heilungsprozesse durch das Akzeptieren von Schuld stattgefunden. Das geschah in Deutschland durch die immer noch fortzusetzende Erinnerungsarbeit an Auschwitz und an den Verbrechen im Osten. Der Theologe Hans-Eckehard Bahr hebt die Leistung der Vertriebenen hervor: *»Am Beispiel der Millionen heimatvertriebener Deutscher kann man sehen, was Trauerarbeit eines ganzen Volkes bewirken kann: Die überwiegende Mehrheit der aus ihren Dörfern und Städten jenseits der Oder verjagten Deutschen haben in einem langen Prozess schließlich in den Verlust ihrer Heimat eingewilligt. Sie ertrugen den Schmerz, nicht mehr in die Häuser ihrer Kindheit zurückzukönnen, weil sie eingesehen hatten, dass Hitler und die Seinen die Provinzen des Ostens verspielt hatten. Die große Mehrheit der Deutschen überkam – nach der Phase des Wiederaufbaus – das Gefühl, dass es einer lang anhaltenden Buße bedarf angesichts der Toten, die Hitlers Politik hinterließ. Diese Einwilligung in die eigene Schuld ist und bleibt die entscheidende Voraussetzung einer jeden Politik der Versöhnung.«*[7]

7 H.E. Bahr: Erbarmen mit Amerika, S. 91

6. Kapitel

Korruption des Gewissens. Ich- oder Wir-Gesellschaft?

Es gibt Leuchtzeichen des Widerstandes gegen die heimliche Entzivilisierung. Dennoch schreitet diese fort und wird eben kaum bemerkt als eine psychopathologische Störung, die eine große Mehrheit erfasst hat und eben deshalb nicht auffällt. Die Anpassung an die Störung wird normal. Die Nicht-Angepassten werden zu Häretikern. Ein Papst oder Bischöfe, die gegen den Strom einer militärischen *»Sicherheitsphilosophie«* und eines nuklearen Wahns schwimmen, erfahren eine subtile Ausgrenzung. Wissenschaftler, die vor Errungenschaften warnen, die unter ihrer eigenen Mitverantwortung zustande gekommen sind, werden zum besonderen Ärgernis. Dennoch zwingen sie zum Aufhorchen. Denn sie wissen am besten, wovon sie reden – so wie geheilte Patienten, die verlässlicher als alle anderen ihre durchgemachte Krankheit beschreiben können. Deshalb kommen hier vor allem *»geheilte«* Experten zu Wort, die gleichsam als Vorhut schon in einen Abgrund geblickt haben, den die trägeren Nachfolgenden noch nicht vor sich erkennen oder erkennen wollen.

Weizenbaum, Chargaff, Sacharow waren als Beispiele für solche hellseherische Häresie genannt worden. Noch einmal soll Weizenbaum zu Wort kommen, der als Pionier der Computerwissenschaft kompetent erläutern kann, wie bei Erforschung künstlicher Intelligenz ein Denken trainiert wird, dessen Erfolge mit Abschaltung derjenigen Skrupel verbunden sind, die Grundlage unserer ethischen Orientierung bilden. Das Beispiel ähnelt dem schon genannten (s. S. 26) und zeigt wiederum, wie der Antrieb zur Lösung einer Forschungsaufgabe dadurch zum Erfolg führt, dass dabei Gewissenzweifel unterdrückt werden. Weizenbaum schildert, wie die Computer-Abteilung des MIT, Technische Spitzenuniversität Amerikas, mit dem Militär verbunden ist.

Dort wird u.a. an *»Sehmaschinen«* gearbeitet, um computergesteuerten Robotern und Cruise Missiles ein zielgenaueres Töten beizubringen. *»Hier möchte ich unbedingt festhalten«*, schreibt Weizenbaum, *»dass ohne die Arbeit der Wissenschaftler, dass ohne unsere sogar begeisterte Mitarbeit an solchen Dingen der moderne Krieg überhaupt nicht möglich sein würde.« »Deshalb haben wir als Informatiker kaum ein Recht, andere Leute, sagen wir die Politiker z.B., für das anzuklagen, was sie machen. Ohne uns würde es nicht gehen.« »Ein Teil dieses Wahnsinns ist die Freude, die wir alle erfahren, ich meine jetzt alle Techniker und alle Naturwissenschaftler, vielleicht sogar alle Wissenschaftler, die Freude, die wir erfahren, wenn wir etwas sehr Raffiniertes zum Laufen bringen. Das macht ungeheuer viel Spaß.« »Wahnsinn«* sagt Weizenbaum dazu.[1] Er meint die psychische Krankheit, dass bei dem Spaß an dieser Arbeit nur die wissenschaftliche Aufgabe, nicht aber die Anwendung des Resultates, nämlich die punktgenaue Tötung oder Verstümmelung von Menschen in den Sinn kommt. Die Forscher empfinden ihren Spaß als gesund und selbstverständlich. Ihr subjektiver Verantwortungshorizont ist auf die Lösung des technischen Problems beschränkt. Sie übergeben ihre Lösung dem Pentagon – fertig, aus! Wo ist der Wahnsinn?

Er liegt in der Leugnung der Mitverantwortung für die Anwendung der Erfindung. Dringt jene dennoch ins Bewusstsein, gibt es immer noch die Möglichkeit, die Bedenken zu verheimlichen und den unterdrückten Selbsthass aggressiv an Weizenbaum und anderen Kritikern abzureagieren, die den Wahnsinn beim Namen nennen. Da kommt es dann zu den Ausstoßungsprozessen, die an die mittelalterliche Inquisition erinnern. An der Spitze der Verfolger findet man erwartungsgemäß solche, die mit der Ächtung der Dissidenten ihre geheimen Selbstzweifel betäuben. Die ausgegrenzten Häretiker wiederum brauchen zur Erhaltung ihrer Standfestigkeit Freunde, um den Druck der Verketzerung auszuhalten, solche, die selbst bereit sind, sich zu exponieren. Heimliche Zustimmung ist leicht zu finden. Aber offene Widerstandsbereitschaft ist rar.

Weizenbaums Beispiel zeigt, wie sich das Gewissen auf dem Umweg über den Spaß, den das Forschen an sich bereitet, kor-

1 J. Weizenbaum: Computermacht, S. 106, 107

rumpieren lässt. Es ist die einfache Lust am Lösen von Rätseln. Es ist die aus der Kindheit verbliebene und weiterentwickelte unschuldige Befriedigung, Geheimnisse zu lüften und sich bei diesem harmlosen Bemächtigungsvorgang als Sieger zu freuen.

***

Wo überall sich in Universitäten, Instituten, Labors die geschilderten Wissenschaftler mit ihrem Spaß an Rätsellösungen angesammelt haben, können sie zur leichten Beute für großzügige Auftraggeber mit fragwürdigen Interessen werden. Und da viele Forschungseinrichtungen arm sind und laufend zu hören bekommen, sie sollten sich *»Drittmittel«* beschaffen, liegt die Bestechlichkeit nahe. Erwin Chargaff, einer der Pioniere des neuen biotechnischen Zeitalters, blickte als 80-Jähiger auf den Prozess der *»Brutalisierung«* der Forschung durch Kommerzialisierung zurück: *»Was den in einer ruhigeren Wissenschaft Aufgewachsenen besonders berühren und ihm als eine wahre Gefahr für die Zukunft der Menschheit erscheinen muss, ist die fortschreitende Brutalisierung der wissenschaftlichen Einbildungskraft. Es ist die Bestialisierung der Phantasie, die es uns gestattet, die Schranken des wissenschaftlich Möglichen – und das ist leider für die meisten Ausübenden die Definition des ethisch Erlaubten – immer weiter vorzuschieben. Als ich vor Jahren meine Warnung vor den Auswüchsen der genetischen Bastelsucht publizierte, kam das zum Teil auch aus einem Gefühl der Verantwortung, die ich für diese hochinteressante chemische Verbindung DNS empfand.« »Der Hohn, auf den ich stieß, war jedoch stärker und bitterer als erwartet. Darauf sagte ich mir sofort: ›Da sind mehr als edle Prinzipien dahinter; es riecht nach einer Menge Geld. Und wirklich: Nach kurzer Zeit war alles klar, denn der Kult der habgierigen Schnelligkeit, von dem meine Generation noch verschont war, hat die genetische Forschung besonders ergriffen‹.«* [2]

Inzwischen sind Hunderte von biotechnischen Firmen wie Pilze aus dem Boden geschossen. Die großen Pharmakonzerne haben ebenfalls zugegriffen. Die Industrie hat sich in die Universitäts-Labors eingekauft. Scharenweise werden gentechnisch neu

2 E. Chargaff: Zeugenschaft, S. 222

erzeugte Lebewesen patentiert. Wer zu spät kommt, den bestraft das Patentamt, schreibt Regine Kollek, führende deutsche Expertin. Es ist wie beim Einstein-Brief an Roosevelt. Man macht fragwürdige Dinge, nur damit andere einem nicht zuvorkommen. Man macht, was gemacht werden kann, nur um Erster zu sein und ein Stück mehr Macht in Besitz zu nehmen.

* * *

Das kann allerdings auch schief gehen. Ein Konzern wirft ein ungenügend getestetes neues Medikament auf den Markt. Es wird ein Renner, weil es Depressionen lindert, Schlaf fördert oder die Cholesterinwerte senkt. Viele Tausende schlucken es oder bekommen es gespritzt. Da stellen sich schwere Nebenwirkungen heraus. Aber das Zeug verkauft sich so gut. Vielleicht halten sich die Schadensfälle in Grenzen, so dass sich der Erfolg auf dem Markt noch eine Weile halten lässt? Also schweigt man, bis es irgendwann nicht mehr geht.

Eine persönliche Erfahrung: An einer Universitäts-Nervenklinik sammelt ein hervorragender Kopfschmerz-Forscher Informationen über die Nebenwirkungen eines Standardpräparates gegen Kopfschmerzen. Es ist ein Präparat, das man jahrelang in der Schweiz Arbeitern in Uhrenfabriken beim Frühstück aushändigte, um sie beschwerdefrei zu halten. Der Forscher stellt fest, dass viele Patienten ihren Tabletten-Konsum allmählich steigern, da die Wirkung auf die Dauer nachlässt. Die Dosis-Erhöhung führt schließlich sogar zur Erhöhung statt zur Linderung der Beschwerden. Außerdem stellen sich bei Langzeitgebrauch nicht selten ernste Nierenschäden ein. Der Neurologe schickt einen Bericht über seine Befunde an eine der führenden medizinischen Zeitschriften. Da kommen unerwartet zwei Vertreter der Herstellerfirma aus dem Ausland angereist und bedrängen den Klinikchef, bei dem der Forscher als Oberarzt arbeitet. Der Chef habe bisher doch so gut mit der Firma zusammengearbeitet. Tatsächlich finanziert die Firma zwei technische Mitarbeiterinnen an der Uni-Klinik. Der Professor ist entsetzt und erwartet von seinem Oberarzt, der die Komplikationen durch das Medikament erforscht und die Resultate bekannt machen will, seinen Aufsatz zurückzuziehen. Dieser weigert sich. Der Chef tobt. Einziges Zugeständnis des Gescholtenen: anstelle des Handelsnamens für das fragwürdige Präparat nennt er nur dessen chemische Formel. So wird der Artikel schließlich gedruckt und sorgt dafür, dass nicht noch weitere Tausende von Ahnungslosen Schaden davontragen. Aber der Klinikchef gibt keineswegs Ruhe. Er entzieht dem Oberarzt eine unentbehrliche wissenschaftliche Helferin und schränkt seine Forschungsmöglichkeiten auch sonst so rigoros ein, dass der Gestrafte keine andere Möglichkeit sieht, als seine Universitätskarriere abzubrechen und an einem Stadtkrankenhaus eine klinische Routine-Stelle zu übernehmen. Ein Freund dieses Oberarztes beschwert sich bei dem besagten Klinikchef, darf zur Strafe fortan die Klinik-Bibliothek nicht mehr betreten und muss drei volle Jahre warten, bis der Professor seine Habilitationsschrift zu lesen geneigt ist.

Wie viele andere hätten sich wohl an der Stelle jenes Oberarztes der Firma, der Zeitschrift, dem Chef gebeugt? Leicht hätte sich der Forscher von der Industrie kaufen lassen und seine akademische Laufbahn unbehindert fortsetzen können. Niemand kennt die Zahl der stillen Anpassler, die heute ihren Aufstieg als *»freie«* Forscher solchen Zugeständnissen verdanken.

* * *

Ein anderes Beispiel aus der Medizin: Es ist der Kampf gegen eine der häufigsten tödlichen Krankheiten. Genauer der Kampf um deren Vorbeugung gegen die Kräfte, die diese Vorbeugung behindern. An diesem Konflikt lässt sich einiges über das Machtverhältnis zwischen Selbsterhaltungs- und Selbstschädigungskräften in der Gesellschaft ablesen.

Schon fast genau vor einem halben Jahrhundert wurden Untersuchungen bekannt, die einen Zusammenhang zwischen Zigarettenrauchen und Lungenkrebs eindeutig nachwiesen. Prof. Wynder von der Georgetown-Universitätsklinik in Washington entdeckte bei einer größeren statistischen Untersuchung unter Lungenkrebskranken ein starkes Vorwiegen von langjährigen Zigaretten-Kettenrauchern. Dazu passte, dass in der Sekte der nur selten rauchenden Mormonen Lungenkrebs genauso wenig auftauchte wie in der Vergangenheit bei den Isländern, bei denen erst in den 30er Jahren ein nennenswerter Zigarettenkonsum eingesetzt hatte. Die Beweise für die Zigaretten als eine Hauptursache des Lungenkrebses wurden erdrückend. 1954 nannte Prof. Cowdry, Präsident der amerikanischen Krebsforschungsgesellschaft, diese Erkenntnis einen wichtigen wissenschaftlichen Fortschritt, also schon vor einem halben Jahrhundert.

In Berlin waren zu jener Zeit zwei Ärzte am Nordwestdeutschen Rundfunk und am Sender Rias als Autoren von medizinischen Aufklärungssendungen tätig. Beide machten die neuen Untersuchungen ausführlich bekannt. Prompt reagierte die Tabakindustrie und drohte dem Intendanten des einen Senders eine Schadensersatzforderung in phantastischer Millionenhöhe an. Dieser war geschockt, bemühte sich um Beschwichtigung des Tabakkonzerns, konnte seinen Autor aber nicht zu einem Dementi bewegen. Die aufgescheuchte Industrie gewann indessen rasch sympathisierende Wissenschaftler, die den Rauchern Entwarnung verkündeten. Bald hielten sich Zigaretten-Ankläger und Verteidiger in etwa die Waage. Ist aber eine Sache erst einmal umstritten, sind es viele leid, sich darüber noch aufzuregen. Dann glaubt man, was man glauben möchte, und das ist im Zweifel das, was die Zigarettenwerbung verheißt. Eine amerikanische Zeitschrift für Arbeiter der Auto-, Flugzeug- und Landmaschinenindustrie war so mutig zu schreiben: »*Tue das, was die Zigarettenreklame dir sagt: Rauche täglich zwei Päckchen. Dann hast du die beste Aussicht, in deinen besten Jahren einen Husten zu erwerben, der nicht mehr weggehen will. Du wirst einen Druck in der Magengegend verspüren und einen schlechten Geschmack im Mund. Du sagst deiner Frau: Ich stehe ebenso müde auf, wie ich schlafen gegangen bin. Du wirst kurzatmiger. Du verlierst an Gewicht. Es kann sein, dass du anfängst Blut zu husten, und so fort, und so fort.*«

Zur gleichen Zeit lautet die Werbung in zwei deutschen Magazinen für eine Zigarette, sie sei »*extrem leicht*«, für eine zweite, sie sei »*bekömmlich*«, für eine dritte, sie sei »*ausgezeichnet bekömmlich*«. Das soll doch heißen: der Gesundheit förderlich. Lange Zeit bleibt die Zigarettenwerbung Sieger. Die Tabakindustrie hat viel Geld. Die Zahl der Lungenkrebsfälle steigt in den westlichen Ländern lange Zeit an, in Deutschland binnen 30 Jahren auf das Vierfache.

Ende der 60er Jahre meldet sich nun hierzulande eine junge

Medizinergeneration zu Wort, die mit viel Spürsinn erkundet, wo überall im Gesundheitswesen Macht- und Geldinteressen verantwortungsvolle Sorge für das Wohl der Menschen behindern. Die Medizin soll transparenter und mehr *»patientenzentriert«* werden. Krankmachende Einflüsse im Arbeitsbereich und in der Umwelt werden zu einem wichtigen Thema. Gesellschaftskritische junge Medizinforscher begründen 1970 das neue Lehrfach Medizinische Soziologie, das in den Pflichtkatalog der ärztlichen Approbationsordnung aufgenommen wird. Die konservativen Mediziner fügen sich in diese Regelung, scheint sie doch geeignet, die unbequemen Kritiker innerhalb der akademischen Strukturen besser kontrollieren zu können.

30 Jahre sind seitdem vergangen. Was ist aus den einst ungeduldigen Reformgeistern geworden? Ihre Anführer haben Karriere gemacht. Sie haben für sich das Gebiet der *»Gesundheitswissenschaft«* entdeckt. Gesundheit ist ja in der Tat mehr als ein Nicht-Kranksein, mitunter eher ein Noch-nicht-Kranksein, ein falsches, auf ein Kranksein hinlebendes schädliches Verhalten, selbst verschuldet oder aufgenötigt. Sollte also nicht das falsche Gesundheitsverhalten als eine Hauptursache der Volkskrankheit Lungenkrebs ein Vorzugsthema für die Gesundheitswissenschaftler sein? Tatsächlich tauchen die Namen einiger führender Vertreter der neuen Disziplin in diesem Zusammenhang auf, aber ausgerechnet in öffentlich freigegebenen Dokumenten, die amerikanische Tabakkonzerne ins Internet gestellt haben.

Der Berliner Gesundheitswissenschaftler und Publizist Dietmar Jazbinsek hat die Dokumentation ausgewertet und daraus einen Bericht an das Heidelberger Zentrum der Weltgesundheitsorganisation zusammengestellt. Das Resultat erläutert der SPIEGEL in Nr. 23/06.06.05 so: *»Deutsche Gesundheitswissenschaftler ließen sich viele Forschungsarbeiten, zumeist indirekt über Stiftungen, von der Tabakindustrie finanzieren – oft klammheimlich und oft mit Beiträgen in sechsstelliger Höhe. Die Resultate waren entsprechend. In ihren Veröffentlichungen verharmlosten die Forscher die Gefahren des Rauchens, sie beschönigten das Suchtpotential der Zigaretten oder spielten eine dubiose Rolle bei der Zulassung von Zusatzstoffen in Tabakprodukten.«*

Laut SPIEGEL hat sich Prof. T. zehn Jahre lang Berichte zum Rauchen vom Verband der Zigarettenindustrie bezahlen lassen.

Seine Themen u. a.: *»Stressbewältigung durch Rauchen«, »Diskriminierung der Raucher«, »Psychosozialer Nutzen des Rauchens«.* Heute ist T. Leiter der Deutschen Koordinierungsstelle für Gesundheitswissenschaften. Auch der Autor eines Standardlehrbuches für *»Medizinische Soziologie«,* Prof. S., empfing, wie es heißt, vom Zigarettenindustrie-Verband beträchtliche Summen. Sogar dem ehemaligen Präsidenten des Bundesgesundheitsamtes Prof. Ü. wird nachgesagt, er habe mitgeholfen, das Verbot eines giftigen Geschmacksverstärkers für Light-Zigaretten hinauszuzögern, und auch nach Aufgabe seines Amtes habe er noch lukrative Aufgaben vom Industrie-Verband erhalten.

Im November 2005 übertrifft eine neue sensationelle Studie alle bisherigen Befürchtungen über die Manipulationen deutscher Wissenschaftler durch die Tabakindustrie. Der Berliner Forscher Thilo Grüning beschreibt in der Zeitschrift *»American Journal of Public Health«* zusammen mit Ko-Autoren, wie tief die Industrie in den Kern der Institutionen vorgedrungen ist, denen speziell die Erkundung und die Abwehr der Krebsgefährdung durch Rauchen obliegt. Im SPIEGEL Nr. 49 von 2005 wurden die wahrhaft erschreckenden Ergebnisse von Udo Ludwig zusammengefasst: Mindestens achtzig zumeist hochrangige Klinikprofessoren hätten sich *»im Würgegriff der Tabakindustrie«* befunden – durch Annahme von Forschungsgeldern. Wichtiger Verbündeter der Zigarettenmultis sei ein mit dem Bundesverdienstkreuz mit Stern und dem höchsten Medizinerorden ausgezeichneter Toxikologe gewesen. Die Forschungsgelder der Industrie seien fast immer von den Auftraggebern mit bestimmten Vorgaben verknüpft worden. Internisten, Toxikologen, Lungenfachärzte, speziell mit der Therapie von Raucherkrankheiten befasst, wurden – so Ludwig – *»im Nebenjob Teil der Geschäftsstrategie der Zigarettenkonzerne«.* Zwangsweise von Firmen ins Internet gestellte Unterlagen beweisen exakt, wie und mit welchen Summen die Tabaklobby vorzugsweise solche Experten kaufte, denen man auf Grund ihres Ansehens ein publikumswirksames Herunterreden der Krebsgefahr zutraute. So ist es der Industrie über ein halbes Jahrhundert gelungen, die Warnungen vor dem Rauchertod derart abzuschwächen, dass die Raucherzahlen in dem von der Tabaklobby besonders bearbeiteten Deutschland noch immer beängstigend hoch sind. Nach Angaben des Krebsforschungszentrums Heidelberg sterben jährlich etwa 140.000 Menschen durch Rauchen.

***

Verschiedene Faktoren spielen zusammen, wenn in der Gesellschaft die Abwehrkräfte gegen Destruktivität wie in diesem Fall nachlassen. Da sind die Raucher, die ihre Selbstschädigung verdrängen und ihre Sucht pflegen. Ihr Komplize ist der Staat, der den Tabakanbau subventioniert und mit der Tabaksteuer den eigenen Haushalt in Balance zu halten sucht.

Mit Händen und Füßen wehrt sich besonders der deutsche Staat gegen das EU-Verbot der Zigarettenwerbung – natürlich nicht zugunsten finanzieller Interessen, sondern offiziell aus Kompetenzgründen und zur Wahrung demokratischer Freiheit. Das wird sogar den EU-Kommissaren in Brüssel zu bunt, und so drohen sie mit dem Europäischen Gerichtshof. Noch immer erlaubt der deutsche Gesetzgeber überdies, dass Gäste und Personal in hiesigen Gaststätten den nachweislich krebsgefährlichen Qualm der Raucher mit einatmen müssen.

Die Industrie sieht keinen Grund, sich bei Ausschöpfung ihrer kommerziellen Interessen von Gewissensbissen ankränkeln zu lassen. Nun aber kommt die Wissenschaft ins Spiel, die seit einem halben Jahrhundert volle Gewissheit über die tödliche Gefahr des Rauchens hat. Da aber von dem schädlichen Verhalten bis zum Krankheitsausbruch Jahrzehnte vergehen, liegt es an ihr, ob sie sich zu rücksichtsloser Aufklärung ermutigt oder die vorläufige Unsichtbarkeit der Gefahr zum Verschweigen, zum Verharmlosen oder zu lauter Warnung nutzt. Beim Alkohol gibt es nichts zu verschweigen, da seine Schäden zu vielfältig und zu augenfällig sind. Die Zigaretten hinterlassen lange Zeit keine dramatischen Spuren. Aber die Wissenschaft kennt diese Spuren. Und sie hätte ihr Wissen längst ehrlicher und nachdrücklicher öffentlich bekannt machen müssen. Dann hätte sie viele Tausende in ihrer Widerstandskraft stärken und vor dem Krebstod bewahren können.

Am Verhalten der Wissenschaft ist ein genereller Wandel des Zeitgeistes abzulesen. Wer sich an den Verantwortungssinn in den siebziger Jahren erinnert, dem ist das Nachlassen des aufklärerischen Elans überdeutlich. In den Zeiten der sozialen Bewegung sorgte sich die junge Generation um die soziale und die ökologische Zukunft der Gesellschaft. In das Bewusstsein der Wir-Gesellschaft war die Verantwortung für biologische Ernährung, gesunde Wälder, saubere Luft, Erhaltung der Ressourcen eingegangen. Mit dem Übergang zur Ich-Gesellschaft verengte sich der soziale Horizont. Die Hoffnungen auf eine langfristig verlässliche Welt wichen dem Gefühl des Alleingelassenseins in einer ökonomischen Bedrohung. Aus der zuvor untrennbaren Kombination von Verantwortung und Sozial wurde nun der Leitbegriff der *»Eigenverantwortung«*. Die junge Generation von Sozialwissenschaftlern, gestern noch gegen kapitalistische Ausbeutung der Schwächeren kämpfend, richtete den gleichen Ehrgeiz nun auf Rivalität und Macht im neuen System und blickte mitleidig auf die armen sozialen Idealisten hinab, die scheinbar den Anschluss verpasst hatten. Der Oberarzt, der als Whistleblower einem Pharma-Weltkonzern getrotzt hatte, wurde zum Verlierertyp. Auf der Siegerseite mehrten die von der Tabakindustrie angeworbenen Forscher ihren Wohlstand im Bewusstsein der kollegialen Gemeinsamkeit auf dem neuen Kurs und im Vertrauen auf die Diskretion der industriellen Partner. Wer konnte auch damit rechnen, dass diese zum Offenlegen ihrer Verbindungen mit der Wissenschaft gezwungen werden würden.

Jedenfalls ist die Komplizenschaft von Tabakindustrie und Forschung Symptom eines generellen Trends zur Korruption, der viel über die Gesamtverfassung unserer Gesellschaft aussagt. In allen Beispielen dieses Kapitels geht es um die Bestechung des Gewissens. Wenn die Forscher des MIT mit dem Geld des Pentagon *»Sehmaschinen«* ersinnen, die das zielgenaue Töten von Raketen möglich machen, betäuben sie ihr Mitgefühl mit den potentiellen Opfern. Wenn Erwin Chargaff über die Auswüchse der gentechnischen Bastelsucht erschrickt, dann entdeckt er das Geld als Ursache für die Ausschaltung der moralischen Hemmungen. Der neurologische Oberarzt muss seinem standhaften Gewissen die Karriere opfern – als Opfer der Allianz von Pharmakonzern und Klinikchef. Eine ganze Forscherelite begibt sich, wie es im SPIEGEL heißt, in den *»Würgegriff der Tabakindustrie«*.

Was die genannten Phänomene eint, ist nicht das Unterliegen

des Gewissens im Kampf um moralische Integrität, sondern dieser Kampf findet gar nicht mehr statt. Es ist, wie Weizenbaum es geschildert hat, die Freude, die Wissenschaftler erfahren, *»wenn wir etwas sehr Raffiniertes zum Laufen bringen. Das macht ungeheuer Spaß«. »Wahnsinn.«* So kann es z.B. Freude machen, mit Untersuchungen über die positiven psychologischen und sozialen Wirkungen des Rauchens die Verdrängung von Krebsängsten *»zum Laufen zu bringen«*. Die Lösung der raffinierten Aufgabe, mit wissenschaftlichen Studien tabakfreundliche Reaktionen zu erzeugen, kann eine spannende Sache sein und zumindest den Erfolg bei denen sichern, denen man wichtige Unterstützung verdankt. Das Über-Ich stört nicht mehr von innen. Es kommt von außen und heißt Erfolg. Aber das muss nicht so bleiben, wenn die unheilige Allianz zwischen Geist und Geld irgendwann doch Anstoß erregt, so wie es in letzter Zeit immer häufiger geschieht. Das ist dann eine Chance für die Medien. Die denken an Auflagen und Quoten. Da spielt dann die Sensibilität des Publikums doch wieder eine Rolle. Erst wenn die Medien merken, dass es im Volk gärt, dann sind sie da, decken auf und ernten Dank dafür.

Als die Skandale in der 2. Hälfte der 80er Jahre überhand nahmen, wunderte man sich schon nicht mehr so sehr über die Verderbtheit als über die Ungeschicklichkeit prominenter Täter. Jedenfalls verbreitete sich der Eindruck, dass überführte Frevler sich weniger ihrer moralischen als ihrer handwerklichen Defizite schämten. Und diese anzuprangern, wenn überhaupt, erschien eher als lästige Pflicht der Justiz, weniger als gesellschaftliche Reinigungsaufgabe. So stieß sich kaum einer daran, dass ein soeben wegen Steuerdelikten in drei Punkten rechtskräftig verurteilter Spitzenpolitiker prompt danach zum Führer einer bedeutenden demokratischen Partei gewählt wurde. Daraufhin schrieb ich damals eine Satire *»Die hohe Kunst der Korruption«*, der ich den Anschein eines Lehrbuches für korruptionswillige Politiker und Führungskräfte verlieh. Angeregt wurde ich unter anderem durch ein *»Kontaktstudium Management«* für Führungskräfte an einer deutschen Universität, wo ein Psychologie-Professor allen Ernstes erklärte, dass Organisationen, die Intrigen, Günstlingswirtschaft und Korruption tabuisierten, starr, blutleer und untergangsreif seien. Also gab ich mich in meiner Satire ebenfalls als Ausbilder für eine blutvolle und erfolgreiche Korruptionskunst aus, die unentbehrlich, aber vor Dilettantismus und Stümperhaftigkeit zu schützen sei. Allerdings verübelten mir manche Rezensenten die ironischen, aber als ernsthaft missverstandenen Ratschläge.

* * *

Seit Veröffentlichung der genannten Satire fällt Korruption längst weniger auf als derjenige, der sich über sie noch aufregt. Eine internationale Studie der Pricewaterhouse Coopers und der Martin-Luther-Universität Halle-Wittenberg stellt 2006 fest: Fast jedes 2. deutsche Unternehmen ist in den vergangenen beiden Jahren Opfer wirtschaftskrimineller Handlungen geworden. Unterschlagung, Betrug, Insiderhandel, Industriespionage, Produktpiraterie gehören zum Alltag. Wie sieht der typische Täter aus: Männlich, 40 Jahre alt, gebildet. Im Drittel der Fälle gehört er dem Top-Management an. Aber Führungskräften drohen nur selten Strafanzeigen. Die Firmen scheuen aus Image-Gründen spektakuläre Skandale. So trifft zu, was in meiner Satire zu lesen stand: Sei vorsichtig, so lange du noch aufsteigst. Bist du erst oben, lass dich nicht mehr von Skrupeln ankränkeln.

Wir alle nehmen inzwischen an einer großen geistigen Korruption insofern teil, als wir uns selbst und erst recht unsere Nachkommen durch unsere Ausrichtung auf momentane Vorteile und Befriedigungen betrügen. Das Muster ist das gleiche wie beim Rauchen. Der zeitliche Abstand der Schadenswirkung erlaubt nicht, aber ermöglicht, sich und die anderen über die unheilvollen Folgen von Unverantwortlichkeit hinwegzulügen. Der Zukunftsforscher Paul Kennedy hat uns belehrt, die Probleme des 21. Jahrhunderts seien nur zu meistern, würden wir endlich lernen, kurzfristige Verzichte zugunsten der längerfristigen Zukunftssicherung auf uns zu nehmen. Auf über 500 Seiten hat er dargelegt, was wir alles anders machen müssten als heute. Auf zwei Seiten kommt er dann aber zu dem pessimistischen Schluss: »*Angesichts der Schwierigkeiten der Reform wird sich wahrscheinlich die instinktive Scheu der Menschen vor unangenehmen Veränderungen und ihre Bevorzugung möglichst bequemer An-*

passungen durchsetzen.«[3] Die Perspektiven der meisten Politiker seien sogar meist noch kurzfristiger als die der allgemeinen Bevölkerung.

Der Soziologe Richard Sennett erkennt eine Wurzel des Übels in der Unstetigkeit der modernen ökonomischen Strukturen: Unternehmen zerfallen oder fusionieren, Jobs tauchen auf und verschwinden. Nichts hat mehr Bestand. *»›Nichts Langfristiges‹ desorientiert auf lange Sicht jedes Handeln, löst die Bindungen von Vertrauen und Verpflichtung und untergräbt die wichtigsten Elemente der Selbstachtung.«*[4]

Sennett beschreibt, wie die Biographien in der chamäleonartig flexiblen Wirtschaft immer mehr fraktioniert werden. Die Konstanz von Beziehungen geht verloren. Am besten passt in die Zeit, wer nirgends mehr fest haftet – an Beziehungen zu Menschen, Tätigkeiten und Orten. Das wird als Freiheit gepriesen, bedeutet aber auch Einsamkeit, Verlust an *»Wir«*, an Verlässlichkeit in einer unverlässlichen Welt.

Die Beschränkung auf das Kurzfristige ist gut bekannt als Merkmal eines depressiven Hintergrundes. Fehlt es an Zutrauen zu sich selbst und dem Lauf der Dinge, schwindet die Energie für langfristiges Vorsorgen. Wer weiß, was übermorgen wird? *»Viele aus meiner Generation denken«*, schrieb der 31-jährige Christoph Amend in dem Porträt seiner Altersgruppe *»Morgen tanzt die ganze Welt«: »Wir können ja nicht einmal voraussagen, wie das Leben in vier Jahren aussehen wird, warum sollten wir vierzig Jahre in die Zukunft denken?«*[5]

Er schildert diese Unsicherheit nicht als unfrohen Zustand, vielmehr als unbekümmerte Freiheit. Da will man nicht an Beziehungen kleben, sich etwa mit den Pflichten für Kinder beschweren. Man möchte jeden Tag das Leben umkrempeln können. Indessen verrät sich in dieser Vision von *»Durch die Welt Tanzen«* auch deutlich die Angst, erwachsen zu werden und sich Verantwortung aufzuladen. Das *»Wir amüsieren uns zu Tode«* von Neil Postman kommt in den Sinn. Es ist das Überspielen eines heimlichen Zukunftspessimismus. Man traut der Gemeinschaft, in der man

3 P. Kennedy: In Vorbereitung auf das 21. Jahrhundert, S. 427
4 R. Sennett: Der flexible Mensch, S. 38
5 Ch. Amend: Morgen tanzt die ganze Welt, S. 210

lebt, nicht zu, dass sie einem noch lange Halt gibt. Es ist ein Ungeborgen-Sein, wenn man nicht einmal vier Jahre voraussehen und planen kann. Es ist auch ein Ungeborgen-Sein, wenn Amend von seiner Generation sagt: *»Warum haben wir das Gefühl, die Welt habe erst irgendwann in den Sechziger- und Siebzigerjahren angefangen zu existieren? Vielleicht damit wir uns keine Fragen stellen müssen, ... Fragen, die darauf hindeuten könnten, dass unsere Identität nicht nur aus lustiger Alltagskultur besteht.«*

Er spricht offensichtlich für einen Teil seiner Generation, dem es relativ gut geht und der es sich leisten kann, mit einem kindlich eingeengten Blickwinkel zu leben, scheinbar unbeschwert von der Last schwieriger Erinnerungen und ungelöster langfristiger Zukunftsausgaben. Es klingt nicht danach, dass diese psychisch ungenügend Herangewachsenen die Zweifel Kennedys und Sennetts an der Bereitschaft ausräumen könnten, die für die Zukunftssicherung notwendigen kurzfristigen Opfer aufzubringen. Im Gegenteil, es sieht eher nach einer zunehmenden Resignation aus: Sich zerstreuen und weggucken, so lange es geht – so wie beim Rauchen. Sich korrumpierenlassen von den Verharmlosern, Spott über die gutmenschlichen Bedenkenträger. So tun, als bewachten die 27.000 weltweit deponierten Nuklearwaffen den Frieden, als seien die in allen Kontinenten unentsorgten radioaktiven Abfälle harmloser Müll, als sei die rapide zunehmende Naturzerstörung jederzeit reparabel durch Erfindungen der Wissenschaft und durch unbegrenzte Fortschritte der Ingenieurskunst. In den Weizenbaum'schen Kathedralen der Wissenschaft träumt man von den Menschenersatz-Maschinen mit übermenschlicher künstlicher Intelligenz, technischen Geschöpfen frei von jeder Fehlerhaftigkeit. Aber an kein Erzeugnis der technischen Revolution lässt sich die Kraft delegieren, die Menschen untereinander und mit der Natur zusammenhält. Es ist so, wie Max Born gesagt hat: Aus keiner naturwissenschaftlichen Erkenntnis lässt sich die Ethik ableiten, deren die Menschen für die Erhaltung und Entwicklung ihrer Kultur bedürfen.

* * *

Wie geht es weiter? Die wissenschaftlich-technische Revolution hat ihre eigene unheimliche Dynamik. Sie hängt mehr am Geld als an den Menschen. Dennoch könnten diese sich immer noch dafür entscheiden, ihr Zusammenleben mehr mit ihrem Empfinden und Mitempfinden, mit ihrer Empathie und Hingabe, mit den Leitideen von Freiheit, Gleichheit und Geschwisterlichkeit zu gestalten. Wo immer Technik, Ökonomie und Bürokratie sie auseinander reißen wollen, sind sie jederzeit noch imstande, um die Nähe zueinander zu kämpfen, in der allein sie ihr Aufeinander-Angewiesensein erkennen und beherzigen können. Es liegt an ihnen selbst, eine Entseelung der Welt zugunsten eines stumpfen computergesteuerten Funktionierens zu verhüten. Der Entseelung lässt sich indessen nicht entrinnen, indem man nur eine Art Freigehege für Musik, Literatur, Kunst und allenfalls Kirche schützt. In allen sozialen Bereichen muss Nähe als Grundbedingung von Menschlichkeit bewahrt bleiben.

* * *

Repräsentative psychologische Untersuchungen reichen nie tief genug, um hinreichend zu erfassen, wohin sich Befinden und Einstellungen wenden. Dennoch liefern sie Anhaltspunkte. Deshalb möge dieses Kapitel mit dem ersten Eindruck einer repräsentativen Befragung der Deutschen enden, die im Mai/Juni 2006, finanziert von der Friedrich-Ebert-Stiftung, stattgefunden hat. Die Datenerhebung erfolgte von USUMA Berlin für E. Brähler, O. Decker und H.E. Richter. Befragt wurden mit dem Giessen-Test 4.822 Personen von 14–94 Jahren. Die Ergebnisse werden mit einer Giessen-Test Erhebung von 1994 verglichen.

Demnach fühlen sich die Deutschen, Männer und Frauen zusammengenommen, in der Tat wieder anderen Menschen näher als vor zwölf Jahren. Ihr Vertrauen zu den anderen ist gewachsen. Dazu passt, dass sie es inzwischen leichter finden, sich länger an einen anderen Menschen zu binden. Auch meinen sie, liebesfähiger und attraktiver geworden zu sein. In Auseinandersetzungen mit anderen geraten sie, wie sie meinen, inzwischen seltener. Sie halten sich für versöhnlicher.

Allerdings geben sich die Männer unbekümmerter als die Frauen. Diese nehmen wie schon bisher, mehr Mitgefühl und Besorgtheit um andere auf sich. Zugleich grübeln sie eher über ihre inneren Probleme und fühlen sich häufiger bedrückt. Im

Durchschnitt rivalisieren sie weniger als die Männer und üben sich mehr als diese in Geduld.

Man könnte somit die Vermutung wagen, ein Trend weg von der Ich-Gesellschaft hin zu mehr Wir-Gesellschaft kündige sich an. Das Schlüsselmerkmal Wunsch nach mehr Nähe tritt jedenfalls deutlich hervor. Die Einzelnen suchen mehr Bindung zueinander – angeführt von den Frauen, die den Männern wie eh und je in sozialer Empfindsamkeit und Fürsorglichkeit voraus sind. Nach wie vor tragen sie offenbar größere psychische Last als die Männer, leiden mehr, aber ziehen die Männer erfolgreicher als bisher in Beziehungen hinein.

Es sind nur Hinweise. Aber sie liegen einwandfrei in der Richtung wachsender Neigung, Bindung untereinander wichtiger zu nehmen. Auch im Großen melden sich vermehrte Zusammengehörigkeitsgefühle, sichtbar geworden z. B. im Rahmen der Fußball WM, als das Zusammenströmen von Millionen aus den verschiedenen Ethnien, Rassen und Religionen Angst vor Ausbruch von Hass und Gewalt geweckt hatte. Stattdessen wurde es ein Fest der Freude und Verbundenheit, was wiederum die Kluft zwischen der Sehnsucht der Menschen nach friedlicher Eintracht in Kontrast zu den Mächten offenbarte, die uns seit Jahren durch den Austausch von kriegerischer und terroristischer Gewalt in Atem halten.

Aber was bewirkt dieser Kontrast? Wer sich nicht einmischt, mag privat noch so viel Nähe, Friedlichkeit und Sanftheit praktizieren, er muss sich irgendwann schämen, wenn er laufend auf dem Bildschirm Flüchtlingsmassen, zivile Bombenopfer, brennende Dörfer und Stadtteile tatenlos auf sich wirken lässt. Aus der Scham wird Wut, dann heimlicher Selbsthass, schließlich gepanzerte Gleichgültigkeit. Lebendig kann man nur bleiben, wenn man sich einmischt und daran glaubt, dass doch einmal ein unwiderstehlicher Heilungswille in einer großen Welle zu einem globalen Aufstand für die Menschlichkeit führen kann. Das letzte Kapitel dieses Buches wird diesen Gedanken wieder aufnehmen und Menschen zeigen, die daraus ein soziales Handeln schöpfen. Das folgende Kapitel soll indessen vorerst noch einmal genau den Geist des männlichen Gotteskomplexes herausstellen, der nach wie vor den Glauben an einen Fortschritt trägt, der in Wahrheit den Menschen an die Machtmittel versklavt, durch die er sich über sich hinauszuwachsen glaubt. Es ist der Geist, der aktuell zur Militarisierung des Weltraums antreibt und der in keiner Figur besser anschaulich gemacht werden kann als in der Persönlichkeit Wernher von Brauns.

7. Kapitel

Wernher von Braun – Symbolfigur des Gotteskomplexes und der Aufstand »elterlicher« Humanität

Das 20. Jahrhundert hat den im neunzehnten ausgebrochenen narzisstischen Machtwahn, von Nietzsche im Voraus gefeiert, zu voller Entfaltung gebracht. 1912 wird in einer deutschen Adelsfamilie Wernher von Braun geboren, der später nicht nur den Ikarus-Traum verwirklichen und den Flug zum Mond vorbereiten, sondern in seiner Person den Konflikt zwischen Selbstvergöttlichung und barbarischer Unmenschlichkeit in einzigartiger Prägnanz vorführen wird.[1]

Als Kind erlebt sich der Junge besonders liebevoll von seiner Mutter gefördert, die ihn mit ihren astronomischen Interessen inspiriert. Dem 13-Jährigen schenkt sie zur Konfirmation ein astronomisches Fernrohr. Schon damals kommt ihm in den Sinn, ein Fahrzeug für einen Flug zum Mond zu bauen. Mit 17 schreibt er eine Geschichte von einer Weltraumstation, die Menschen gebaut haben. Dorthin werden zwei gestrandete Polarforscher von einem Raketenflugzeug gebracht. Von der Station aus kann die Besatzung mit einem Riesenspiegel das Wetter auf der Erde beeinflussen. Die Idee von der Wetterregulierung hatte schon vor 400 Jahren Francis Bacon. Aber Braun will diese Träume wahr machen. Aus der Phantasie einer Raumstation wird bald ein konkreter Plan werden. Noch als Schüler bastelt er mit Hilfe von Feuerwerksraketen ein kleines Raketenfahrzeug, das er im Berliner Tiergarten wild herumrasen lässt, bis ihn eines Tages die Polizei aufgreift. In der Schule hat er zunächst wenig Interesse für

1 Die biographischen Angaben folgen im Wesentlichen der prägnanten Darstellung von J. Weyer: Wernher von Braun. Rowohlt, TB, 3. Auflage 2003. Auch die Zitate in diesem Kapitel stammen – soweit nicht anders vermerkt – aus der Biographie von J. Weyer.

Mathematik und Physik. Aber dann merkt er, dass er sich in diesen Fächern weiterbilden muss, um das damalige Standard-Buch über Raketenforschung von Hermann Oberth einigermaßen verstehen zu können. Im Unterschied zu vielen Jungen, die in der Pubertät von übermenschlichen Kräften und Leistungen nur träumen, mit denen die Angst um männliche Vollwertigkeit besiegt werden soll, ist Braun bereits zielstrebig aktiv, um Raketenbau praktisch zu lernen. Er wird Mitglied im *»Verein für Raumschifffahrt«* und gewinnt Anschluss an eine Gruppe um Hermann Oberth. Mit 17 Jahren ist er dabei, als die Gruppe einen Flüssigkeitsraketen-Motor baut, der eine Rakete von 7kg Schub zu einem Flug von 90 Sekunden befähigt. Das ist der erste kleine Erfolg auf dem Weg zur Mondrakete. Neben der Bastelei studiert Braun an der Berliner Technischen Hochschule, vorübergehend an der ETH in Zürich. Um die Gefahr der Beschleunigungskräfte bei der Raumfahrt zu erforschen, schleudert er mit Hilfe einer Fahrradfelge Mäuse im Kreis herum, bis sie verenden. Er will ihre Todesursache herausfinden. Von besonderer Empfindsamkeit wird er dabei offenbar kaum irritiert, ein Merkmal, das sich später drastisch bestätigen wird. 1932 tritt er als Zivilangestellter in den Dienst der Reichswehr ein, da für weitere private Forschung das Geld fehlt. Von nun an arbeitet er in Kummersdorf bei Berlin an einem militärischen Geheimprojekt. Es geht um die Entwicklung einer militärisch einsetzbaren Flüssigkeitsrakete. Schon 1933 besucht Hitler die Raketenanlagen in Kummersdorf und erkennt die Chancen der Raketen-Entwicklung für sein geheimes Aufrüstungsprogramm. Nun fließen auch endlich die nötigen Mittel. Zwei erfolgreiche Starts der Rakete A2 auf der Insel Borkum folgen 1934. Jetzt geht es steil aufwärts. Brauns Geschick führt dazu, dass Heer und Luftwaffe eine Zusammenlegung ihrer Geheimprojekte in Peenemünde vereinbaren, wo künftig in Großforschung nebeneinander an der V2 Rakete und an dem Raketenflugzeug He 112 gearbeitet wird. Braun wird als 25-Jähriger Technischer Direktor der Heeresversuchsanstalt Peenemünde. Im gleichen Jahr tritt er in die NSDAP ein. Gerühmt wird der Führungsstil des blonden, blauäugigen Charismatikers mit den elitären Rassemerkmalen. In der Monographie von Johannes Weyer, an die sich meine Darstellung anlehnt, erscheint schon der junge Braun als *»unumstrittener Patriarch«*, der eine besondere Fähigkeit hat, *»seine Mitarbeiter auf ein Ziel einzuschwören.«* Wenn er selbst später vielfach versichert, immer nur seine persönlichen Raketen-, Raumflug- und Mondlandungsprogramme verfolgt und sich nie dem Nazigeist unterworfen zu haben, so ist daran sicher richtig, dass er als großer Narzisst stets daran glaubt, die Nazis für die eigenen Interessen einzuspannen, also sich mit ihnen lediglich opportunistisch einzulassen. Aber faktisch verwickelt er sich in die Mitverantwortung für Nazi-Unmenschlichkeiten der schlimmsten Art. Wenn es um Durchsetzung seiner Ziele geht, kann er die Instrumentalisierung von Menschen bis zu deren totaler Versklavung und gesundheitlicher Zerstörung hinnehmen. Im Mai 1940 tritt Braun in die SS ein. Aber nicht die SS, sondern das Raketenteam selbst fordert 1943 KZ-Häftlinge für Peenemünde als Arbeitskräfte an. Aus Mangel an Wohnbaracken müssen die Häftlinge in der Fabrikhalle schlafen. Sie werden nur dürftig ernährt, wie Vieh behandelt, müssen aber hart arbeiten. Wieder kommt Hitler zu Besuch, ernennt Braun persönlich zum Professor und begeistert sich nun für die V2, die in Serienproduktion geht. Doch dann greift die britische Luftwaffe Peenemünde an. Opfer sind vor allem Zwangsarbeiter und Kriegsgefangene. Himmler bewegt Hitler zur Verlagerung der V2-Raketenproduktion in ein Tunnelsystem bei Nordhausen in Thüringen. Dorthin werden von der SS KZ-Häftlinge aus Buchenwald geschafft. Zuerst 1100, später sind es 32.500. Das Lager erhält den Namen Mittelbau.

In der Monographie Weyers heißt es über die Häftlinge, dass sie *»unter menschenunwürdigen Umständen leben mussten; viele von ihnen wurden durch Schwerstarbeit und schikanöse Behandlung zu Tode gequält. Besonders brutal waren die Bedingungen in den ersten Monaten, als die Häftlinge mit primitivstem Gerät, teils nur mit den Händen, Stollen in den Berg treiben mussten.« »Es gab weder Toiletten noch Waschgelegenheiten, obwohl in Kalksandstein gearbeitet wurde. In ihrer Verzweiflung urinierten die Menschen in ihre Hände, um sich das Gesicht waschen zu können.« »In den ersten sechs Monaten starben etwa 6000 Menschen.«*

Von überlebenden Häftlingen wird Wernher von Braun der Mittäterschaft bezichtigt. Adam Cabala erinnert sich: *»Auch die deutschen Wissenschaftler mit Prof. Wernher von Braun an der*

Spitze sahen alles täglich mit an.« »Prof. Wernher von Braun hat während seiner häufigen Anwesenheit in Dora nicht ein einziges Mal gegen diese Grausamkeit und Bestialität protestiert.« »Auf einer kleinen Fläche neben der Ambulanzbrücke lagen täglich haufenweise Häftlinge, die das Arbeitsjoch und der Terror der rachsüchtigen Aufseher zu Tode gequält hatten ... Aber Prof. Wernher von Braun ging daran vorbei, so nahe, dass er die Leichen fast berührte.«

Braun gab erst in den 60er Jahren zu, dass er im Bilde gewesen sei. *»Diese Hungergestalten lasteten schwer auf der Seele jedes anständigen Mannes. Ich kann es nicht leugnen.«* Aber es habe nicht in seiner Macht gelegen, die Verhältnisse zu ändern. *»Meine einzige Rolle bestand darin zu überprüfen, dass exakt nach unseren Zeichnungen und Konstruktionen gearbeitet wurde und die Raketen, die das Werk lieferte, auch wirklich funktionieren konnten.«*

Dokumente belegen aber, dass Braun sich im KZ Buchenwald persönlich Häftlinge für das *»Mittelwerk«* ausgesucht hat. Nach Verlegung der V2 Produktion in die Thüringer Bergstollen wird dort die zum Beschuss Londons bestimmte Rakete im Eiltempo gebaut, 600–700 Stück im Monat. Bei der Herstellung sterben schließlich mehr Menschen als bei ihrem militärischen Einsatz. Für ein paar Wochen wird Braun von der SS wegen Verratsverdacht verhaftet. Als Grund wird seine Weigerung vermutet, vom Heer in die SS überzuwechseln. Verrat habe ihm ferngelegen, hat Braun auch nach 1945 versichert. Von September 44 ab werden London und weitere Ziele in Großbritannien, Frankreich, Belgien und Holland mit der V2 beschossen. Etwa 5.000 Menschen sterben durch diese Angriffe.

In dieser Zeit ist Braun schon dabei, wichtige Dokumente in Sicherheit zu bringen. Das Raketenteam will zusammenbleiben. Ruland zitiert Braun mit den Worten: *»Mein Land hat 2 Weltkriege verloren. Diesmal möchte ich auf der Seite der Sieger stehen.«* Unter Aufsicht der SS werden Braun und seine Mitarbeiter nach Bayern evakuiert, wo sie Kontakt mit den Amerikanern aufnehmen und nach der Kapitulation nahtlos an ihren Plänen weiterarbeiten. Braun versorgt die Amerikaner schon unmittelbar nach der Kapitulation mit einem Übersichts-Bericht über Entwicklung und Zukunft der Flüssigkeitsraketen, über die Chancen bemannter Raumfahrt, über eine Raumstation mit Wetterbeeinflussung und über einen Flug zum Mond. Die Vision seines Science-Fiction-Schulaufsatzes, ist die gleiche geblieben.

Die Amerikaner holen nach 1945 Braun mit 115 von ihm ausgewählten Mitarbeitern in die USA. Es bestätigt sich, dass Rüstungsinteressen sich über politische und moralische Grenzen hinwegsetzen. Die Amerikaner sind glücklich über die erbeuteten V2 Raketen, was auch immer die zu ihrer Herstellung gezwungenen KZ-Häftlinge dafür an Misshandlungen und Entbehrungen erleiden mussten. Und Wernher von Braun wird bald den gleichen Ehrgeiz auf die Schaffung eines überlegenen Raketen-Potentials gegen die Russen wie vorher gegen die westlichen Alliierten richten. Keiner wird ihn je zur Rechenschaft ziehen. 1955 erwirbt er die amerikanische Staatsbürgerschaft.

1950 wird er Leiter des neuen Raketenzentrums in Huntsville mit bald 2000 Mitarbeitern. Alle führenden Posten erhalten Deutsche. Hier baut Braun die erste atomar bestückbare Boden-Boden Rakete »*Redstone*«, die in Europa stationiert wird. Auch die Pershing-Mittelstreckenraketen werden in Huntsville entwickelt. Aber Brauns Entwürfe gehen weit darüber hinaus. Sie gipfeln in einer militärisch genutzten Raumstation zur Aufklärung und zum Abschuss von Atomraketen. Von dieser Plattform könne Amerika die Welt beherrschen, nämlich ohne Gegenwehr Raketenstellungen, Atomkraftwerke und Kommando-Stellen auf der Erde beschießen. Ein grausiges Szenario. Aber es ist das Muster der heutigen US-Strategie-Planung, nämlich mit überlegener nuklearer Angriffskraft jeden potentiellen Gegner mit einem Präventivschlag zu bedrohen. So hat sich Braun, wie Weyer schreibt, zu einem Advokaten des Wettrüstens gemacht. Weltfrieden durch Erpressung mit der Ankündigung apokalyptischer Vernichtung. Genau das ist die logische ultimative Vision auf der psychologischen Grundlage des »*Gotteskomplexes*«. Allmacht um den Preis terroristischer Entmenschlichung.

In der Folgezeit kommen die Russen Braun insofern zu Hilfe, als sie den Größen- und Machtwahn der Amerikaner durch eine unerwartete Herausforderung anstacheln. 1957 schießen sie den Sputnik als ersten künstlichen Erdsatelliten in den Himmel. Also haben sie die USA überholt und besiegt. Bald folgt Sputnik II mit der Hündin Laila an Bord. Braun droht mit seinem Rücktritt, da Eisenhower zunächst zögert, den Wettkampf mit den Russen aufzunehmen. Aber landesweite Gekränktheit stimmt Eisenhower schließlich um. Er gibt den Auftrag zum Kontern. Im Januar 1958 schießt eine Juno I Rakete den amerikanischen Satelliten Explorer in den Weltraum. Braun ist der Held, der die Verletzung des nationalen Stolzes erst einmal kuriert hat.

Aber es folgt ein zweiter Schock. 1961 umkreist der Russe Juri Gagarin als erster Mensch die Erde. Wieder sind die Amerikaner geschlagen. Einen Monat später kündigt Kennedy in einer berühmten Rede das Programm an, das Wernher von Braun seit seiner Schülerzeit im Kopf hat. Noch in den 60er Jahren sollen Menschen auf dem Mond landen und auf die Erde zurückkehren. Braun bekommt den Auftrag, die Saturn-Rakete für den Mondflug zu bauen. Er konstruiert für diesen Zweck die Saturn V, die bis heute größte Rakete mit einer Gesamthöhe von 111 m. Am 20. Juli 1969 schickt die Saturn von einer Erdumlaufbahn das Apollo-Raumschiff aus, das eine kleine Fähre für das Mondrendezvous absendet. Dort spricht Neil Armstrong den vorgesehenen berühmten Text: »*Dies ist ein kleiner Schritt für einen Menschen, aber ein riesiger Sprung für die Menschheit*«.

Gewiss ist es ein Weltrekord, den die Russen nicht brechen können. Denn ihre Mondrakete versagt. Aber was hat die Menschheit von dem Weltrekord? Was haben die Amerikaner davon? Es ist so etwas wie eine Himalaya-Erstbesteigung in Superformat mit technischen Mitteln. Etwa 24 Milliarden hat das Saturn-Apollo-Programm verschlungen. Wie viele Millionen Menschen hätte man mit diesem Geld auf der Erde vor dem Verhungern oder dem Sterben an heilbaren Krankheiten retten können?

Der Triumph, die Russen besiegt zu haben, hält nicht lange vor. Ohne Gegner fehlt dem patriotischen Ehrgeiz der Amerikaner ein neues Stimulans. Nach ein paar weiteren Mondlandungen gerät Wernher von Braun in Verlegenheit, wie er erfolgreich für weitere Raumfahrtabenteuer Geld werben kann. Seinem egomanischen Tatendrang schwindet der gewohnte Rückhalt. Es ist das erste Mal seit seiner Studienzeit, dass der Himmelsstürmer mit seinen Visionen ohne Resonanz bleibt. Die Amerikaner hungern nicht mehr nach kostspieligen Weltraumspektakeln. Die Stimmung schlägt um. Kritische Besinnlichkeit greift um sich. Das Desaster in Vietnam drückt nieder. Die Bedrohungen durch den Rüstungswettlauf und die neu erkannten ökologischen Probleme dringen ins allgemeine Bewusstsein. Im Jahr der amerikanischen Mondlandung wendet sich UN-Generalsekretär U Thant mit einer Mahnung an die Menschheit: »*Ich will die Zustände nicht dramatisieren. Aber nach den Informationen, die mir als Generalsekretär der UN zugehen, haben nach meiner Schätzung die Mitglieder dieses Gremiums noch etwa ein Jahrzehnt zur Verfügung, ihre alten Streitigkeiten zu vergessen und eine weltweite Zusammenarbeit zu beginnen, um das Wettrüsten zu stoppen, den menschlichen Lebensraum zu verbessern, die Bevölkerungsexplosion niedrig zu halten und den notwendigen Impuls zur Entwicklung zu geben. Wenn eine solche weltweite Partnerschaft nicht zustande kommt, so werden, fürchte ich, die erwähnten Probleme derartige Ausmaße erreicht haben, dass ihre Bewältigung menschliche Fähigkeiten übersteigt.*«

Für Wernher von Braun ist charakteristisch, dass er aus den von U Thant geschilderten Problemen ganz andere Schlüsse zieht: Sei die Bevölkerungsexplosion auf der Erde nicht zu bremsen, dann müsse eben irgendwann eine Umsiedlung von Bevölkerungsmassen auf einen anderen Planeten stattfinden. Auch die Möglichkeit einer atomaren Selbstvernichtung der Menschheit erfordere Planungen für solche Evakuierungsaktionen. Diese Ideen sind so verrückt, dass Braun dabei weniger an die Rettung der Menschheit, als an die Rettung seiner Raumfahrtpläne gedacht haben dürfte.

1972 trifft Dennis Meadows mit dem vom Club of Rome herausgegebenen Buch »*Die Grenzen des Wachstums*« die neue westliche Stimmungslage. Braun muss seine Pläne begraben. Nur für den Bau des Weltraumlabors Skylab gibt es noch Geld. Dann wird der Hahn zugedreht. Auch als stellvertretender Direktor der NASA-Abteilung in Washington kommt er nicht mehr zu befriedigender Wirkung, gibt bald seinen Posten wieder auf und sucht in der Industrie Zuflucht.

1973 erfährt er, dass er Krebs hat. Mehrere Operationen und Strahlentherapie können das Fortschreiten der Krankheit vorübergehend verlangsamen, aber nicht stoppen. Es heißt, auf dem Krankenlager hätten ihn erstmals Zweifel an seinem Tun bedrängt. Überliefert ist der Ausspruch: »*Es gibt viel Elend auf der Welt. Haben wir wirklich das Richtige gemacht?*«

* * *

In der Person Wernher von Braun bündeln sich wesentliche Züge des Zeitgeistes. Braun gehört zu den modernen Eroberern, spezialisiert auf Herrschen und Unterwerfen. Der Aristokrat muss sich nicht nach oben kämpfen. Er ist von Geburt an oben und wie zum Siegen geschaffen. Der Weltraum wartet darauf, von ihm erobert zu werden. Ihm steht nicht wie Einstein der Sinn nach Erfassung der Naturgesetze in Bewunderung und Ehrfurcht. Er will erkennen, um zu siegen, um die menschlichen Grenzen zu sprengen. Mathematik und Physik lernt er nur, um sich mit ihrer Hilfe mächtig zu machen, um eine Art Übermensch im Sinne Nietzsches zu werden.

Die Selbstüberhebung, die Superbia ist das Böse, vor dem Augustinus gewarnt hat. Aber Braun spürt nicht das Böse der Anmaßung. Er spürt auch nicht das Böse, als ihn, den Halbwachsenen, die Reichswehr engagiert, damit er sich auf die Entwicklung tödlicher Raketenwaffen vorbereitet. Sein blühender Narzissmus schützt ihn vor der Furcht vor Vereinnahmung durch andere, erst recht vor Gewissensängsten. Zeitlebens bewahrt er sich den Glauben, immer nur die anderen für seine Ziele zu vereinnahmen, auch wenn er sich formell Hitler, Himmler und später der US-Army unterordnet. Hitler und Himmler brauchen ihn, um mit seiner V2 England beschießen zu können. Die Amerikaner brauchen ihn für den Bau ihrer Atomraketen zur Einschüchterung Moskaus wie zum Sieg im Wettlauf zum Mond. Als er in die Nazipartei und später in die SS eintritt, treibt ihn dazu nicht der ideologische rassistische Hass Hitlers. Brauns Ziele sind zu jeder Zeit vorrangig narzisstischer Art. Er will den Weltrekord im Erreichen der höchsten Höhe mit der höchsten Traglast erringen. Was dabei mit den KZ-Häftlingen geschieht, die sich für ihn im Stollen Mittelbau in Thüringen im wahren Sinne tot schuften, tangiert kaum sein Sensorium. Wie vom hohen Ross herab sieht er die Verbrechen an den Gepeinigten mit an, bedauernd, aber nicht als schuldbewusster Mitverantwortlicher. Ähnlich wie Albert Speer, der als Rüstungsminister die V2 Fertigung im Mittelbau inspiziert, sieht sich Braun nicht als Mittäter, sondern nur als zuständig für die Effizienz und Qualität der Produktion. Wenn dabei 20.000 KZ-Häftlinge zugrunde gehen, ist das unangenehm, aber der SS hineinzureden, würde nur Ärger oder Schlimmeres bringen. Albert Speer findet für sein unverantwortliches Wegsehen im Nürnberger Prozess nachsichtige Richter. Werner von Braun kommt bei den Amerikanern völlig ungeschoren davon. Wie könnte man auch dem Sieger über die Russen im Mondwettlauf übel wollen? Dennoch erweist sich am Beispiel Wernher von Braun, dass der Aufschwung zu Grandiosität und zu einer Beinahe-Allmacht die Kehrseite der Entzivilisierung und der Bestialisierung des Menschen zwar oberflächlich verdecken, aber nicht verschwinden lassen kann. Um ein Haar hätten die Raketen Brauns und die der Russen in der Cuba-Krise ganze Völkerschaften ausgelöscht und große Teile der Erde unbewohnbar gemacht. General Butler, Ex-Oberkommandeur der US-Nuklearstreitkräfte, wurde bereits mit der Meinung zitiert, die damalige Rettung der Menschheit sei eher göttlicher Gnade als menschlicher Besonnenheit zu verdanken. Die blutige Spur des berühmten technischen Fortschritts führt zu 20.000 vernichteten KZ-Häftlingen im Stollen Mittelbau und zu 5000 V2-Opfern auf alliierter Seite. Hinzuzurechnen ist der Verlust der verschleuderten Milliarden, die dem Schutz des Lebens auf der Erde entgangen sind.

Braun wird aber als unantastbar erlebt, weil er auf dem Wege scheint, die höchste Mission zu erfüllen, nämlich den Menschen der Omnipotenz entgegen zu führen, wie sie seit Francis Bacon in den Köpfen spukt. Selbst John Kennedy unterwirft sich dem Genie, das den Weg zur absoluten Herrschaft durch die Eroberung des Weltraums zu öffnen scheint. Das Szenario ist das typische des Fortschrittszeitalters: Es ist ein dramatischer Wettlauf, mit dem Triumph eines Siegers. Und der heißt Wernher von Braun. Die Eroberung des Ziels kostet scheinbar unvermeidbare Opfer wie einst die Erbauung der großartigen ägyptischen Pyramiden. Es ist von Braun zu glauben, dass ihm die geschundenen und armselig krepierenden KZ-Häftlinge in der Tunnelfabrik leid tun. Aber er erbittet Nachsicht mit der Erklärung, dass die Verantwortung für den korrekten Bau und die perfekte Funktion der Raketen absoluten Vorrang gehabt habe. Das haben die Nürnberger Richter Albert Speer mildernd angerechnet, und auch von Braun ist damit ungeschoren davongekommen. Da sind sie wieder, die neue Religion, die Gewissenhaftigkeit und die Zuverlässigkeit im Dienst an der Sache, die Rohheit gegenüber den dabei missbrauchten Häftlingen ignorierend. Die Unterdrückung des Mitgefühls zugunsten der für die Sache gebotenen

Pflichterfüllung erringt Anerkennung. Die moralische Wertung kehrt sich um. War es nicht tapfer, dass Braun und Speer beim Anblick des menschlichen Leidens nicht schwach geworden sondern *»um der Sache willen«* stark und standhaft geblieben sind? Die Perversion wird noch deutlicher, erinnert man sich an das Ziel, das von Braun den Amerikanern ausmalte: Den Bau einer Raumstation als Abschussbasis für Atomraketen, die unfehlbar auf der Erde Raketenstellungen und auch Atomkraftwerke (!) angreifen könnten. Motto: Wer den Weltraum beherrscht, herrscht über die Erde. Würden die Amerikaner als Erste die weltraumstrategische Dominanz erreichen, sollten sie – so von Braun – sogar einen Präventivschlag erwägen, um dem Gegner – damals war es noch die Sowjetunion – eine Konkurrenz im Raum zu verwehren.

Inzwischen rückt die Verwirklichung der Braun'schen Visionen bedenklich näher. US Vize-Verteidigungsminister Kenneth Krieg erklärte, den Weltraum demnächst als militärisches Testlabor nutzen zu wollen. Schon 2008 sollten mindestens fünf bewaffnete Satelliten zu Erprobungszwecken ins All geschossen werden. Im World Security Institute in Washington wird befürchtet, dass unter Umgehung des Kongresses und ohne öffentliche Debatte vollendete Tatsachen geschaffen werden sollen. Ein »Transformation Flight Plan«, der für die Air Force veröffentlich wurde, nennt supermoderne Kampfmittel. Bis 2010 sollen Radiowellen-Energiewaffen im All platziert werden, die von Himmelskörpern aus feindliche Satelliten und Kommunikationssystem stören oder vernichten können. Ab 2015 sollen Kampfflugzeuge mit Anti-Satelliten-Raketen ausgerüstet sein. Luftwaffen-Staatssekretär Peter Steets strebt für die USA die Fähigkeit an, jedem Gegner das Eindringen in den Weltraum zu verwehren. Dafür sollen offensive Weltraum-Systeme sorgen, also Weltraumwaffen – ein Bruch der bisherigen Beschränkung der Satelliten auf Spionage-, Navigations- und Kommunikationszwecke.

Liest man darüber, mit welcher zynischen Kälte die Pläne zur Militarisierung des Weltraums in der Fachwelt und in Planungsgremien diskutiert werden, entdeckt man die typische Abspaltung von Empathie, Erschrecken, Sorge, Gewissenszweifeln. Immer wieder stößt man auf die moralische Pervertierung des Denkens: Es gehe doch bei allen Projekten nur um präventive Garantie der

Sicherheit für die USA und ihrer Alliierten – nur zu bekannt als verlogene Notwehrtheorie im Falles des Irak-Krieges. Hiroshima und Nagasaki fielen einer präventiven Notwehrtheorie zum Opfer. Als Hitler, der erwartete Atomwaffengegner, als Bedrohung wegfiel, gab es kein Zurück mehr. Die Horrorwaffe war in der Welt und führte zum schlimmsten Menschheitsverbrechen nach dem Holocaust. Vieles spricht dafür, dass die gleiche präventive Notwehrtheorie den Weg für die mörderische Militarisierung des Weltraums freimacht – und für den nächsten Völkermord.

Wie gelähmt nimmt die Öffentlichkeit die Ausmalung solcher Horrorszenarien hin. Wie bei der Nukleargefahr wirkt sich aus, dass der menschliche Sinnesapparat nicht auf solche überdimensionalen Bedrohungen eingerichtet ist. Die Unanschaulichkeit des nur errechenbaren Grauens bedürfte der Übersetzungshilfe durch plastische Bilder, um Widerstandskräfte zu mobilisieren. Deren Lähmung ist indessen ja gerade die psychopathologische Grundlage für die Befähigung einer maßgeblichen technischen Elite, die Besorgnisse aus dem Lager der *»Bedenkenträger«* zu ignorieren.

Man erkennt: Der Mensch verschwindet völlig in den Horrorszenarien – bis auf blitzartig zu treffende Entscheidungen für oder gegen die Auslösung von apokalyptischen Szenarien, in denen Raketen mit ihrer eingebauten künstlichen Intelligenz und ihrem synthetischen *»Sehvermögen«* die Alleinverantwortung für das Schicksal allen Lebens übernähmen. Offenbar wird, worauf die wissenschaftlich technische Revolution immer deutlicher hinstrebt: Der Fortschritt, der die Menschheit scheinbar zu gottähnlicher Allmacht erhebt, versklavt sie am Ende total an die technische Energie, die sie sich einzuverleiben zutraute. Der definitive Scheidepunkt ist der Moment, da der Mensch – wie Wernher von Braun in der Tunnelfabrik – die Mitmenschlichkeit der technisch funktionalen Gewissenhaftigkeit opfert.

Wernher von Braun ist eine Schlüsselfigur in diesem Drama. Die Mächtigen hätten ihn dennoch wohl nicht, wie geschehen, fast unbehindert walten lassen, hätte er nicht so wunderbar für die Heldenrolle in den Träumen des Zeitgeistes gepasst. Die Illusion, das Betreten der Wüste des Mondes bedeute einen epochalen Sieg für die Menschheit, teilt Braun mit vielen Millionen im Westen, die davon in Wahrheit nicht mehr profitieren als von der phantasierten Teilhabe am Gewinn einer Fußballmeisterschaft. Die Weltraumraketen, von denen er als 17-Jähriger träumte, verwandelten sich wie im Märchen zu einem Riesenspielzeug. Und das Wettrennen, wer davon die stärksten und am weitesten fliegenden bauen kann, war seine Inszenierung. Die Idee, eine irgendwann unbewohnbare Erde mit Weltraumfahrzeugen verlassen zu können oder zu müssen, verankerte sich in seinem ewig pubertären Hirn, in dem die Menschen zum Bedienungs- und Wartungspersonal für die den weiteren Verlauf der Geschichte bestimmenden technischen Geschöpfe schrumpfen. Die Raketen werden zu den eigentlichen Subjekten des Fortschritts. Und das Gespenstische ist, dass die Geschichte fürs Erste diesem pubertären Wahn folgt. Nachträglich erkennt man, dass die Prinzipien des *»Gotteskomplexes«* stets zu einem Wettrennen führen, das, einmal in Gang gesetzt, kaum noch zu stoppen ist. Bald werden die Chinesen die Russen als Raketen-Konkurrenten der USA ersetzen. Unerbittlich wird sich das Rennen in neuer Besetzung mit alter Zwangsläufigkeit fortsetzen, es sei denn, es kommt zu dem von Wernher von Braun prophezeiten Präventivkrieg des Stärkeren, vermutlich der USA, oder zu einem gemeinsamen Völkerselbstmord nach dem Muster des Beinahe-Infernos vor der Küste Cubas 1962. Die Atombombe ist in die Welt gekommen, weil Einstein fürchtete, im Wettlauf mit Hitler zu unterliegen. Neuerdings wird der Embryonenschutz geopfert, um in der gentechnologischen Konkurrenz nicht abgehängt zu werden. Laufend werden mangelhaft erprobte Pharmaka oder gentechnische Produkte auf den Markt geworfen, deren Erzeuger eingestehen: Eigentlich wollen wir das ja noch gar nicht, weil die Ungefährlichkeit der Sache noch nicht ausreichend getestet ist. Aber wenn wir es nicht machen, machen es die anderen, und die anderen machen dann das Geschäft. Manchmal gibt es dann kein Zurück mehr. Warnend steht uns das Schreckensbeispiel der Atomwaffe vor Augen und das Unvermögen, uns von einem als unverantwortbar erkannten Zerstörungspotential wieder zu befreien. Schon heute sind wir von der totalen Computerisierung aller Lebensbereiche derart abhängig, dass Experten uns eine kommende Kriegführung durch gezielt eingesetzte Computer-Viren voraussagen, die einen Teil der Menschheit schlagartig wehrlos und lebensunfähig machen können. Aber es ist fruchtlos, ja selbstschädigend, auf solche menschengemachten Katastophen-Szenarien nur in einer lähmenden Anti-Haltung zu starren. Es gibt einen Teil der Friedensbewegung, der sich im bloßen *»Dagegen«* erschöpft und dem es dann ähnlich ergeht wie Menschen, die vergeblich einer bedrückenden Suggestion widerstreben, ohne ein konkretes positives Ziel im Kopf zu haben. Nur wer eine klare Pro-Vision von einer Kultur der Humanität in sich trägt, der reibt sich nicht in einem Anti auf, bis er am Ende unbewusst verinnerlicht, was er bekämpft. Brauns am Ende seines Lebens gestellte Frage: *»Haben wir angesichts des Elends auf der Erde das Richtige gemacht?«*, gehört an den Anfang. Es gibt immer noch die Möglichkeit eines neuen Anfangs. Im Schatten der Atombombe können wir immer noch jederzeit lernen, dass wir alle Geschwister sind, wie Einstein gesagt hat. Die kürzlichen Tsunami-, Erdbeben- und Hurrikan-Katastrophen können und sollten uns wieder einmal belehren, dass unser zivilisatorischer Aufstieg vor allem anderen in der Erweiterung von Mitmenschlichkeit liegt, während das Streben nach Übermenschlichkeit unmenschlich macht.

* * *

Wernher von Braun wird hier als Prototyp des Superman-Zeitalters jenen anderen Pionieren der wissenschaftlich-technischen Revolution gegenübergestellt, die irgendwann über die Gefahr der gemeinsamen Selbstbedrohung erschrocken sind. Er bleibt der ewig Unerschrockene, der von der Eroberung einer Raumstation träumt, von der aus eine überlegene Macht alle militärische Gegenwehr auf der Erde ausschalten könnte. Seine Erfindungen steckten in den Raketen, die in der Cuba-Krise um ein Haar losgeschickt worden wären, um einen Großteil des Lebens in weiten Erdteilen auszulöschen. Er repräsentiert jene pubertäre Übermenschen-Männlichkeit, die sich von aller Scheu und Scham, von *»weibischer«* Schwäche und Ehrfurcht frei gemacht hat. Unerschrocken kann er an den Haufen zu Tode geschundener KZ-Gefangener vorübergehen, die er seinem Ziel der pünktlichen Ablieferung perfekt funktionierender V2-Raketen geopfert hat. Der Anblick der *»Hungergestalten«* habe ihn belastet, erklärt er später, aber für deren Situation sei nicht er, sondern die SS zuständig gewesen. Die 20.000, die zugrunde gegangen sind, hätten demnach nicht er, der allerdings hauptverantwortlich für das gesamte Projekt war, sondern die SS, der er freilich selbst angehörte, auf dem Gewissen.

Wernher von Braun demonstriert als Musterbeispiel die Abspaltung der Empfindsamkeit von grenzenlosem phallischem Machtehrgeiz. Sein Traum, von einer Raumstation aus das Leben auf der Erde zu beherrschen, dort notfalls feindliches Leben zu vernichten, enthält als Antriebskraft nicht bestialischen Hass, sondern lediglich einen maßlosen Herrschaftswillen.

In Wahrheit verfällt die Herrscher-Männlichkeit wie jenige der zunehmend entweiblichten Frauen einer verleugneten Rohheit, die sich nur nicht direkt sichtbar macht. Wernher von Braun wie Albrecht Speer, der mit ihm zusammen die Peinigung der KZ-Sklaven im Stollen Mittelberg kritiklos hingenommen hat, repräsentieren den Typ scheinbar mildernder Umstände verdienender Edelmänner, die sich die Hände nur als missbrauchte Werkzeuge der Macht des Bösen schmutzig gemacht haben. Noch abseitiger scheint die Selbstrechtfertigung Brauns, wonach weniger er der Instrumentalisierte gewesen sei, vielmehr derjenige, der die Nazigrößen seinerseits für die Weiterentwicklung seiner Weltraumpläne vereinnahmt habe.

In der Identifizierung mit Wernher von Braun als ruhmeswerten Helden der Raumfahrt kann sich die Gesellschaft weiter die Illusion erhalten, dass an ihrer wissenschaftlich-technischen Revolution nicht von vornherein Blut klebe, sondern dass Züge von Bestialität erst durch eine rücksichtslose Politik hinzugetan worden seien. Aber Braun hatte sich schon als Jüngling dem Militär und dann bald Hitler und Himmler ausgeliefert. Er musste wissen, dass die spendierten Forschungsmittel ihn verpflichteten, Raketen zum Vernichten von Menschen herzustellen, mochte er auch noch nicht ahnen, dass seine Erfindungen 1962 um ein Haar zur Ausrottung ganzer Völkerschaften beigetragen hätten.

Die Allianz von Forscherehrgeiz und rücksichtslosem Machtwahn, die Komplizenschaft von Braun und Hitler ist kein unglücklicher Zufall, sondern die Besiegelung einer apriorischen Eintracht im Zeitalter des *»Gotteskomplexes«*, da die Wissenschaft von dem als Herrschaftswillen verstandenen Fortschrittsdrang über alle Grenzen vorangetrieben wird. Erst sekundär ist über die ihrer Sensibilität noch nicht entledigten Forscher das

Erschrecken gekommen, das Weizenbaum, Chargaff, Born, Einstein, Russell, Sacharow im Lager friedensaktivistischer Häretiker vereint hat. Braun ist Prototyp der Unerschrockenen geblieben. Man weiß nicht, ob seine Frage am Lebensende: *»Haben wir das Richtige gemacht?«*, tiefer wurzelnden Zweifel ausgedrückt hat oder eher rhetorisch gemeint war. Jedenfalls hätte diese Frage an den Anfang gehört. Aber gibt es heute noch die Chance eines anderen Anfangs? Die in diesem Text Wernher von Braun gegenüber gestellten Erschrockenen treten mit Entschiedenheit für eine solchen neuen Anfang ein: In gleicher Reihe finden wir mutierte Kriegspolitiker wie Robert McNamara, hohe Militärs wie den Ex-Chef aller US-Stabschefs General Bradley und den Ex-Chef der US-Kernwaffenstreitkräfte General Butler. Ob Wissenschaftler, Politiker oder Militärs – einig sind sich die *»Erschrockenen«* in der Erkenntnis, dass der Wettlauf im System des Stärkekults die Menschen sozial und innerlich zerreißt und sie zunehmend der wichtigsten Grundlage ihres Zusammenlebens beraubt, das ist das Vertrauen zueinander und die Verlässlichkeit im Austausch von Hilfsbedürfnis und Helfen. Der neue Anfang heißt also, Neuaufbau des abgerissenen Vertrauens und Mut zum Abbau von Mauern und Bedrohungssystemen, die überall nur die Gewaltgefahr schüren, die abwenden zu wollen, sie versprechen.

* * *

Man sollte über die Scheu nachdenken, die es schwer macht, sich mit der Person Wernher von Braun kritisch zu befassen. Da macht ein Junge einen der kühnsten Träume der Moderne wahr, zwar von Ehrgeiz besessen, aber von gewinnender Freundlichkeit und Fairness in der Zusammenarbeit mit Mitarbeitern. Kaum finden sich bei ihm Anzeichen von Rassenhass und nationalistischen Ressentiments. So kostet es ihn, soweit man erkennen kann, auch kaum Mühe, sich von den Nazi-Herren auf die Amerikaner umzustellen und deren uneingeschränkte Gunst zu gewinnen. Hauptsache, er kann seine Raketen weiterbauen und dem Ziel des Mondfluges näher rücken. Also wird er Amerikaner und genießt deren Raketenbedarf für die Aussendung von atomaren Sprengköpfen. Er baut *»die erste einsatzfähige atomare Mittelstreckenrakete der Welt, die nach etlichen Modifikationen*

1958 in Europa stationiert wurde«. Es ist nicht bekannt, dass ihm die Aussicht auf das menschliche Elend im Falle der Anwendung dieser Waffen sonderlich irritiert hätte.

Dies ist nun der psychologisch entscheidende Punkt, eben diese Unerschrockenheit, die Abspaltung des Mitfühlens mit den potentiell Betroffenen. Der ungebrochene Stolz der Amerikaner auf Hiroshima gibt ihm Rückhalt. Die unsichtbare hunderttausendfach oder millionenfach gespeicherte Grausamkeit, die seine Raketen transportieren, mindert keinen Augenblick den Ehrgeiz, die furchtbaren Erzeugnisse weiter zu perfektionieren. Hier liegt die Hauptgefahr dieser psychologischen Disposition: die vollständige Abspaltung des Grauens, also der inneren Anteilnahme an dem unermesslichen Unglück, mit dessen Eintritt der Miterzeuger des Infernos rechnen muss. Die innere Alarmanlage des Entsetzens, die von Natur aus fest in unser Nervensystem eingebaut ist, versagt komplett. Die bloße Vorstellung des programmierten Unglücks sollte den Schlaf rauben und sich in psychosomatischen Symptomen bemerkbar machen. Aber allem Anschien nach ist nichts davon geschehen. Man könnte glauben, es sei eine Teufelslist, die dafür sorgt, dass mit der Brutalisierung der Waffenentwicklung gleichzeitig die Anlage zur Empathie verkümmere. Aber natürlich ist es genau umgekehrt: Die Unerschrockenheit kommt zuerst. Die Phantasie weigert sich, das Geplante im voraus auszumalen und mit Gefühl zu besetzen. Die Panik fällt aus, weil kein Antrieb da ist, sie abzurufen.

***

Es kann kaum ein Zufall sein, dass unter den *»Erschrockenen«* vornehmlich alte Männer anzutreffen sind. 61 pensionierte internationale Generäle und Admiräle haben in der *»New York Times«* 1996 die Notwendigkeit erklärt, die Welt kernwaffenfrei zu machen.[2] Auch die zitierten 75 Pax Christi-Bischöfe Amerikas, die 1998 die Abhängigkeit von nuklearer Abschreckung zu beenden verlangen, sind überwiegend alte Männer. Sacharow ist Ende 60 und von tödlicher Krankheit gezeichnet, als er mit letzter Energie für atomare Abrüstung kämpft. Bertrand Russell ist 90,

2 In W. Sternstein u. a.: Atomwaffen abschaffen! S. 117ff

als er im Oktober 62 laut UN Generalsekretär U Thank dazu beiträgt, Chrustschow und die Russen im letzten Augenblick zum Einlenken vor Cuba umzustimmen. Mit 80 begehrt Erwin Chargaff, der große prämierte Biochemiker in »*Zeugenschaft*« gegen die Wandlung der eigenen Wissenschaft zur »*Aggressionswissenschaft*« auf. Mit 78 schreibt sich Joseph Weizenbaum in »*Computermacht und Gesellschaft*« seine Wut »*gegen den militärischen Wahnsinn*« von der Seele. Als 83-Jährige treffen wir beide uns immer noch als Freunde im gemeinsamen Engagement für mitmenschliche Nähe gegen technische Entfremdung als Gewaltursache. Im 90. Jahr nennt Robert McNamara die Kernwaffenpolitik der eigenen Regierung öffentlich unmoralisch, illegal und gefährlich. Der Nobelpreisträger Max Born schreibt zusammen mit seiner Frau Hedwig in der letzten Lebensphase unermüdlich gegen Kriegsgeist und die atomare Gefahr an. In seinem Todesjahr 1982 erscheint noch das gemeinsame Buch »*Der Luxus des Gewissens*«. Der Titel entstammt einem Beitrag Hedwig Borns für eine amerikanische Zeitschrift. Aus den Publikationen der beiden lässt sich übrigens deutlich ihre wechselseitige geistige Durchdringung erkennen. Mit zunehmendem Alter wandelt sich der erfolgreiche theoretische Physiker zu einem moralischen Gesellschaftskritiker, während die fromme Quäkerin sich mehr und mehr politisiert. So sind beide zugleich ein gutes Beispiel für eine gemeinsame psychologische Vervollständigung. Nach Rückkehr aus der Vertreibung schreibt sie: »*Die Rückkehr in unser Heimatland hat sich für uns wunderbar bewährt, indem wir beide eine uns gleichermaßen am Herzen liegende Aufgabe fanden: gegen Hass und Zwietracht unter den Völkern zu wirken und gegen die Mittel, die ihr Leben bedrohen.*«[3]

Aber zurück zu der Verbindung von Alter, Erschrockenheit und Engagement. Natürlich erscheint, dass im Alter die absehbare Frist für zu erledigende wichtige Aufgaben schrumpft und deshalb aufrüttelnd wirken kann. So kommt die Idee auf, keine Zeit mehr für Belanglosigkeiten zu verschwenden. Pensionierung hat von zahlreichen Alltagsgeschäften befreit. Karrieresorgen sind passé. Folge kann Rückzug auf behagliche Muße sein, Ruhestand im wörtlichen Sinn, aber auch genau umgekehrt wachsende

---

3 H. u. M. Born: Erlebnisse und Einsichten, S. 150

Anteilnahme am gesellschaftlichen Geschehen, das vorher durch lauter routinemäßige Dringlichkeiten verdeckt war. Es kommt auch mehr aus dem Inneren hoch. Etwa Brauns Frage: Habe ich wirklich das Richtige gemacht? Habe ich gemacht, was ich wollte, woran ich glaube, oder habe ich mich verraten? Habe ich überhaupt verstanden, was ich gemacht habe? General Butler, Kernwaffen-Kommandeur der USA bekennt: *»Am Ende einer drei Jahrzehnte dauernden Reise verstand ich endlich die Wahrheit, die mich jetzt als Sonderling erscheinen lässt.«* [4] Er meint das Erschrecken darüber, wie nahe die Welt tatsächlich 1962 vor dem Abgrund eines *»atomaren Holocausts«* gestanden hatte. Sacharow konnte kaum noch einen anderen Gedanken zulassen, als die Welt vor dem Terror der Wasserstoffbombe zu befreien, die er selbst in Russland geschaffen hatte. Gemeinsam ist den genannten *»weisen«* Alten, dass sie sich nicht mehr, wenn überhaupt je zuvor, mit phallischem Ehrgeiz in der Konkurrenz hervortun müssen. Sie befinden sich längst auf der *»elterlichen«* Stufe, auf der sie in sich Schwachheit, Leiden, Demut nicht mehr fürchten, sondern in ihr Selbstbild aufgenommen haben – und entsprechende Versöhnung auch in der Welt, wo immer möglich, zu fördern versuchen. Ihre *»Elterlichkeit«* bringt bei ihnen auch kompensatorisch mütterliche Züge zum Vorschein, die von dem sich vermännlichen Teil der Frauen vernachlässigt werden. Erfolg heißt für sie nicht mehr narzisstischer Triumph, sondern Bewährung in der Stiftung von Vertrauen und Verlässlichkeit in der Anerkennung der Abhängigkeit aller von allen.

Erwin Chargaff, Kämpfer gegen den Übermenschen-Wahn auf dem Kampffeld der Molekularbiologie und der Gentechnik, denkt wie Butler über die *»lange Reise«* nach, die ihn endlich zum Erschrecken im Alter geführt hat. Er fragt: *»Was geht in dem Forscher vor, der sich in Räume wagt, von denen sein eigenes Gefühl ihm vielleicht sagt, dass er sie nicht beschreiten sollte? Nichts geht in ihm vor, ist meine Antwort; kein Gefühl sagt ihm etwas, er arbeitet für sein tägliches Brot. Er kommt frühmorgens ins Labor, wie ich es selbst fünfzig Jahre getan hatte, und abends geht er nach Hause. Solange er unselbstständig ist, hat er kaum Einfluss darauf, was ihm aufgetragen ist. Meistens kann er sich nicht ein-*

4 L. Butler: Sind Kernwaffen notwendig?

mal das Arbeitsgebiet und den Arbeitsplatz aussuchen, sondern muss nehmen, was er kriegt. Später ist es zu spät: er ist in eine Schlinge geglitten, die ihn, sollte er um sich werfen, erwürgt. So macht er gute Miene zum bösen Spiel, das für gut zu halten er vorgeben muss. So ist er schließlich ein ordentliches Mitglied der naturwissenschaftlichen Gemeinschaft geworden, und diese – geheimnisvoll und undurchsichtig wie alle Pfützen, in denen viele Menschen zusammenfließen – hat ihm, wie allen anderen, das Denken abgenommen. Er denkt im Chor.« [5]

Aber dann denkt Chargaff nicht mehr im Chor. Er empfindet Verantwortung für die Erbsubstanz DNS, aus der das Leben kommt und die er erforscht hat. Das Herumbasteln an dieser Substanz wird ihm unheimlich. Manchmal denkt er an Gesellschaften, denen die Idee eines Magazins für gefrorene Embryos so absurd vorgekommen wäre, dass niemand daran hätte ernsthaft denken können, geschweige daran, das Gen-Reservoir der Menschheit nach Belieben zu verändern. Aber hat ein Klagegesang dieser Art überhaupt noch Sinn?

»So viel Sinn wie der Atem«, sagt Chargaff. *»Man muss sich Luft machen. Ohne zu atmen, können wir nicht leben. In einer Zeit, in der die Meinungsmasseure nur das darbieten, wovon sie denken, dass die Mehrheit es hören will, während diese wiederum nur das glaubt, wovon man ihr sagt, dass sie es glaubt, in so einer Zeit, hat der aus der Art geschlagene Einzelne die undankbare Pflicht, gegen den Wind zu reden.«* [6]

So redet er denn unermüdlich weiter gegen den Wind, aber nicht allein. Er weiß sich unterstützt durch diverse humanistische Organisationen. 91 ist er, als er einen bewegenden Appell per Video-Botschaft an 1600 meist viel jüngere Ärztinnen und Ärzte richtet, die 1996 auf einem internationalen Kongress *»Medizin und Gewissen«* in Nürnberg versammelt sind, genau 50 Jahre nach den Nürnberger Ärzteprozessen. Der Eindruck war, dass dieser alte Mann mit seiner Empfindsamkeit vielen wachsamen Jungen näher war als manche Redner aus dem Zunft-Establishment.

5 E. Chargaff: Zeugenschaft, S. 229
6 E. Chargaff: Zeugenschaft, S. 231

8. Kapitel

Die Welt am Abgrund – Bertrand Russell und die Cuba-Krise

Dass ein Großteil der Menschheit im Oktober 1962 um ein Haar in einem Atomkrieg untergegangen wäre, wird kaum mehr erinnert. Man will sich nicht eingestehen, wie brüchig die Sicherheit ist, die auf die Einschüchterung durch Waffen gestützt wird. Vor allem will man nichts mehr von der krankhaften Irrationalität wissen, die damals die Welt an den Rand einer apokalyptischen Katastrophe geführt hat.

Bertrand Russell schildert die verrückte Situation in seinem Buch »*Sieg ohne Waffen*«: »*Während des Monats Oktober erfuhr die Welt, dass russische Schiffe, von denen einige Waffen transportierten, sich Cuba näherten und dass amerikanische Blockade-Schiffe auf die russischen Schiffe warteten, um sie aufzuhalten und zu durchsuchen, nötigenfalls mit Gewalt. Es bestand jeder Grund für die Annahme, dass die russischen Schiffe Widerstand leisten würden und dass unverzüglich Krieg zwischen Russland und Amerika ausbrechen würde. Wie Chrustschow wenige Tage später in einem Brief an mich hervorhob, wäre ein solcher Krieg sofort atomar geworden und hätte eine unvorstellbar große Katastrophe für die ganze Welt herbeigeführt.*« [1]

In dieser Situation wird der 90-jährige Mathematiker und Philosoph Bertrand Russell aktiv und schickt Telegramme an Kennedy, Chrustschow, an UN Generalsekretär U Thant und an den britischen Premier McMillan. Es sind Stunden totaler Funkstille zwischen Washington und Moskau. Die russischen Schiffe setzen ihre Fahrt fort. Es ist ein gespenstischer historischer Augenblick. Nato-Chef General Norstedt bestätigt später, er habe aus Washington die Nachricht erhalten, die amerikanischen Streit-

1 B. Russell: Sieg ohne Waffen, S. 58

kräfte in Alarmzustand zu versetzen. Robert Kennedy berichtet: der Präsident, sein Bruder, habe 24 Lufttransportgeschwader reaktivieren lassen, um eine Invasion in Cuba durchführen zu können. »*Wir erwarteten*«, schreibt er, »*eine militärische Konfrontation, die am Dienstag beginnen würde, vielleicht auch schon morgen …*«

Die Welt hält den Atem an. Der transatlantische Kontakt ist unterbrochen. Gibt es noch eine Chance? Da kommt doch noch eine Nachricht, nämlich ein langer Antwortbrief von Generalsekretär Chrustschow an Bertrand Russell, der sogleich von der Moskauer TASS-Agentur verbreitet wird. Obwohl an den britischen Philosophen gerichtet, ist es indirekt die Botschaft an Kennedy und die Welt: Moskau ist bereit zum Einlenken. In seinem ausführlichen Brief an den britischen Philosophen bedankt sich Chrustschow für dessen Betroffenheit über die bedrohliche Lage und schreibt u. a.: »*Ich begreife Ihre Besorgnis und Beunruhigung. Ich möchte versichern, dass die Sowjetregierung keine unbesonnene Entscheidung treffen und sich nicht von unberechtigten Handlungen der Vereinigten Staaten von Amerika provozieren lassen wird … wir werden alles in unserer Macht Stehende tun, um den Ausbruch eines Krieges zu verhindern. Uns ist völlig bewusst, dass dieser Krieg, falls er ausgelöst wird, von der ersten Stunde an atomar und weltweit sein wird.*«

»*Ich bitte Sie, Mr. Russell, für unsere Haltung und unsere Handlungen Verständnis aufzubringen. Machen wir uns die ganze Kompliziertheit der durch die Piratenakte der amerikanischen Regierung entstandenen Lage klar, so können wir uns damit in keiner Weise abfinden …*« »*Die Frage, ob Krieg oder Frieden, ist derart lebenswichtig, dass wir ein Gipfeltreffen in Betracht ziehen sollten, um alle entstandenen Probleme zu erörtern …*«[2]

Später wird bekannt, dass Chrustschow einige Schiffe kehrt machen lässt. Auf anderen ist man bereit, sich von den Amerikanern durchsuchen zu lassen. Die in Cuba bereits vorhandene russischen Raketen und Abschussrampen werden abgebaut. Die Kriegsgefahr ist gebannt.

In einem Privatbrief an Präsident Kennedy bedankt sich Chrustschow für die Intervention Russells. Auch UN-General-

---

2 B. Russell: Sieg ohne Waffen, S. 67

sekretär U Thant meint, dass Russells Bitten geholfen hätten, die Russen umzustimmen. In Washington erkennt Averell Harriman in dem Austausch Russell-Chrustschow die Chance, Chrustschow eine Brücke zu bauen, um seine Position gegenüber den Hardlinern im Kreml zu stärken, die ein russisches Nachgeben verhindern wollen. Kennedy weist in einem kurzen Brief an Russell dessen Kritik an der amerikanischen Politik zurück, versichert ihm aber: »*Wir besprechen gegenwärtig die Angelegenheit in den Vereinten Nationen*«.

In den USA bemüht man sich, die Bedeutung der Vermittlerrolle Russells herunterzuspielen. Zu beschämend wäre das Zugeständnis, bei der Überwindung einer der gefährlichsten Weltkrisen auf die Mithilfe eines 90-jährigen Philosophen angewiesen gewesen zu sein. In der Tat ist es ja auch beschämend, dass dieser hochbetagte Gelehrte durch seine kühne Initiative dazu beitragen muss, die beiden hasardierenden Weltmächte zur Besinnung zu bringen.

* * *

Warum antwortet Chrustschow auf den Brief eines Philosophen, der das stalinistische System in der Sowjetunion mehr als einmal scharf kritisiert hat? Dazu sagt Russell 1964: »*Die Großen sind auf den Gipfeln des öffentlichen Ansehens gestrandet und begrüßen einen Vorwand, herunterzukommen. Das Eintreten eines Philosophen, eines Mannes ohne Macht, ohne eigennützige Zwecke, könnte ihnen einen solchen Vorwand liefern*«.[3]

Ein bemerkenswerter Gedanke! Die Großen haben sich in ihrer rivalisierenden Machtbesessenheit verirrt. Ihr manisches Siegen-Müssen verwehrt ihnen jedes Nachgeben, das sie nur als Absturz in Schwäche und Schande phantasieren können. Da kann dann allein einer helfen, der in ganz anderen Kategorien denkt, der nur heilen und nicht siegen will. Von diesem kann man sich, wenn man sich verstiegen hat, an der Hand nehmen lassen und das Gesicht wahren – nach dem Motto: Der Verantwortungsbewusstere gibt nach. Aber wie kommt der greise Philosoph Bertrand Russell dazu, sich diese Mediatorrolle, fast möchte man sagen: Erzieherrolle, anzumaßen?

---

3 B. Russell: Sieg ohne Waffen, S. 256

Russell hat sich immer schon außer mit Mathematik und Philosophie mit Politik beschäftigt. Als 23-Jähriger verfasst er eine Schrift über die deutsche Sozialdemokratie. Im 1. Weltkrieg wirbt er öffentlich für den Pazifismus, was ihm eine halbjährige Gefängnisstrafe und zeitweiligen Verlust seiner Dozentenstelle einträgt. Er schreibt über Philosophie und Mathematik und über Sprachanalyse. In seiner »*Geschichte der Philosophie*« gibt er Platon viel Raum. Bei diesem findet er mathematische Gedanken, die seinen eigenen nahe sind. Besonders interessiert er sich für Platons Ideen zu Politik und Erziehung. Er selber betreibt zeitweilig zusammen mit seiner Frau eine antiautoritär ausgerichtete Privatschule. Wie Platon, der dreimal in Sizilien in politische Wirren praktisch eingriff und sich – allerdings wenig erfolgreich – mit seinem Reformgeist um Einfluss auf die Regierung in Syrakus bemühte, will Russell nicht nur Zuschauer der Politik sein. Genau so wenig wie Einstein hält er seine pazifistische Grundeinstellung angesichts der Aggressionspolitik der Nazis aufrecht. Den Krieg gegen Hitler hält er für unausweichlich. Danach enttäuscht ihn die Hilflosigkeit des UN Sicherheitsrates. Vollends entsetzt ihn die hektische Atomrüstung in West und Ost, obwohl alle erkennen müssen, dass kein Problem der Menschheit durch einen Atomkrieg gelöst werden könnte. Die Politik des egoistischen Machtwillens eskaliert zu einem irrwitzigen atomaren Wettrüsten. Russell findet auf russischer Seite vergleichsweise noch eher Kompromissbereitschaft. Deshalb fällt sein Appell an Chruschtschow hoffnungsvoller als derjenige an Kennedy aus. Die eigene Position erläutert er so:

»Mir missfällt der Kommunismus, weil er undemokratisch ist, und der Kapitalismus, weil der die Ausbeutung begünstigt. Aber immer, wenn die Frage von Frieden oder Krieg auf dem Spiele steht, wird die Berechtigung der beiden Seiten unbedeutend im Vergleich zu der Wichtigkeit des Friedens. Im Atomzeitalter kann die Menschheit nicht ohne Frieden überleben. Aus diesem Grunde werde ich immer für die friedlichere Partei in jedem Streit zwischen mächtigen Nationen eintreten.« [4]

Die beinahe tödliche Cuba-Krise wäre nach Russells Meinung unschwer zu verhindern gewesen, hätte Amerika Russland Ver-

4 B. Russell: Sieg ohne Waffen, S. 32

handlungen mit dem Ziel angeboten, dass keine Seite Abschussbasen für Atomraketen auf fremden Boden haben sollte. Denn genau wie die USA sich von russischen Raketen in Cuba bedroht fühlen, so beunruhigt es natürlich seit langem die Russen, dass die Amerikaner und ihre Verbündeten entlang eines Großteils der russischen Grenze Raketendepots und Abschussbasen eingerichtet haben.

***

Die akute Gefahr der militärischen Selbstvernichtung eines großen Teils der Menschheit ist im Oktober 1962 knapp abgewendet worden. Aber wie sind der Schock und die Rettung verarbeitet worden? Hat überhaupt eine Verarbeitung, die diesen Namen verdient, stattgefunden? Wiederum ist es Bertrand Russell, der sich zum Sprecher der Gefühle von Millionen macht, als er an Chrustschow schreibt:

»Ich möchte, dass Sie meine persönlichen Gefühle zu Ihrer Lösung der Cuba-Krise erfahren. Ich habe nie einen Staatsmann gekannt, der mit dem Großmut und der Größe gehandelt hat, die Sie bei Cuba gezeigt haben. Und ich möchte, dass Sie sich darüber klar sind, dass jeder aufrichtige und ehrliche Mensch Ihnen für Ihren Mut huldigt.«[5]

Es ist in der Tat ein Moment, in dem unendlich vielen Menschen klar geworden ist, wie verletzbar unser aller Leben ist und welche Dankbarkeit denen gebührt, die in höchster Gefahr etwas Rettendes getan haben. Der bereits zitierte General Butler, Ex-Oberkommandierender der US-Nuklearstreitkräfte hat zugleich allen aus dem Herzen gesprochen, die einen wesentlichen Anteil ihrer Erleichterung himmlischer Fügung beimessen.

Es ist angemessen, sich am Rande einer apokalyptischen Menschheitskatastrophe zu fragen: Wie ungenügend nehmen wir die von Weizenbaum angemahnte Verantwortung für das Ganze wahr, wenn wir es überhaupt zu einer so extremen Konfrontation wie in Cuba kommen lassen? Welchen Teufelspakt sind wir mit den Ausrottungswaffen insgeheim schon eingegangen, dass wir wie leichtsinnige Kinder gerade noch vor einem Abgrund erwachen, auf den wir seit langem in ahnungsloser Zielstrebigkeit hin-

5 B. Russell: Sieg ohne Waffen, S. 97

gelaufen sind? Selbstkritische Demut wäre als Erstes am Platze – und eben Dankbarkeit – und die Einsicht, dass keine noch so erbitterte Gegnerschaft die Verantwortung für das gemeinsame Überleben verdrängen darf.

Aber die Machtelite der USA wollte und will sich bis heute keine echte Erschütterung durch die glücklich überstandene Kriegsgefahr um Cuba zugestehen. Man fühlt sich nicht errettet, sondern als bravouröser Sieger. So soll es jedenfalls aussehen – wie auch 25 Jahre später, als Gorbatschow mit seiner Vertrauensoffensive (mit Sacharow an der Seite) den Kalten Krieg stoppt. Von Washington aus heißt es: Wir haben erst Chrustschow, dann Gorbatschow in die Knie gezwungen. Mögen die Europäer Gorbatschow als Friedensstifter feiern – in Wahrheit haben wir ihn schlicht totgerüstet. Kein Wort von Erlösung aus eigener Angst. Kein Gedanke daran, dass die Verständigung als glückliche Befreiung aus einem tödlichen Risikospiel zustande gekommen war. Nur der 11. September stürzt die Amerikaner momentan in einen Schock. Aber gleich lautet die Parole: Es ist Krieg, und wir werden siegen! Leiden und Trauern werden schnell unterdrückt: Auf zu neuen Siegen! Christa Wolf warnt in ihrem Roman Kassandra die Eroberer von Troja:

»Ich sage ihnen: Wenn ihr aufhören könnt zu siegen, wird diese eure Stadt bestehn. – Der Wagenlenker: Gestatte eine Frage, Seherin. – Frag. – Du glaubst nicht dran. – Woran. – Dass wir zu siegen aufhören können. – Ich weiß von keinem Sieger, der es konnte. – So ist, wenn Sieg auf Sieg am Ende Untergang bedeutet, der Untergang in unsere Natur gelegt. – Die Frage aller Fragen. Was für ein kluger Mann. Komm näher, Wagenlenker. Hör zu. Ich glaube, dass wir unsere Natur nicht kennen. Dass ich nicht alles weiß. So mag es in der Zukunft Menschen geben, die ihren Sieg in Leben umzuwandeln wissen.« [6]

* * *

Sicher ist, dass George W. Bush nicht zu diesen Menschen gehört. Denn Norman Mailer zitiert ihn in seinem Buch *»Heiliger Krieg – Amerikas Kreuzzug«* so:

---

6 C. Wolf: Kassandra, S. 132

»Unser Krieg gegen den Terror«, sagt Bush, *»beginnt mit al-Qaida, aber er hört nicht auf, ehe nicht jede weltweit operierende Terrorgruppe entdeckt, ausgeschaltet und besiegt ist.« »Was aber«*, fragt Erik Alterman in *»The Nation«*, *»was aber, wenn es sich Amerika unterwegs mit der ganzen Welt verdirbt?« »Es kann so weit kommen, dass nur mehr wir übrig sind«*, sagte Bush zu seinen engsten Beratern (wie ein Regierungsmitglied weiß, das die Information an Bob Woodward weitergab): *»Mich stört das nicht. Wir sind Amerika.«*[7]

Das klingt stolz und großartig. Aber Christa Wolf prophezeit dem Siegen-Müssen am Ende den Untergang, so wie wir aus der Psychiatrie den häufigen Umschlag einer Manie in Verzweiflung kennen. – Bald nach der Cuba-Krise erfolgt ein solcher Rückschlag: Die USA scheitern im Vietnamkrieg am Widerstand eines militärisch unterlegenen, aber unbeugsamen und zu größten Opfern bereiten Volkes, zugleich allerdings an einer allmählich anschwellenden Protestbewegung im eigenen Lande.

7 N. Mailer: Heiliger Krieg, S. 73

9. Kapitel

Robert McNamara und Günther Anders, zwei totgeschwiegene Hellsichtige

In den Vietnamkrieg steuert die USA ein Verteidigungsminister, zunächst unter Kennedy, dann unter Johnson, der später eine bemerkenswerte Wandlung durchmacht: Robert McNamara, in dem ein anderes als jenes siegesversessene Amerika zum Vorschein kommen wird. McNamara gehört nicht zu den bisher geschilderten »*Häretikern*«, die aus der Zivilgesellschaft heraus die Macht und den von ihr dominierten Zeitgeist angreifen. Er geht den umgekehrten Weg von der Höhe der Macht hinunter zu den Dissidenten. Man kann das zwar in den Kategorien der Polarisierung beschreiben. Aber in Wahrheit gehört McNamara wie die zuvor genannten humanistischen Intellektuellen zu den großen Vermittelnden, die sich die Einordnung des Menschen in eine soziale Gemeinschaft der Gleichberechtigten und Ebenbürtigen wünschen, in eine Kultur des Friedens, basierend auf einem System kollektiver Sicherheit. Wie die zuvor beschriebenen Humanisten erkennt McNamara in einer auf Nuklearwaffen gestützten Stärkepolitik eine Unterdrückung der Schwächeren und damit eine unvermeidliche Spaltung, die Herrschende und Beherrschte trennt und eine einseitige anstelle einer gegenseitigen Abhängigkeit fixiert.

McNamara zieht sich unvermeidliche Anfeindungen zu, indem er seine Position nicht nur in seiner großen Autobiographie erläutert, sondern damit kämpferisch in die Öffentlichkeit geht, so noch kürzlich 2005 auf der internationalen Überprüfungskonferenz für den Atomwaffensperrvertrag von 1968, den die USA unterschrieben aber nie ratifiziert haben. Am Rande dieser Konferenz in New York hat der 89-Jährige in einer Rede die Bush-Regierung scharf angegriffen und erklärt: »*Wir müssen uns an die sofortige – oder zumindest baldige – Vernichtung aller Atomwaffen begeben.*«

Ich habe diesen McNamara mit seinem Kampfgenossen Sacharow in dem genannten Initiativkreis, den Gorbatschow begleitet hat, in der Nähe als zwei der großen unbeugsamen Streiter für eine Kultur der Menschlichkeit erlebt, wie sie sich die Mehrheit der Völker wünscht, aber zu wenig offensiv unterstützt.

McNamara erkennt klar: Es geht um eine grundsätzliche Neuorientierung. Es ist das Fazit, das er wie ein Vermächtnis in seiner Autobiographie zieht:[1] »*Wenn wir es endlich wagen, aus den Denkschemata auszusteigen, die die Nuklearstrategie der Atommächte seit über 4 Jahrzehnten bestimmen, kann es meiner Ansicht nach gelingen, ›den Geist in die Flasche zurückzuverbannen‹. Tun wir es jedoch nicht, besteht die immense Gefahr, dass das 21. Jahrhundert eine atomare Tragödie erleben wird.*«[2]

Aber zur Preisgabe der falschen Denkschemata gehört ein reiferes Verantwortungsbewusstsein, gehört die Sorge um das bedrohte Ganze. Diese wiederum kann nur aus der Erfahrung von Mitfühlen gewonnen werden. Diejenigen Amerikaner, die Hiroshima und Nagasaki noch immer eher rühmen als bedauern und betrauern, wollen sich indessen von solchem Mitfühlen nicht aufweichen lassen. Hiroshima? Das war der Sieg über das Böse. Hatte man dem Bombenflugzeug doch den christlichen Segen mitgegeben. So ähnlich war es auch, als die christlichen Kreuzritter am 15. Juli 1099 die Muslime und die Juden in Jerusalem niedermachten. Vorher waren sie in einer Prozession auf den Ölberg und den Berg Zion gestiegen und hatten sich in leidenschaftlichen Predigten zu einem der furchtbarsten Blutbäder des Mittelalters ermächtigen lassen. Ihre Priester erbaten den Sieg für das Christentum, ehe die Ritter in einem wilden Blutrausch Moslems und Juden, Frauen, Kinder und Greise niedermetzelten oder als Flüchtlinge in den Moscheen und in der Hauptsynagoge verbrannten.[3] Als wir deutschen Soldaten 1942 zum Großangriff im Mitteabschnitt der Russland-Front antraten, erbat unser Divisions-

1 R. S. McNamara: Vietnam, S. 444

2 Im Frühjahr 2006 haben 1.800 US-Physiker, darunter 5 Nobelpreisträger, von Präsident Busch verlangt, den Verzicht auf die nukleare Option öffentlich zu erklären. Es sei äußerst verantwortungslos, Handlungen auch nur in Betracht zu ziehen, die das Leben auf dem Planeten allmählich weitgehend zerstören würden. www.physics.used.edu/petition/physicsletter.html

3 M. Erbstösser: Die Kreuzzüge, S. 115

pfarrer in ähnlicher Weise den göttlichen Segen für den Sieg über die vermeintlich atheistischen Russen.

Neuerdings erspart die Technik die Augenfälligkeit von Bestialität. Bomben und Raketen vollziehen Exekutionen wie von selbst, sauber und exakt. Nur einige Fotos und Filmstreifen bleiben in den historischen Archiven der Sieger. Aber die Verdrängung strengt an. Totschweigen verlangt Ausdauer. Sonst übliche Erinnerungsrituale unterbleiben im Fall von Hiroshima. Also ist die Selbstgerechtigkeit doch brüchig. Die permanente Unterdrückung von Mitgefühl macht unfrei und nervös. Dabei wäre eine Geste der Demut zur Versöhnung – im Luther'schen Wortsinn von Entsündigung – so nötig, zugleich als Bekenntnis zur Unwiederholbarkeit des Schreckens. Wer nicht bereuen kann, dem muss man unterstellen, dass er jederzeit zu wiederholen bereit ist, was er hartnäckig rechtfertigt. Erst eine Botschaft der Selbstkritik und der Empathie könnte diesen Argwohn zerstreuen.

Der Trotz, mit dem das offizielle Amerika die Anerkennung der Schande Hiroshima verweigert, soll imponieren, soll Souveränität vortäuschen, soll das Sieger-Image festigen. In Wahrheit verbleibt die Bestürzung ringsum über die Unfähigkeit zur Versöhnung, die von den Opfern der eigenen Grausamkeit zu erbitten wäre. Sich vor diesen zu beugen, wäre ein Zeichen von männlich-weiblicher Erwachsenheit und Vertrauenswürdigkeit. So aber verbleibt vorläufig der peinliche Eindruck, dass die USA sich unbeirrt eine vom eigenen Stärkekult bestimmte Welt vorstellen, in der Recht hat, wer die Macht hat – ohne Verständnis dafür, dass Terrorismus nur die eigene Herrschaftswillkür – mit den Mitteln der Schwachen – widerspiegelt.

***

Indessen ist es fruchtlos, sich über solche Uneinsichtigkeit nur zu entrüsten, anstatt sich über Möglichkeiten Gedanken zu machen, dem Übel hilfreich beizukommen. Was ist mit der Idee, die Mandela in seiner 27-jährigen Kerkerhaft entwickelt hat? Das war die Entdeckung, dass es die Vollzieher der Apartheidsunterdrückung Mühe kostete, ihr Mitgefühl, mit den Häftlingen zu verbergen. So fand Mandela einen Gleichklang im Leiden – bei den Unterdrückten und den Unterdrückern. Diese Entdeckung war keine Leistung des Kopfes sondern des Herzens, ein Phänomen aus dem *»ordo amoris«* im Sinne von Max Scheler. Diese Widerspiegelung von Menschlichkeit des einen im anderen war, wie sich zeigte, für Mandela und seine Freunde im Kerker keine narzisstische Selbsttröstung, sondern Anstoß für den praktischen Aufbruch zur gemeinsamen Befreiungsbewegung. Diese hätte nicht funktioniert, hätte die Idee nicht beiderseits gezündet. Die schmerzhaften, aber Versöhnung befördernden Wahrheitskommissionen wären niemals zustande gekommen, hätte Mandela mit seiner Idee nicht eine vorhandene Sehnsucht auf beiden Seiten erfüllt.

Waren die Verhältnisse in Südafrika auch ganz spezieller Art, so ist der Kerngedanke Mandelas dennoch von grundsätzlicher Bedeutung. Er stammt nicht aus theoretischer Überlegung, sondern ist eine unmittelbare emotionale Gewissheit mit einem daraus entspringenden Handlungsimpuls. Der Anfang ist aber ein Empfangen, eine Art Erleuchtung: Der andere ist wie ich. Die scheinbar Fernsten sind wie wir. Was uns verloren gegangen war und wieder gefunden werden kann, ist der Schlüssel zum Wiedererkennen der einen in den anderen. Es ist etwas im Grunde Unbeschreiblichen. Mit Recht nennt Schopenhauer das Erleben des Mitfühlens und des Mitleids mysteriös. Wie kann ich z.B. im anderen leiden, sein Wehe, seine Not erfahren, obwohl ich nicht mit meinen Organen in ihm darin stecke? Wie kann sein Zustand unmittelbar mein Motiv werden? Schopenhauer beschreibt treffend die Automatik dieser Teilnahme des einen am anderen als instinktartig, weil sie nicht über den Kopf läuft. Das spontane Gefühl des Helfenmüssens ist die eigentliche moralische Triebfeder des Menschen. Aber diese mysteriöse innere Verbundenheit setzt Nähe voraus, eine Berührung, die über den Blick, die Stimme, ein Bild oder auch einen Film hergestellt wird. Diese Nähe zu den Verstrahlten, Verkrüppelten, Dahinsiechenden in Hiroshima haben sich die Amerikaner verwehrt oder ist ihnen verwehrt worden. Die Ausstellung des Elends zum 50. Jahrestag der Bombardierung ist verboten worden. Also konnten sie nicht mittrauern, an der Schuld mittragen und sich durch aktive Versöhnungsarbeit entlasten. Von Hans-Eckehard Bahr, der mit Martin-Luther-King in den USA mitmarschiert ist und an dessen Versöhnungsarbeit teilgenommen hat, ist 2003 das sehr lesenswerte Buch *»Erbarmem mit Amerika«* in der Hoffnung erschienen, dass dieses Land aus seiner moralischen Erschöpfung erwachen möge. Es ergänzt Robert J. Liftons Beitrag im SPIEGEL: *»Ich fürchte um Amerikas Seele«.*[4]

***

Der Theologe Bahr, der Psychiater Lifton und der psychoanalytische Psychiater als Autor dieses Textes passen in ihrer Sprache nicht gut zu den Soziologen, Politologen und Rechtswissenschaftlern, die üblicherweise den Diskurs über Krieg, Frieden, Bedrohung, Sicherheit und generell über gesellschaftliche Prozesse bestimmen. Aber wenn sich nun eben herausstellt, dass von den Gefühlen mehr abhängt, als der Terminologie des Rationalismus zugänglich ist, dann muss man sich eben mit den beschränkten Mitteln zur begrifflichen Erfassung des Emotionalen begnügen. Man erinnere sich an den Witz von dem Mann, der unter einer Laterne nach einer verlorenen Münze sucht. Ein anderer kommt hinzu und hört erstaunt, dass der Suchende das Geldstück eher daneben im Dunkeln vermutet. Aber warum suchen Sie denn unter der Laterne? Weil es hier so schön hell ist.

Kant hat schließlich im Gemüt der Nachbarvölker Frankreichs einen *»Euthusiasm«* für die Ideen der Revolution gefunden, der keine andere Ursache als eine moralische Anlage im Menschen haben könne. Pascal preist die *»logique du coeur«*. Scheler rehabilitiert den *»ordo amoris«*, Rousseau spricht von der ursprünglichen *»bonté naturelle«*, zugleich aber von dem *»Fortschritt der Gesellschaft, der die Menschlichkeit in dem Herzen erstickt.«*[5] David Hume erklärt die sympathischen Gefühle als die ursprünglichen Motive moralischen Handelns, welche die Vernunft und die Willensentscheidungen lenken.[6] Schopenhauer bekennt sich auf das Nachdrücklichste zu einer auf Mitfühlen und Mitleiden gestützte Ethik, teilt diese mit dem Helfensimpuls verbundene Emotion jedoch entschieden einseitig den Frauen zu, dass es sich wie eine Entschuldigung für die Männer liest, zugunsten der Rationalität den emotionalen Anteil eher vernach-

4 SPIEGEL 23, 2003, S. 177
5 J.J. Rousseau: Schriften zur Kulturkritik, S. 289
6 In W. Windelband: Lehrbuch der Geschichte der Philosophie, S. 433

lässigen zu dürfen, obwohl dieser doch das moralische Handeln maßgeblich in Gang setzen soll. Unter den zeitgenössischen Philosophen ist es der Amerikaner Richard Rorty, der am entschiedensten die Linie der Sympathie- bzw. Mitleidsethiker fortsetzt. In *»Hoffnung statt Erkenntnis«* schreibt er: Es sei *»am besten, den moralischen Fortschritt im Sinne zunehmender Sensibilität und wachsender Empfänglichkeit für die Bedürfnisse einer immer größeren Vielfalt der Menschen und der Dinge zu begreifen«.*[7] Denn noch so hohe Intelligenz könne einen Mangel an Mitgefühl nicht wettmachen.

Aber ein unübersehbares Dilemma liegt darin, dass sich diese moralisch aufrüttelnden Kräfte der Empfindsamkeit und des Mitfühlens im Verlauf der technischen Revolution immer mehr abgeschwächt haben. Weil die Frauen ohne kompensatorische Sensibilisierung der Männer männlicher geworden sind, schwindet ihr dämpfender Einfluss auf die neoliberale Brutalisierung der Gesellschaft. Es gibt weniger *»weibliche«* Sorge um die abgehängten Schwächeren, denen unter dem Motto *»Eigenverantwortung«* beigebracht wird, sich für ihre Verarmung selbst schuldig zu fühlen: *Du hast keine Chance, aber nutze sie!* Der freche Witz beschreibt inzwischen das Los von Millionen in einer Gesellschaft gnadenloser Kälte. Empfindsamkeit ist nicht nur rarer, sondern unmodern geworden. Rortys Plädoyer für eine Ausdehnung der Reichweite des Mitgefühls steht gegen den Trend zur Stigmatisierung von Sensibilität als Schwäche, als Sentimentalität, als Merkmal von unmännlichen *»Weicheiern«*.

Von Einstein wird erzählt, dass ihm schon als Kind das Soldatenspielen verhasst gewesen sie. Sein Biograph Philipp Frank berichtet: *»Wenn die Soldaten durch die Straßen Münchens marschierten, … wenn das Pflaster und die Fensterscheiben von dem Stampfen der Pferdehufe klirrten, dann schlossen sich die Kinder meist begeistert dem Zuge an und versuchten, dem Marschrhythmus zu folgen. Aber als der kleine Albert Einstein mit seinen Eltern an einem solchen Zug vorüber kam, begann er zu weinen.«* Zu seinen Eltern sagte er: *»Wenn ich einmal groß bin, dann will ich nicht zu diesen armen Leuten gehören.«*[8]

---

7 R. Rorty: Hoffnung statt Erkenntnis, S. 79

8 Ph. Frank: Einstein, sein Leben und seine Zeit, S. 21

Als er später 1932 von Freud mehr über die psychologischen Hintergründe von Kriegsbereitschaft erfahren will, klingt es fast nach einer Entschuldigung, wenn er sagt: *»Mein Pazifismus ist von instinktiver Natur. Meine Haltung ist nicht von intellektueller Theorie, sondern von einem tiefen Widerwillen gegenüber jeglicher Art von Grausamkeit und Hass motiviert.«* [9] Man glaubt, immer noch etwas von dem kindlichen Erschrecken über das brutale Militärische herauszuhören, zugleich etwas von Scham, dass er für seinen Pazifismus lediglich eine instinktive Motivation und keine intellektuelle anführen kann. Zwar hat sich in ihm sein spontaner Abscheu gegen Verrohung seit der Kindheit erhalten, bildet indessen wohl eine der Grundlagen für den tiefen Humanismus, der ihn bis in seine letzten Lebenswochen hinein zum Kampf für den Frieden angetrieben hat. Heißt das aber nun, dass er ewig ein kindliches Sensibelchen geblieben und nie voll erwachsen geworden wäre? Oder muss man nicht umgekehrt anerkennen, dass hier einer seine ursprüngliche emotionale Mitmenschlichkeit nicht hat zerstören lassen, sondern als eine Haupttriebkraft gegen die Verhärtungseinflüsse der Gesellschaft erfolgreich wach gehalten hat? Waren denn etwa die 93 prominenten Deutschen Erwachsene, die 1914 in einem *»Aufruf an die Kulturwelt«* den deutschen Militarismus hoch lobten *(»deutsches Heer und deutsches Volk sind eins!«)*? Einstein verweigerte seine Teilnahme. Mit seinem jahrzehntelangen Ringen um die Schaffung einer Nationengemeinschaft mit echter friedensschützender Autorität bewies er einen beispiellosen Verantwortungssinn, den sein feines, seit der Kindheit überdauerndes Sensorium wunderbar ergänzte, die Fähigkeit, sich über Unmenschlichkeit und Gewalt erschrecken zu können, vereint ihn mit der gesamten Gruppe der zitierten führenden Geister, die irgendwann aus der blinden Machtversessenheit des Zeitgeistes ausgebrochen sind.

* * *

Ein Philosoph gehört noch zu dieser Gruppe, der ganz besonders die Bereicherung von gereifter Weisheit mit kindlich ungeschützter Sensibilität demonstriert hat. Die Rede ist von Günther

9 A. Einstein: Frieden, S. 116

Anders. Der Sohn des weltbekannten Psychologen William Stern, 1936 zunächst nach Frankreich, dann in die USA emigriert, benötigt nach Hiroshima mehrere Jahre, ehe er in Worte fassen kann, wie er die Welt im Atomzeitalter verändert sieht. Darüber schreibt, redet und demonstriert er und inspiriert die internationale Friedensbewegung wie kaum ein zweiter. Ungewollt wird er 37 Jahre nach Hiroshima durch einen überraschenden Anlass genötigt, genau über das soeben behandelte psychologische Problem nachzudenken: Ist bleibende Aufregung über die atomare Selbstbedrohung Symptom eines Reifungsdefizits? Ist Kindlichkeit, wenn man die Aufregung als solche charakterisiert, eine Schwäche, eine Minderwertigkeit, oder umgekehrt angemessen oder sogar notwendig?

Gerade hat Anders Ostern 1982 die Einleitung für sein Buch »*Hiroshima ist überall*« zu Ende geschrieben, da hört er aus dem Rundfunk – nun wörtlich, »*dass ein gewisser deutscher Staatsmann* (gemeint ist Helmut Schmidt) *die Hunderttausende von Friedensdemonstranten ›infantil‹ genannt habe.*« »*Vielleicht ist ein Zeichen von Infantilität meinerseits*«, so fährt Anders fort, »*wenn ich finde, dass solch ein Ausspruch gerade an einem solche Tage beweise, dass sein Sprecher aller Leidenschaft für das Gute ›entwachsen‹, also ›erwachsen‹ im traurigsten Sinne ist. Ich jedenfalls bin mein Leben lang ›infantil‹ geblieben, richtiger: ich habe mich programmatisch ›infantil‹ gehalten. So infantil, dass ich seit dem 6. August 1945 (Bombardierung Hiroshimas, der Verf.) unfähig blieb, mich nicht um die Welt zu ängstigen, – so infantil, dass ich seit 1953 pausenlos vor der Gefahr gewarnt habe; so infantil, dass ich es 1958 für geboten gehalten habe, die Opfer von Hiroshima zu besuchen; so infantil, dass ich es 1959 als erforderlich angesehen habe, mich mit dem Hiroshima-Piloten Eatherly in Verbindung zu setzen. Und ein ›chronisch Infantiler‹ bin ich seitdem geblieben. Als 80-jähriger Infantiler übergebe ich nun dieses Buch (›Hiroshima ist überall‹, der Verf.) meinen vielen Freunden, die bereits reif genug sind, den Reihen der ›Infantilen‹ sich anzuschließen; und denen ich wünsche, dass sie sich ihre ›Infantilität‹ niemals von einem im traurigsten Sinne ›Erwachsenen‹ ausreden lassen, und dass sie sich dieser ›Infantilität‹ niemals schämen werden. Zu schämen hätten sich andere.*« [10]

10 G. Anders: Hiroshima ist überall, S. XXXII

Man merkt: Der alte Mann verteidigt sein Engagement mit ungebrochener Selbstsicherheit. Denn durch diese wache Erregbarkeit und Empfindsamkeit erschließt er sich die verdrängte Innenseite des Atomzeitalters. Da fließen Erkenntnis und praktische Einmischung zusammen. Beide durchdringen sich wechselseitig: Denken, Engagiertheit, Enragiertheit und politische Einmischung. Das Gewissen ignoriert alle Grenzen beruflicher Standards und Zuständigkeiten. Sein Ruf ergeht an alle, wenn Menschlichkeit bedroht oder verletzt wird.

Anders beteiligt sich an Protestdemonstrationen von Europa bis Japan. Als erster, so weit mir bekannt, erinnert er an das denkwürdige Zusammentreffen zweier einschneidender historischer Ereignisse an einem Datum: An dem gleichen 6. August, an dem die Hiroshima Bombe 200.000 Menschen den Tod gebracht und viele Tausende chronisch geschädigt hat, wurde der Begriff *»Verbrechen gegen die Menschlichkeit«* von der Charta des Nürnberger Militärtribunals juristisch ratifiziert. Es ist das Datum, das in einem Teil der Welt als ein Tag der Trauer, des Leids und der Schande fortlebt, in einem anderen als Tag eines nationalen Triumphes.

Günther Anders ist es nicht anders ergangen als den erwähnten Naturwissenschaftlern, die sich, ihrem Gewissen folgend, politisch engagiert haben. Hat man diesen nachgesagt, sie seien eigentlich nie richtige Wissenschaftler gewesen, so haben die Philosophen Günther Anders trotz seines bedeutenden philosophischen Hauptwerkes *»Die Antiquiertheit des Menschen«* nie in ihre Zunft als ebenbürtig aufgenommen. Zu einem Philosophen-Kongress in seiner Heimatstadt Wien wurde ihm der Einlass erst nach einer speziellen Befürwortung gewährt. Dass ihn Jürgen Habermas nicht ernst nahm, schmerzte ihn noch, als ich den gebrechlichen, aber immer noch hellwachen und imponierenden Mann gemeinsam mit Hans-Jürgen Wirth noch kurz vor seinem Tode in Wien besuchte. Wir diskutierten mit ihm über ein von ihm präzise beschriebenes beunruhigendes Phänomen, das er in eine Regel gefasst hat, die lautet:

»1. Je enormer die Effizienz der technischen Apparate, umso geringer die der Masse.
2. Je enormer die Effizienz der technischen Apparate, umso enormer auch die der Einzelnen, die nun durch solistische Launen,

genannt ›politische Entscheidungen‹, in der Lage sind, die enormen Apparate in Gang zu setzen, das heißt: Millionen Menschen oder die Menschheit als Ganze untergehen zu lassen.« [11]

Ein Präsident könnte in seiner Eigenschaft als oberster Kriegsherr ganz allein das Zeichen geben, um das *»Jüngste Gericht«* auszulösen. Das würde er auch dann können, wenn die Milliarden Erdbewohner in diesem Moment als geschlossene Prozession demonstrieren und unisono schreien würden: *»KAMPF DEM ATOMTOD!«*

Während ich das aufschreibe, kommt mir der 15. Februar 2003 in den Sinn: Ungezählte Millionen stehen in allen Kontinenten auf den Straßen und Plätzen und protestieren gegen den bevorstehenden Irak-Krieg. Mir selbst hat man an diesem Tag eine Rede vor 50.000 Menschen auf dem Schlossplatz in Stuttgart übertragen. Über dem Platz liegt eine Mischung aus Sorge und trotziger Zuversicht. Allein die riesige Menge, die weit übertrifft, was man erwartet hatte, erfüllt uns mit einem Gefühl von Stärke. Mich hatte die evangelische Organisation *»Ohne Rüstung leben!«* eingeladen. Die Vorstellung, in diesem Augenblick mit Millionen Gleichgesinnter in allen Teilen der Welt das gleiche Wollen auszudrücken, lässt uns denken: Das kann doch nicht vergeblich sein!

Aber wir haben den Krieg nicht verhindert. Günther Anders sagte zu seinem Szenario von dem Präsidenten, der die ganze Menschheit mitten während einer Demonstration gegen den Atomtod mit einem einzigen Befehl auslöschen könnte, das lasse sich als Defaitismus missverstehen. Aber es wäre ein Betrug, den Menschen diese Gefahr zu verschweigen. Und vielleicht, vielleicht könnte der Kampf ja doch einmal einen Durchbruch bewirken.

Erstaunlich ist immerhin, dass immer wieder viele junge Leute zur Friedensbewegung stoßen, die sich momentan zu einer thematisch vielfältigen globalisierungskritischen Bewegung erweitert. Expertinnen und Experten aus allen gesellschaftlichen Feldern finden sich hier ein: aus Wirtschaft und Bankwesen, aus Technik und helfenden Berufen, aus Kirche und Militär, aus Kunst und Forschung. Schüler entwickeln großartige Projekte. Und alte

11 G. Anders: Hiroshima ist überall, S. XXXI/ XXXII

Leute marschieren nicht nur mit, sondern können den Jungen beibringen, wie es geht, dass Rückschläge, Niederlagen, Ausgrenzungen und Verleumdungen nicht nur ausgehalten werden, sondern konstruktiv beantwortet werden können, wenn man spürt, dass die Politik mit ihrer Machtversessenheit zunehmend ratloser wird. Es kann passieren, was Bertrand Russell in der Cuba-Krise erlebt hat: *»Die Großen sind auf den Gipfeln des öffentlichen Ansehens gestrandet und begrüßen einen Vorwand, um herunterzukommen.«*

Willy Brandt hat seinerzeit viele Impulse der demokratischen Basisbewegung Anfang der 70er Jahre aufgenommen. Gorbatschow hat sich von kritischen Initiativen gerade auch aus dem Westen inspirieren lassen. Und persönlich erlebt habe ich, wie er von Sacharow gelernt hat, der in seiner Person Menschenrechtsbewegung, Völkerrechts- und Versöhnungsbewegung vereint hat. Die Bedrohungen durch die Armutskluft, durch die Naturzerstörung und ein neues tödliches Wettrüsten erfordern einen fundamentalen Einstellungswandel, wie ihn die globalisierungskritische Bewegung anmahnt. Da müssen sich Sachverstand und Besonnenheit mit so elementaren Dispositionen paaren, die von der Machtelite als »infantil« verworfen werden. Das ist die Fähigkeit, über unsere tödliche Selbstgefährdung durch das Spiel mit unverantwortlichen Risiken – nicht nur den nuklearen – erschrecken zu können. Denn nur solches Erschrecken kann hellsichtig machen. Dann geht es um den wichtigsten moralischen Fortschritt, den Richard Rorty in einer Ausweitung unserer Sensibilität bzw. unserer Fähigkeit zum Mitfühlen sieht. Damit zusammen hängt eine Heilung von unserer modernen kulturellen Krankheit des Nicht-Leiden-Könnens. Denn wer nicht leiden kann, vermag auch nicht wirklich empathisch an anderem Leiden helfend Anteil zu nehmen. Wer aber das alles kann: Erschrecken, Leid tragen, Mitfühlen, empathisch helfen, der muss nun auch noch kämpfen und Widerstand leisten können, ohne einer heimlichen identifikatorischen Komplizenschaft mit denen anheimzufallen, deren Angriffe und Demütigungen er einstecken muss. Das wurde am Ende seines Lebens eine Versuchung für Günther Anders, der ernstlich erwog, ob man nicht diejenigen erschrecken müsste, die uns ihrerseits mit der Atomkriegsgefahr bedrohen.

In einem dramatischen Gespräch mit Manfred Bissinger erklärte Anders, inzwischen sei er zu der Überzeugung gekommen, *»dass mit Gewaltlosigkeit nichts zu erreichen ist. Verzicht auf Tun reicht nicht mehr.« »Der Mensch ist kein mündiges Wesen mehr, keines mehr, das mit seinem Munde eine eigene Meinung sagen könnte. Vielmehr ist er ein ›höriges Wesen‹, das hört, was ihm vom Rundfunk oder vom Fernsehen eingeflößt wird, aber worauf er – die Beziehung bleibt unilateral – nicht antworten kann. Diese ›Hörigkeit‹ ist charakteristisch für die Unfreiheit, die er durch seine eigene Technik hergestellt hat …« »Die Redensart, der Mensch sei ›mündig‹, ist heutzutage falsch, denn kein Mensch, der vor dem Radio oder dem TV sitzt und von diesen Geräten abhängt, macht seinen Mund auf.« Aus dieser selbst produzierten Ohnmacht, aus diesem Notstand müsse der Mensch aufwachen und aktiv werden. »Ich glaube, die Hoffnung ist nur ein anderes Wort für Feigheit … für den Verzicht auf eigene Aktion.«*[12]

Anders erläuterte diese *»eigene Aktion«* nicht, aber erreichte mit seinem Aufruf eine stürmische kontroverse Resonanz. Jedenfalls hat er genau das Entsetzen getroffen, das aus dem Bilde von den Milliarden entspringt, die *»KAMPF DEM ATOMTOD«* schreien, während ein *»bevollmächtigter«* Präsident auf den Knopf drückt.

12 G. Anders: Gewalt – Ja oder Nein, S. 33

Zweiter Teil
Szenen aus der Entwicklung des »Gotteskomplexes«

10. Kapitel

Das Grundvertrauen der griechischen Antike schwindet. Selbsthass, Projektion des Bösen auf ein hurenhaftes Frauenbild

Das Lebensgefühl in der griechischen Antike ist noch vom Vertrauen bestimmt. Die göttliche Ordnung ist vom Guten geprägt. Der Mensch kennt die Furcht, aber noch nicht die abgründige Angst. Nach seiner Vorstellung setzt sich in seiner Person mikrokosmisch der wohlgeordnete Makrokosmos fort. Der Eros führt die Gegensätze in der Außenwelt wie im Innern des Menschen zusammen. Aufgabe des Arztes sei, schreibt Platon, das Feindseligste im Leibe mit einander zu befreunden, dass es sich liebe. Diese Liebe habe der Gott Asklepios einzuflößen verstanden. Platon beschreibt ein Klima, das die Einheit des Menschen mit sich und dem Kosmos aufrecht erhält und vor dem Selbsthass bewahrt, der später in der Gnosis durchbricht.

Zum vollständigen Mensch-Sein ergänzen männliche und weibliche Anteile einander. Ursprünglich, so lehrt Platon, gab es sogar drei Geschlechter. Das männliche war Ausgeburt der Sonne, das weibliche der Erde und das dritte, das an beiden teilhabende, stammte vom Mond. Zeus aber befahl dem Apollon, die mannweiblichen Menschen in zwei Hälften zu zerschneiden und sie so umzugestalten, dass jeder seine Zerschnittenheit vor Augen hatte. So sehnte sich nun jeder nach seiner anderen Hälfte. Platon: *»Von so langem her also ist die Liebe zueinander den Menschen angeboren, um die ursprüngliche Natur wieder herzustellen, und versucht nun aus zweien eins zu machen und die menschliche Natur zu heilen.«* [1]

Die Weise des *»Liebesvollzuges«* ist, so heißt es im *»Symposion«*, die Zeugung im Schönen um der Unsterblichkeit willen. Die Priesterin Diotima erklärt es dem Sokrates. *»Es ist dies aber eine göttliche Sache und in dem sterblichen Lebenden etwas Unsterb-*

1 Platon: Symposion, S. 14, 15

liches, die Empfängnis und die Erzeugung.« »Eine einführende und geburtshelfende Göttin also ist die Schönheit für die Erzeugung. Deshalb, wenn das Zeugungslustige dem Schönen naht, wird es beruhigt und von Freude durchströmt …« »Die Liebe geht auf die Erzeugung im Schönen, weil die Erzeugung das Ewige ist und das Unsterbliche, wie es im Sterblichen sein kann.«[2]

Nirgends ist die Verbindung der körperlichen Liebe mit dem geistigen Eros ähnlich wunderbar erfasst worden wie in dieser Beschreibung Platons. Es ist die Zeit, da frei gelassene Sklavinnen oder Frauen von minderem Status als Hetären zu Gefährtinnen bedeutender Athener aufsteigen. Ihrer Attraktivität, verbunden mit hoher Bildung, verdanken manche von ihnen herausragende gesellschaftliche Anerkennung. Aspasia z.B. ist zuerst Geliebte, dann 2. Frau des Perikles, des bedeutendsten Staatsmannes der Epoche. Platon gedenkt ihrer mit Hochachtung. Sogar Sokrates besucht sie mit seinen Schülern. Mit ihrer politischen Klugheit ist sie für Perikles eine unentbehrliche Beraterin. Er liebt sie so innig, schreibt Plutarch, *»dass er sie am Tage zweimal, wenn er auf den Markt ging und wieder nach Hause kam, umarmte und küsste.«* Plutarch bewundert diese Frau, *»die Kunst und Macht besessen hat, so dass sie sich die höchsten Staatsmänner zu Willen machte und selbst Philosophen zu Lobsprüchen begeisterte.«*[3] Ihre Beziehung zu Perikles hält allen Anfeindungen, Bosheiten und Hinterhältigkeiten aus dem Umfeld stand.

Nur als Beispiel sei diese Verbindung dafür genannt, wie in der Blütezeit jener Kultur eine Verbindung von Männlichkeit und Weiblichkeit in Ebenbürtigkeit und in gemeinsamer Emanzipation auf hohem Niveau möglich ist, in offener Sinnlichkeit und geistiger Vertiefung zugleich, ohne dass die Macht des einen Teils der Ohnmacht des anderen abgerungen wird und ohne dass sich der eine Teil seines Gut-Seins auf Kosten der Herabwertung des anderen versichern muss. Begünstigt werden solche Biographien durch den Zeitgeist, in dem die Versöhnlichkeit ein Zerfallen der Welt in gut und böse verhindert.

Noch ist die Weltangst nicht aufgebrochen, die Sorge um das Heil und die Furcht vor der Verdammnis: Man glaubt an die

2 Platon: Symposion, S. 25
3 Plutarch: Heldenleben, S. 59, 60

Wiederkehr des Lebens unter Anrechnung von Verdiensten und Verfehlungen. Im *Phaidon* schildert Platon diese Wiedergeburts-Lehre in satirischer Version: Die Schlemmer werden zu Eseln, die Gewalttätigen zu Wölfen, die Philisterseelen zu Bienen oder Ameisen oder bleiben ewig Spießbürger.[4] Die Philosophen allein dürfen ins Lichtreich der Götter einziehen. Ein Anklang an die Lehre der Seelenwanderung in den Upanishaden-Schriften und im Buddhismus ist nicht zu verkennen. Aber das Schlechte wird nicht unbedingt erst in der Wiederverkörperung vergolten, sondern kann schon im Diesseits geheilt werden. Es ist dies das Charakteristikum einer Kultur, die keine Kreuzzüge zur vermeintlichen Ausrottung des Bösen braucht, keine Hexenverbrennungen zur Befreiung von Unreinheit. Was später das Böse genannt wird, heißt in dieser Kultur der Versöhnlichkeit noch Krankheit. Und das Strafen wird zum Heilen. Wieder bietet sich Platon an, um solches Denken anschaulicher zu machen. Im *»Gorgias«* erläutert er seine Theorie in einem Dialog, den er Sokrates mit Polos führen lässt:

»Sokrates: *Die Ungerechtigkeit also ist die Ungebundenheit und was sonst noch zur Schlechtigkeit der Seele gehört, ist das Größte von allen Übeln.*
Polos: *So zeigt es sich.*
Sokrates: *Welche Kunst entledigt von der Krankheit? Ist es nicht die Heilkunde?*
Polos: *Natürlich.*
Sokrates: *Zu wem führen wir die Kranken?*
Polos: *Zum Arzt, Sokrates.*
Sokrates: *Wohin aber die Unrechttuenden und die Unbändigen?*
Polos: *Zum Richter, meinst du wohl.*
Sokrates: *Nicht wahr, damit er sie zur Strafe ziehe?*
Polos: *So meine ich es.*
Sokrates: *Die aber auf die rechte Art strafen, tun die es nicht mit einer gewissen Anwendung der Gerechtigkeit?*
Polos: *Offenbar.*
Sokrates: *Die Heilkunde befreit von der Krankheit, die Anwendung der Gerechtigkeit von der Unbändigkeit und der Ungerechtigkeit?*

4 Platon: Phaidon, S. 31

Polos:	*So zeigt es sich …*
Sokrates:	*Ist es nun etwa angenehm, vom Arzt behandelt zu werden?*
Polos:	*Mich dünkt eben nicht.*
Sokrates:	*Aber nützlich ist es, nicht wahr? … War nun nicht Bestraftwerden die Befreiung von dem größten Übel, der Schlechtigkeit der Seele?*
Polos:	*Das war sie.*
Sokrates:	*Denn die Strafe macht besonnener und gerechter, und ihr Vollzug wird die Heilkunde für die Schlechtigkeit.«* [5]

Aber kann Strafe die Schlechtigkeit heilen? Darüber wird seit zweieinhalb Jahrtausenden gestritten – je nach Grundhaltung der Gesellschaft zur Versöhnung oder zu Ächtung und Verdammnis. Für die Griechen hat das Schlechte noch einen Platz im Kosmos wie Krankheit. Es ist nicht abgespalten und gehört nicht als das Böse zur Höllenfinsternis, wie es dann später im Manichäismus, in der christlichen Inquisition und z. T. in gegenwärtigen Formen von Verfolgungsmentalität erscheinen wird.

In der Spätantike geht das Bewusstsein, im Kosmos geborgen und versöhnt zu sein, verloren. Rom erringt eine Herrschaft, in der die Kultur zunehmend verflacht und allmählich die Züge der *»Hure Babylon«* annimmt. Die Stadt erscheint in der Offenbarung des Johannes als Inbegriff des Lasters in Frauengestalt. *»Komm, ich will dir zeigen, das Gericht über die große Hure«*, erfährt Johannes, *»die an vielen Wassern sitzt, mit der die Könige auf Erden Hurerei getrieben haben; und die auf Erden wohnen, sind betrunken geworden von dem Wein ihrer Hurerei.«* Die Frau hat einen goldenen Becher in der Hand *»voll von Gräueln und Unreinheit ihrer Hurerei.«* Und auf ihrer Stirn steht der Name: *»Das große Babylon, die Mutter der Hurerei und aller Gräueln auf Erden.«* [6]

Die Endzeitstimmung jener Zeit wird von dem stoischen Philosophen Seneca in Versen beschrieben, die modernen Untergangsvisionen sehr verwandt erscheinen. Das Gedicht heißt *»Von den Eigenschaften der Zeit«*:

5 Platon: Gorgias, S. 33, 34
6 NT Johannes: Offenbarung, 17

»Alles greift mit verzehrendem Zahn die gefräßige Zeit an,
Alles rückt sie vom Platz, lässt es nicht lange bestehn.
Ströme versiegen, das weichende Meer legt trocken die Ufer,
Berge verflachen, herab stürzet das höchste Gebirg.
Doch was red' ich vom Kleinen? Des Himmels ganzes Gewölbe
Schnell in lodernder Glut brennet das Herrliche hin.
Alles heischet der Tod. Gesetz ist Sterben, nicht Strafe,
Und von der Welt, die du siehst, wird es einst heißen: sie war.« [7]

Stoisches Ertragen der Leiden und Widerwärtigkeiten des Lebens ist das Rezept Senecas auf dem Hintergrund dieses ausgeprägten Pessimismus. Am besten fährt man noch mit Gelassenheit. Der Schleier der Resignation liegt über diesem Lebensgefühl, die Seneca am Ende zum eigenen Freitod führt, den er für den Fall äußerster Not grundsätzlich für gerechtfertigt erklärt hatte.

Aber die Kaiser Roms haben gelernt, die drückende Stimmung untergründiger Depressivität, wie sie Seneca in jenem Gedicht erfasst hat, durch Ablenkung auf immer wildere Zerstreuungen abzulenken. Auch dies mutet uns Heutige vertraut an. Alle Schranken von Scham, Ekel und Mitgefühl werden durchbrochen. In Rom genügen unblutige Spiele nicht mehr zur Befriedigung sadistischer Ergötzung. Kriegsgefangene, Sklaven, auch verarmte freie Römer verkaufen ihre Körper für Kämpfe, die mit Dolchmessern, Schwertern und so genannten Dreizacken ausgetragen werden. Kampfwärter tragen die verletzten Gladiatoren aus der Arena und töten die Schwerverwundeten. Ein anderer Sport besteht im Hetzen von Raubtieren auf schlecht bewaffnete Kämpfer. Kaiser Caligula lässt 400 Bären sich gegenseitig zerfleischen. All das wird inszeniert, so heißt es in einem Bericht, *»um das Volk in einem ewigen Sinnentaumel zu erhalten.«* [8]

Heute überbieten Horrorfilme einander in dem Bemühen, voyeuristische Lust an Grausamkeiten zu sättigen. Täglich liefern TV-Programme Vergewaltigungen und Morde in allen Varianten, auch Weltuntergänge werden ständig neu erfunden. Das Internet wirbt Massen von Kunden für sexuelle Gewalt, Perversionen,

7 In Seneca: Vom glückseligen Leben, S. 5
8 Die amphitheatralischen Spiele – Gladiatoren – Tierhatz – Naumachien. In E. Guhl, W. Koner: Das Leben der Griechen und Römer, S. 714–730

Kinderpornos. Krieg und Terrorismus sind keine Erfindungen der Zerstreuungskultur. Aber ihre ausbeuterische Visualisierung bedient über das Informationsverlangen hinaus atavistische voyeuristische Gier. Vieles wird an primitiven triebhaften Bedürfnissen hochgespült, deren Enthemmung jedoch weniger Übermut anzeigt, vielmehr – wie auch in jener römischen Verfallsperiode – Betäubung von heimlicher Verzweiflung, Flucht aus einem Gefühl von Kranksein und Verlorenheit. Die Pose stoischer Gelassenheit oder Coolness ist der Versuch, sich gegen die Überwältigung durch die innere Verdüsterung abzuschirmen. Diesen Schutz aufzugeben, hieße, sich vorbehaltlos dem Leiden am eigenen Scheitern, an der Schuld, an der Ratlosigkeit auszusetzen.

Das ist im Wesentlichen die Botschaft der Johannes-Offenbarung: Zuerst muss die degenerierte Welt des verdorbenen und verlogenen Rom-Babylon zusammenfallen bzw. gerichtet werden. Dann erst kann nach dieser Endzeit aus den Trümmern eine neue Erde unter einem neuen Himmel wiedererstehen, von dem ein *»neues Jerusalem«* herabkommt. Und es heißt: *»Siehe da, die Hütte Gottes bei den Menschen. Und er wird bei ihnen wohnen, und sie werden ein Volk sein.«*[9]

***

Jesus hat sich zunächst nur als Reformer Israels verstanden. Aber er will sich nicht einfach in die Reihe der Propheten einordnen, sondern einen neuen Anfang begründen. Er provoziert die hohen Priester im Tempel. Die Unruhe, die er stiftet, deuten die Behörden als Bedrohung für den Staat. Warum aber dieser mächtige Römerstaat sich ausgerechnet durch die Lehre der Sanftmut und der Nächstenliebe herausgefordert fühlt, zumal der neue Glaube sich doch vorwiegend bei den Armen und Schwachen einnistet, will zunächst nicht einleuchten. Aber der Staat spürt wohl, dass in der Botschaft von Jesus eine umstürzlerische Kraft steckt, die mit ihrer Wirkung aus dem Inneren doch langfristig gefährlich werden kann.

***

9 NT Johannes: Offenbarung, 21

In die von Paulus in der Missionsarbeit verkündete Lehre kommt als neuer Akzent eine erstaunliche Herabsetzung der Frau hinein. In dem Paulus-Brief an Timotheus, der zwar im Neuen Testament Paulus zugeschrieben wird, aber vermutlich von einem anderen Autor stammt, lautet die Anweisung:

»Eine Frau lerne in der Stille mit aller Unterordnung. Einer Frau gestatte ich nicht, dass sie lehre, auch nicht, dass sie über den Mann Herr sei, sondern sie sei still. Denn Adam wurde zuerst gemacht, danach Eva. Und Adam wurde nicht verführt, die Frau aber hat sich zur Übertretung verführen lassen« [10]

In den verschiedenen Strömungen des frühen Christentums, speziell in der Gnosis, tritt der Selbsthass, der sich in der Johannes-Offenbarung an dem Bilde der verworfenen Hure Babylon fest macht, noch deutlicher zu Tage: Die Seelen der Menschen sind durch die Macht des Bösen in die Tiefe gestürzt, sind im Dunkeln gefangen in Form von Lichtteilen, die auf Befreiung warten. Aber an der Wiederkehr in ihre Lichtheimat werden sie von Dämonen gehindert. Ein entscheidendes Charakteristikum dieser frühchristlichen Geheimlehre ist jedenfalls die definitive dualistische Teilung der Welt. Der Mensch ist einerseits Ort des Kampfes zwischen dem Bösen und dem Guten, andererseits selbst Kämpfender. Aus dieser mythischen Geheimlehre formt sich dann im 3. Jahrhundert durch den persischen Religionsstifter und Propheten Mani die manichäistische Religion, die sich allmählich zwischen Spanien, Afrika, Vorderasien bis China ausbreitet und in Spuren bis in die Neuzeit hinein nachwirkt. Ronald Reagan und George W. Bush sind, ob sie es wussten, wissen oder nicht, späte Erben der dualistischen Weltspaltung der Gnostiker und Manichäer, jedenfalls in ihrem ideologischen Dualismus.

Manis magische Kosmologie bringt Platons Gedanken der Doppelgeschlechtlichkeit des Menschen wieder hervor. Die Figur des Urmenschen vereint in sich beide Geschlechter. Auch die kosmische Jesus-Gestalt der Manichäer verbindet Männlichkeit und Weiblichkeit. Die Männlichkeit bezieht ihre Kraft aus der Sonne, als *virtus* bezeichnet. Die weibliche Kraft, die *sapientia*, die Weisheit, wohnt im Mond. Der weibliche Aspekt erscheint

10 NT 1. Tim., 2, 11–14

verschiedentlich auch als selbstständige Gottheit, als Lichtjungfrau, neben der Gestalt des kosmischen Jesus.[11]

In ihren irdischen Gestalten jedoch finden Mann und Frau nicht mehr zu ebenbürtiger Bindung zusammen, wie dies in der Ära des Perikles und der Aspasia möglich gewesen war. In dem Auseinanderbrechen der inneren Einheit entsorgt der Mann einen Teil seines Selbsthasses durch Projektion auf die Frau, die bestimmt ist, ihn als asexuelle Läuterungsfigur, als Lichtgöttin, nach oben zu begleiten, während sie ihn als Triebwesen im Konkubinat bei der Entlastung der unbeherrschten Sexualbedürfnisse unterstützen darf. Sie ist als Beischläferin für diejenigen Männer zuständig, die nicht ausreichend zur Beherrschung der eigenen Begierden fähig, damit nicht zum Eintritt in die Religion, nur zu deren Beschützung geeignet sind. Für die Aufspaltung des Frauenbildes in die asexuelle mütterliche Heilige und die sozial diskriminierte Dirne hat der Manichäismus den Grund gelegt.

Wie anschließend in der Biographie Augustins sichtbar werden wird, sieht das zwar oberflächlich nur nach Niederlage der Frau aus, doch der scheinbare männliche Sieger bleibt in Wahrheit der von der Mutter gefesselte Prinzgemahl. Er darf sich am Rande der Finsternis an der sozial diskriminierten Konkubine abreagieren und in der Welt alle mögliche Macht erobern – wie Augustinus als Herrscher über das Kirchenvolk –, aber die heimliche Herrschaft verbleibt bei der Mutter. Und wenn er es mit seinem Größen- und Machtdrang als Prinzgemahl übertreibt, wird er abstürzen.

---

11 Im Gnostizismus ist der Gedanke an eine Doppelrolle von Jesus als aktiver Erlöser und als passiver Gott – als Gesamtheit der Seelen, die erst erlöst werden sollen – nicht befremdlich. Das Ineinander der beiden Manifestationen, die Doppelrolle des manichäistischen Christus wurde in jener Denkweise unschwer begriffen. S. Eugen Rose: Die manichäistische Christologie, S. 63

11. Kapitel

Augustins Eigenanalyse. Niederschlag seiner verunglückten Liebe in seiner Kirchenlehre. Aus dem Glauben an Versöhnung wird die Ungewissheit der Gnadenhoffnung

Augustin, 354 geboren, wächst zunächst noch in den Manichäismus hinein, gegen alle Anstrengungen seiner christlichen Mutter, mit der er sich am Ende dennoch in der Kirche und als Kirchenpolitiker vereinigen wird. Augustin, das ist die Geschichte eines Schriftstellers mit mehr als 100 Werken, eines Geschichtsphilosophen, eines Theologen und eines Kirchenführers. Zugleich bietet er uns die Biographie des mütterlichen Ersatzpartners in einer Familienneurose, in der ein Sohn zum angehimmelten Ich-Ideal seiner ehrgeizbesessenen Mutter wird. Es ist ein Sohn, der über sich nur den Vater aller Väter, den göttlichen Übervater anerkennt, zu dessen irdischem Botschafter er aufsteigen wird. Auch wird er insofern ein Vorläufer Freuds, als er Aufschluss über seine innere Entwicklung in einer schonungslosen Eigenanalyse gibt. Seine »*Bekenntnisse*« sind die einzigartige Dokumentation eines inneren Kampfes, der nicht nur einen individuellen Selbstheilungprozess, sondern idealtypisch ein Konfliktmodell abbildet, das in der abendländischen Kirchen- und Geistesgeschichte tiefe Spuren hinterlassen hat.

Augustin hat einen Bruder und eine Schwester. Beide spielen aber in seinem Bekenntnis-Buch keine Rolle. Die starke Mutter Monnica überstrahlt alle anderen Figuren in seinem Umkreis. Offensichtlich führt sie eine wenig erfüllende Ehe mit dem Vater, hängt umso mehr mit den innigsten Gefühlen und den höchsten Erwartungen an dem ältesten Sohn Augustin, der denn auch bald die für die Prinzgemahl-Rolle typischen Eigenschaften ausbildet: hohen Ehrgeiz, Frühblüte von Selbstbewusstsein und eine ausgeprägte Ambivalenz in der inzestuösen Bindung an die Mutter. Eng mit ihr verklammert, kämpft er zugleich permanent verzweifelt um seine Autonomie, stößt sie immer wieder zurück, um nicht von ihr verschlungen zu werden. Er soll ihr zum Christentum folgen, aber ihr trotzend wird er vorübergehend engagierter Manichäer. Die Sexualität überwältigt ihn in der Pubertät mit einer Macht, die ihm die Selbstbeherrschung raubt. In den Bekenntnissen berichtet er: *»Bis zum Verwildern trieb ich's im Wechsel meiner dunklen Liebesabenteuer.« »Nebel dampften aus dem Sumpfe der Fleischesbegier, aus dem Sprudel mannbarer Kraft, und sie verfinsterten mein Herz, sodass ihm das heitere Licht der Liebe und die Nacht der Wollust ohne Unterschied ein Gleiches war. Beides wogte durcheinander und riss meine schwache Seele in die Steilhänge der Leidenschaft hinab, stürzte sie hinein in den Strudel der Laster.« »Es war«*, wie Augustin schreibt, *»im 16. Jahr meines Fleisches, als das Zepter über mich die wilde Wollust nahm und ich ihr beide Hände ließ, der Wollust, erlaubt von der Schamlosigkeit der Menschen, doch verpönt von deinem Gesetz.«* [1]

Augustin ist 16, als der Vater beim Baden an ihm eine Erektion bemerkt. Erfreut berichtet er davon Monnica. Aber dieser fährt der Schreck in die Glieder: *»Sie sprang auf in heiliger Furcht und Zittern und, obwohl ich noch nicht getauft war, fürchtete sie für mich das Abgleiten auf schiefen Weg.«* In Wahrheit gesteht sie mit ihrer Panik wohl eher ihre eifersüchtige Furcht, den heimlich Geliebten zu verlieren. Bald ist es denn auch in der Tat soweit, dass dieser sich mit einem Mädchen zusammentut, bei dem er volle 15 Jahre bleiben wird. Allerdings entfernt er sich damit nicht von den zitierten Verhaltensregeln des Manichäismus, zu dem er sich vorübergehend bekennt. Denn er belässt die Freundin im Status der Konkubine, auch als sie ihm nach einem Jahr den Sohn Adeolatus schenkt. Ihren eigenen Namen erfährt der Leser der *»Bekenntnisse«* nirgends. Anscheinend nimmt sie diese Erniedrigung in Kauf, um Augustin die manichäischen Privilegien dieses Kompromisses zu erhalten. Mutter Monnica ignoriert die illegale Verbindung vollständig. Keinen Augenblick gibt sie die Hoffnung auf, den Sohn für sich selbst und für eine erfolgreiche Karriere in der christlichen Gemeinschaft doch noch zu gewinnen – und sie wird nicht erfolglos bleiben. Neuen Mut schöpft sie aus einem Traum, den sie als Prophetie deutet: Da sieht sie sich

1 Augustinus: Bekenntnisse und Gottesstaat, S. 66

auf einem Schiff stehen, angelächelt von einem jungen Mann, dem Unheil bevorzustehen scheint. Doch der beschwichtigt sie: Wo sie sei, werde auch er sein. Da ist ihr klar, dass Augustin gemeint ist, der ihr und ihrem Christentum folgen werde.

Vorläufig tut dieser indessen alles, um sich ihrer Umklammerung zu entwinden. Heimlich schifft er sich aus Afrika nach Italien ein und lässt sie in Verzweiflung zurück. Es scheint sich eine Tragödie aus der griechischen Mythologie zu wiederholen, die des Äneas, der seine Geliebte, die verwitwete Königin Dido, ebenfalls in Afrika im Stich gelassen hatte und nach Italien davongesegelt war. Dido hatte sich aus Schmerz erstochen – ein Drama, das Augustin zutiefst bewegt hat. Indes, Mutter Monnica überwindet ihre Depression und reist entschlossen hinterher. Es ist sein letzter Versuch, aus der inzestuösen Bindung auszubrechen.

Zunächst steigt er in Mailand zum Range eines kaiserlichen Rhetors auf. Fasziniert hört er die Predigten des Bischofs Ambrosius, zunächst nur dessen fesselnde Redekunst bewundernd. Er will glauben, wird aber immer wieder durch Schuldgefühle entmutigt. Eines Tages hat sein Ringen mit sich selbst dann doch ein plötzliches Ende, als er unter einem Feigenbaum sitzt und aus einem Nachbarhaus eine Stimme rufen hört: *»Nimm und lies«*. Da fällt sein Blick genau auf die Stelle im 1. Römerbrief des Paulus mit der Warnung vor Völlerei, Ausschweifungen und Unzucht, mit der Mahnung, sich Jesus Christus zuzuwenden, anstatt den leiblichen Begierden zu verfallen.

Das ist die endgültige Erweckung. Die Entscheidung ist gefallen. Die Mutter jubelt und dankt Gott, dass er ihr noch mehr geschenkt, als sie zu erflehen gewagt habe. Für Augustin steht fest, dass er nie wieder ein Weib suchen werde. Das Gelöbnis hat er eingehalten. Schon zuvor hatte er seine Geliebte nach Afrika zurückgeschickt, aber den Sohn bei sich behalten. Die von der Mutter für eine spätere standesgemäße Hochzeit vorgesehene 12-Jährige aus einem reichen Hause ist nun kein Thema mehr.

Mit Recht findet es Kurt Flasch, einer der besten Augustinus-Kenner, zugleich merkwürdig wie bezeichnend, dass der Bekehrte in seinen Bekenntnissen mehr Worte über einen banalen Birnendiebstahl verliert als über die Loslösung von der Gefährtin, mit der er 15 Jahre zusammengelebt und einen gemeinsamen Sohn hat.[2] Sie ist für ihn offenbar nur noch Repräsentanz der Sündenlast, die er nicht länger vor Augen haben will. Stattdessen kann sich der Geläuterte nun ausschließlich der ihn vergötternden Mutter ergeben. Beide besiegeln ihre längst bestehende inzestuöse Partnerschaft – hinter dem Rücken des Erzeugers, den sie längst ausgegrenzt hatten. Monnica wird zum Abbild der unbefleckten Gottesmutter, Augustinus der von ihr in die Welt ausgesendete christliche Heilbringer. Die Spaltung des Frauenbildes ist beispielhaft. Die mütterliche Frau ist die Edle, die Reine, die Madonna, die Verehrungswürdige. Die andere ist die Konkubine auf Zeit. Die seelische Verbindung, die es mit der langjährigen Lebensgefährtin gewiss gegeben hat, wird verleugnet. Der Eindruck soll bleiben, dass der Mann sich nur mit seinem körperlich sinnlichen Anteil auf die Beziehung mit der anonymisierten Gefährtin einlässt, seinen geistigen Anteil hingegen unbeschadet für sich bewahrt. Wenn er die Freundin nach seiner Bekehrung anscheinend völlig ungerührt nach Afrika zurückschickt, so ist es, als sei sie für ihn gestorben, als habe er mit der Vergangenheit abgeschlossen. Die inzestuöse Vereinigung mit der Mutter wird als Vollendung eines Läuterungsprozesses gefeiert. Aber muss man in der Wendung nicht außer der Erleuchtung ein Scheitern erkennen? Da ist eine umklammernde Mutter, die ihren Sohn nicht für erwachsene Partnerschaft freigeben kann, weil sie selbst nicht die Reifestufe ebenbürtiger Gegenseitigkeit erreicht hat. Und da ist ein Sohn, dem es gründlich misslungen ist, seine Sexualität mit der Liebe zu verbinden, so wie sie Platon im *»Symposion«* beschrieben hat. Ein Sohn, der seiner langjährigen Gefährtin die offene Anerkennung und Achtung verwehrt, um der Mutter als Ersatzpartner und zugleich als Heilsvermittler zu dienen.

Augustin hat mit seinem großartigen Gesamtwerk, vor allem mit dem *»Gottesstaat«*, der Kirche in jener labilen historischen Phase eine feste geistige und als erfolgreicher Bischof auch eine solide politische Grundlage gegeben. Allerdings hat er ihr die gleiche Spaltung vererbt, die in seiner Biographie unversöhnt geblieben ist: Er hält an der Idee der von Adam übertragenen Erbsünde fest, von der sich keiner durch noch so gottgefälliges

2 K. Flasch: Augustin, S. 8

Leben befreien könne. Niemand wisse, ob ihn Gott zur Erlösung bestimme oder nicht. Die Kirche kann Gnadenhilfe vermitteln, aber nicht selbst freisprechen. Ebenso wenig lässt Augustin von der Herabsetzung der Frau ab, wie sie in dem Timotheus-Brief vorgezeichnet ist. Im *»Gottesstaat«* heißt es, dass der Mann in der Herrschaft über die Ehegenossin ähnlich sein müsse *»dem das Fleisch beherrschenden Geist.«* Das Zölibat war zwar bereits vor Augustin 306 auf der Synode von Elvira beschlossen worden. Aber Augustins eigene demonstrative Entsagung nach der Erweckung von Mailand setzt neuerlich ein wegweisendes Zeichen.

Indem er kein warmes Wort des Bedauerns für die Trennung von der Mutter seines Sohnes findet, scheint Augustin sie dafür zu bestrafen, dass die Sexualität für ihn ein Unruheherd geblieben ist. Seine Selbstanklagen sind eindeutig. Unerträglich war *»der Schmutz vergangener Tage und des Verderbens, das mein Fleisch an meiner Seele angerichtet hat«*, schreibt er in den *»Confessiones«*. *»Da schwand meine Gestalt dahin, und Fäulnis ward ich vor deinen Augen.« »Ertaubt war ich vom Kettengeklirr meines Sterblichen, der Hoffahrt meiner Seele zur Strafe.«*

Also, von klirrenden Ketten gefesselt, entkräftet, ertaubt, verfault, ruhelos in der Erschöpfung – das alles tat das Fleisch der Seele an. Psychoanalytisch übersetzt erscheint es als eine tiefe narzisstische Kränkung, der Triebhaftigkeit ohnmächtig ausgeliefert zu sein. Der Totalverlust der Ich-Autonomie bedeutet eine schmähliche Demütigung. Allmählich verwandelt sich dann die Selbstanklage in die Beschuldigung der Frau. Das Ich unterliegt nicht mehr dem eigenen Fleisch, sondern das verführende Fleisch kommt von der Frau. Die Frau *ist* das Fleisch, das den männlichen Geist knechten will. Aber er kann seine Macht und seinen Stolz retten, wenn er der Frau nur die körperliche, nicht die seelische Liebe widmet, bis er die Stufe erreicht hat, die Konkubine fortschicken zu können, um endlich das geheime Bündnis mit der Mutter wahr zu machen, nun aber als stolzes Geschenk an diese, nicht mehr als knabenhafte Unterwerfung. Die Angst vor der weiblichen Triebmacht ist jedoch noch nicht gebannt. Das selbst auferlegte Berührungsverbot soll vor neu auftauchenden Hingabewünschen schützen, die als projizierte weibliche Bedrohung maskiert sind.

Die Grundstimmung des *Argwohns* hat das Vertrauen in die Möglichkeit der ebenbürtigen Liebe vertrieben, die Diotima dem

Sokrates erläutert hatte, als sie in Platons *»Symposion«* den Liebesvollzug eine göttliche Sache und in den sterblich Lebenden etwas Unsterbliches nannte. In der Sünden- bzw. Gnadenlehre des Augustin ist profundes Misstrauen versteckt. Denn kein Gläubiger kann sich je sicher sein, ob ihm am Ende der Eintritt ins Gottesreich oder die Höllenstrafe bestimmt ist. Mit dieser Position hat Augustin der Kirche für alle Zeiten ein entscheidendes Machtmittel gesichert. Nur zu gut kennt er selbst die Übermacht der Triebwelt, die den Menschen aufgrund der ihm präsentierten strengen Sündenlehre von der kirchlichen Gnadenhilfe in hohem Maße abhängig machen wird.

Aber woher weiß Augustin von der Unerbittlichkeit Gottes, dass dieser der Menschheit für alle Zeit Adams Sünde mit Eva anlastet? Woher weiß er, dass auch ein gottgefälliges Leben keinen Verlass auf Gnade gewährt? Kann man nicht aus Jesus mehr Versöhnlichkeit entnehmen, der sich den Schriftgelehrten und den Pharisäern zum Trotz weigert, die Ehebrecherin zu verdammen? *»Wer unter euch ohne Sünde ist, der werfe den ersten Stein auf sie.«* Hat nicht Augustin, wenn er mit seiner Vergangenheit unausgesöhnt bleibt, Gott die eigene Unversöhnlichkeit zugeteilt? Erbt Gott mit der an ihn delegierten Machtwillkür nicht die Herzlosigkeit des Augustin, der seine langjährige anonyme Gefährtin am Ende gnadenlos in die Wüste schickt?

Hier kann man nun noch einmal an die Prinzgemahlrolle Augustins zurückdenken, an den Kronensohn, der mit mütterlicher Hilfe die ödipalen Kämpfe mit dem ausgeschalteten leiblichen Vater übersprungen hat und quasi als Ghostwriter Gottes dessen *»Gottesstaat«* erdenkt und beschreibt. Er wird als Erleuchteter ein Allwissender, der Gott zu interpretieren berufen ist. Kurt Flasch beschreibt diese Annäherung an Gott so: *»Durch Schau wird der Mensch Gottes teilhaftig, wird von ihm erfüllt, wird selbst, an Gott teilhabend, Gott. So kann Augustin vom 7. Tag auch sagen: Wir selbst werden der siebente Tag sein, weil wir durch Gott wiederhergestellt und vollkommen gemacht, des Gottes voll sein werden…« »Er (Augustinus) nahm Hindernisse an, die den Großteil der Menschheit der Verdammnis übergeben, aber ihr Ziel bleibt die Gottwerdung des Menschen als Vernunftwesen.«* [3]

3 K. Flasch: Augustin, S. 399

12. Kapitel

Die Inquisitionskirche lässt Ketzer für die Korruption in den eigenen Reihen büßen. Papst Gregor IX. ist Initiator eines totalen Überwachungs- und Verfolgungssystems

Indem Augustin mit demjenigen Anteil seiner Innenwelt zerstritten bleibt, für den er stellvertretend die Gefährtin verstößt, vermag er dem Kirchenvolk nur beschränkt den Geist der Bergpredigt zu vermitteln. Er gleicht eher dem Arzt, der dem Patienten in ewiger Wiederholung ein Medikament verabreicht, das diesen nur bis zur nächsten Verabreichung schmerzfrei macht. Ähnlich befestigt Augustin die Herrschaft über das Glaubensvolk. Allerdings erlegt er dem Klerus die Vorschrift auf, in der eigenen Lebensweise die den Gläubigen verordneten Prinzipien vorzuleben.

Aber was ist, wenn die Geistlichkeit an diesem Anspruch scheitert? Kann man ihr dann noch zutrauen, dass sie eine erfolgreiche Gnadenhilfe leistet? Ist sie dann, wenn die Völker mit Missernten, Überschwemmungen und Seuchen geplagt werden, etwa selbst mit diesen himmlischen Strafen gemeint? Im Geheimarchiv des Vatikans hat Reiner Decker einen Anklagebrief Papst Gregors VII. von 1080 an den dänischen König gefunden. Der Vorwurf lautet, *»dass Ihr Priestern die Schuld gebt, wenn Unwetter, Stürme, manche Krankheiten auftauchen.«* *»Deshalb gebieten wir mit apostolischer Autorität, dass Ihr, indem Ihr diese unheilvolle Gewohnheit in Eurem Reich völlig ausrottet, den Verehrung und Achtung verdienenden Priestern und Geistlichen eine solche Schmach nicht mehr zuzufügen wagt.«* [1]

Aber auch die Frauen werden bereits im 11. Jahrhundert als vermeintlich Schuldige an allem möglichen Ungemach verfolgt. Im gleichen Brief rügt Papst Gregor den dänischen König: *»Glaubt nicht, Ihr dürftet Euch gegen Frauen versündigen, die aus dem gleichen Grund mit ebensolcher Unmenschlichkeit nach*

1 R. Decker: Die Päpste und die Hexen, S. 11

einem barbarischen Brauch abgeurteilt werden. Sondern lernt vielmehr, durch Buße das göttliche Strafurteil, das Ihr verdient habt, abzuwenden, anstatt den Zorn Gottes noch mehr herbeizurufen, indem Ihr über jene unschuldigen Frauen Verderben bringt!« [2]

Hier steht der Papst also noch den verfolgten Frauen bei, während sein Nachfolger Innozenz VIII. genau 400 Jahre später die Hexenjagd gutheißen wird. Vorläufig hat der Klerus indessen vordringlich mit der Ablenkung des Volkszornes von der eigenen Adresse zu tun. Dies geschieht mit einer systematisch geschürten Kampagne gegen Glaubensabweichler. Tatsächlich entstehen im 12. Jahrhundert diverse christliche Laienbewegungen, z.B. die Katharer. Diese wenden sich sogar ausdrücklich gegen die Verweltlichung und die Ausschweifungen des katholischen Klerus. Papst Innozenz III. erklärt in einer Rede vor Prälaten selbstkritisch: *»Alle Verderbnis im Volk geht in erster Linie vom Klerus aus.«* [3] Innozenz erkennt, dass der lockere Lebenswandel der Geistlichkeit den Ketzern die Zuwendung zu den neuen Glaubensbewegungen erleichtert. So ordnet er Inquisitionsprozesse gegen schuldige Priester an. Aber es finden sich kaum Ankläger in den eigenen Reihen – entsprechend der Spruchweisheit von den Krähen, die einander kein Auge aushacken.

Stattdessen eröffnet die Kirche nun einen systematischen Entlastungsangriff gegen die Ketzer. Es folgt eine weit über das Mittelalter bis ins 18. Jahrhundert hinausreichende Verfolgung zuerst von Glaubensabweichlern, dann in wachsendem Maße von zu Hexen erklärten Frauen. Die Autoritäten der christlichen Kirche fügen dem Christentum einen unauslöschlichen Schaden zu – durch die Massen gequälter und hingerichteter Opfer und durch den Verrat an dem Wesenskern der Lehre Christi.

Es ist bezeichnend, dass der Klerus mit der Inquisition eine Zeitlang auf die Gegenkirche der Katharer als Hauptfeind zielt. Die Katharer erhalten im 12. Jahrhundert enormen Zulauf in Norditalien und in Südfrankreich. Die Attraktivität der Katharer führt L. Kolmer auf den *»Zustand der katholischen Kirche, ihre Verweltlichung, ihren Pfründenschacher und das ausschweifende*

2 R. Decker: Die Päpste und die Hexen, S. 11
3 In P. Segl: Die Anfänge der Inquisition, S. 17

Leben der Geistlichen« zurück.[4] Die Gläubigen haben verstanden, dass unwürdige Priester keine Garantie mehr für das Seelenheil sein können. Die Katharer hingegen pochen auf die Integrität ihrer Gemeinschaft und bieten ihren Anhängern eine Heilsgarantie. Man sieht: Die Selbstüberforderung, die Augustin mit seiner unversöhnten Triebfeindlichkeit hinterlassen hat, ist der letzte Grund für den Selbsthass einer unbeherrschten Priesterschaft geworden, die ihre Schuldgefühle an ihren Kritikern abreagieren.

Der Glaube an Liebe und Versöhnung hatte einst eine kranke Kultur aus Verzweiflung, Selbsthass und Verfall gerettet, hatte den Menschen geholfen, sich wieder aufzurichten. Wie kommt es nun zur Verdüsterung der Vorstellung von einem Gott, den man durch Verfolgung und Opferung von überführten oder nur vermuteten Glaubensabweichlern besänftigen muss? Vieles spricht dafür, dass die Kirche den im Volke verbreiteten Unmut zugunsten der eigenen Machtsicherung instrumentalisiert. Der primitive Mechanismus der Strafe zur Abfuhr von Selbsthass wird nach dem bekannten israelischen Ritual fälschlich Sündenbock-Reaktion genannt. Aber das Volk Israel bekennt in diesem Ritual die eigenen Sünden und opfert keine Menschen, sondern einen Bock. Die Inquisition hingegen jagt, foltert und tötet Menschen wider das christliche Tötungsverbot.

* * *

Das nun folgende lange Zeitalter der Ketzer- und Hexenverfolgungen gibt sich als eine Art permanenter Kreuzzug für das Christentum aus, aber unter Anwendung von Mitteln, die dessen Geist immer tiefer verletzen. Wenn man diesen Prozess bis in die Neuzeit hinein verfolgt, wird ein Antrieb erahnbar, der auf diesen Weg führt. Seit der Hochzeit der griechischen Antike ist die Eintracht mit der alten Götterwelt immer mehr verloren gegangen. Gewachsen ist die Überheblichkeit des Menschen, der im Untergang Roms völlig seinen Halt verlor. In der hereingebrochenen Weltangst, wie sie der Philosoph Walter Schulz[5] nennt – und wie sie in der Johannes-Apokalypse und in dem zitierten Gedicht Senecas zum

4 L. Kolmer: Ad terrorem multorum. In P. Segl: Die Anfänge der Inquisition, S. 77

5 W. Schulz: Das Problem der Angst in der modernen Philosophie, S. 1–14

Ausdruck kommt, – tritt Jesus mit der vermittelten Hoffnung auf eine fundamentale Selbstheilung auf den Plan. Nämlich mit einer Erholung von ganz unten aus. Aus Armut, Demut und mit einer unbedingten Gottesergebenheit. Er legt in den Menschen genau die Kräfte frei, die in der Arroganz und der imperialen Machttrunkenheit Roms untergegangen waren. *»Selig sind, die da Leid tragen, denn sie sollen getröstet werden.« »Selig sind die Sanftmütigen«. »Selig sind die Barmherzigen«. »Selig sind, die da hungert und dürstet nach Gerechtigkeit«.*[6] Und dazu kommt, alles zusammenfassend und überbauend, das hohe Lied der Liebe.

Nach dem Zusammenbruch des Hochmuts ersteht die Hoffnung auf Heilung aus der Selbsterniedrigung, aus der Schwäche und Ergebenheit. Inzwischen ist jedoch aus der Kirche der Demut eine Machtbastion geworden, die zusammen mit der kaiserlichen Herrschaft die Rechtgläubigkeit wie eine totalitäre Ideologie überwacht. Die Kirche hat sich mit dem Adel und den Reichen zusammengetan. Die adligen Ritter erobern zeitweise Jerusalem nach Art des römischen Kolonialismus. Nun kommt der Inquisitions-Totalitarismus hinzu – als Kampf des Christentums gegen die Substanz der eigenen Lehre.

Das israelische Sühneopfer dient zur Selbstbesinnung und Läuterung. Die Inquisition ist eine besinnungslose Wendung von Selbsthass in Verfolgungshass. Politisch fügt sie sich in die vorläufig gemeinsamen strategischen Herrschaftsinteressen von Kirche und Staat ein. 1184 hatte sich schon Papst Lucius III. mit Kaiser Barbarossa auf gemeinsame Ketzerverfolgung geeinigt. Später erneuert Gregor IX. mit Kaiser Friedrich II. die Zusammenarbeit, noch ehe er diesen mit einem Bann belegt, weil der sich sträubt, zum 5. Kreuzzug aufzubrechen. Dessen ungeachtet funktioniert zwischen Kirche und weltlicher Herrschaft eine makabre Arbeitsteilung. Die kirchlichen Inquisitoren verurteilen echte oder vermeintliche Häretiker, übergeben sie dann staatlichen Beauftragten – mit der geheuchelten Bitte, die Beschuldigten an Leib und Leben zu schonen, wohl wissend, dass der Scheiterhaufen gemeint ist. Es soll zumindest so aussehen, als werde das biblische Tötungsverbot befolgt.

* * *

6 NT Matthäus, 5

Nun sind es gleich mehrere große Beziehungsdramen von Schlüsselfiguren, die, als wären sie von einem genialen Drehbuchautor erfunden, eine historische geistige Krise anschaulich machen. Direkt oder indirekt verwickelt sind Gregor IX., einer der mächtigsten Päpste des hohen Mittelalters; dann der erste von ihm in Europa eingesetzte furchtbare Inquisitor, der Magister und Prediger des Wortes Gottes Konrad von Marburg – zugleich Beichtvater der heiligen Elisabeth von Thüringen, ihrerseits eine prägende geistige Figur der Epoche; dazu ihr großes Vorbild Franz von Assisi, beschützt und gleichzeitig taktisch manipuliert von jenem Papst Gregor IX., der sich wiederum der ihm ganz und gar nicht wesensverwandten Klara von Assisi, der Freundin von Franziskus, seltsam nahe fühlt.

Der Papst und sein Inquisitor repräsentieren das gewaltbereite Machtprinzip, das die Kirche inzwischen von sich selbst entfremdet hat. Elisabeth, Franz und Klara lassen dagegen den Geist des Jesus von Nazareth noch einmal hell aufleuchten und begründen eine heimliche christliche Gegenkultur, die weit ausstrahlen und sich dauerhaft verankern wird, aber in einer Art von Gutmenschen-Reservat, unfähig zur Rebellion, als sich die Herrschenden in einem späteren Zeitalter jene neue Religion geben werden, die sie Fortschritt nennen, obwohl nichts anderes als eine an Wissenschaft und Technik geknüpfte großartige narzisstische Selbsterhöhung gemeint ist. Damals ist der Grund gelegt worden für jene beschriebene Dynamik des »*Gotteskomplexes*«, d.h. für die eigendynamische Wechselwirkung von Ohnmachtsangst und Allmachtsdrang, von Leidensunfähigkeit und ewigem Siegenmüssen, von Bindungsverlust und narzisstischer Egomanie.

Aber zunächst zurück zu dem spannungsvollen Beziehungsdrama der genannten Figuren. Den Mittelpunkt bildet Gregor IX., der den schon zuvor als Ketzeraufspürer tätigen Magister Konrad von Marburg definitiv 1231 mit Sondervollmachten zur »*Ausrottung von Häretikern aus dem Garten des Herrn*« ausgestattet hat.[7] Es ist dies der Beginn der päpstlich delegierten Sondergerichtsbarkeit. Gregor verfügt, dass allen, die sich an der Ketzerbekämpfung beteiligen, ein dreijähriger Ablass gewährt wird. Vollkommenen Ablass erhalten diejenigen, die bei der Verfolgung

7 In P. Segl: Die Anfänge der Inquisition, S. 31

ihr Leben verlieren. Konrad entfacht mit seinen Ketzerverbrennungen, wie es heißt, einen regelrechten »*Feuersturm*«. Denen, die sich lieber unschuldig verbrennen lassen als mit einer Lüge dem Scheiterhaufen zu entgehen trachten, verspricht er den Märtyrerstatus. Mit seinem rücksichtslosen Vorgehen, auch gegenüber zu Unrecht Verdächtigten, verbreitet er Unruhe und Empörung, was seinen päpstlichen Gönner aber keineswegs hindert, ihn nach wie vor mit Empfehlungs- und Lobesbriefen auszustatten. Gregor soll gesagt haben: *»Die Deutschen waren schon immer rasend, und deshalb haben sie jetzt rasende Richter.«* Drei Jahre rast Konrad in Deutschland. Dann werden er und einige seiner Tatgenossen ermordet. Ein Prälat meint: Es gebühre Konrad, ausgegraben und wie andere Ketzer verbrannt zu werden. Der Papst hingegen verfasst ein Rundschreiben an alle Prälaten, in dem er *»den Toten mit fast peinlich wirkendem Überschwang lobt und betrauert.«* [8] Dem Verfolgungseifer seines ermordeten Bevollmächtigten steht Gregor selbst kaum nach. Er verweigert allen der Häresie Beschuldigten Rechtsbeistand durch Anwälte oder Notare. Sie dürfen keine Sakramente empfangen, weder ein Testament anfertigen noch eine Erbschaft antreten. Kinder und Enkel dürfen per Sippenhaft nicht zu kirchlichen Ämtern zugelassen werden. Es bürgert sich ein, denunzierenden Zeugen Anonymität zuzusagen. Familienangehörige von Verdächtigten müssen Aussagen machen, Ehegatten, Söhne von 14, Töchter von 12 Jahren an, denn ein Vergehen gegen Gott löse alle familiären Bande. [9] Die Inquisition beginnt offiziell zur Abschreckung, wird aber schnell selbst zum Terror – in einer Weise, die den Grausamkeiten des modernen Totalitarismus und des Folterunwesens diverser gegenwärtiger Geheimdienste durchaus vergleichbar ist.

Helmut Feld nennt Gregor IX. *»einen der größten Schreibtisch-Verbrecher der Kirchengeschichte«*. Ihm wird ein einzigartiges Kulturverbrechen zur Last gelegt, die so genannte *Pariser Talmudverbrennung.* [10] 1240 ordnet der Papst in einer Bulle an die Erzbischöfe Frankreichs an, dass alle jüdischen Bücher in den Synagogen des Königreiches eingesammelt werden. Später dehnt er

8 D. Kurze in P. Segl: Die Anfänge der Inquisition, S. 178
9 B. Schimmelpfennig in P. Segl: Die Anfänge der Inquisition, S. 289
10 H. Feld: Franziskus von Assisi und seine Bewegung, S. 326

die Beschlagnahme auf England, Portugal und große Teile Spaniens aus. Nach einer Disputation christlicher und jüdischer Theologen, in der die Juden vergeblich den Talmud verteidigen, werden Tausende von hebräischen Büchern verbrannt. Gregor sieht im Talmud die Hauptursache für das Festhalten der Juden am Unglauben.

Dieser Gregor IX., vormals Kardinal Ugolino, ist eine schillernde, in ihren Gegensätzen schwer zu fassende Figur. Gewaltmensch und depressiver Neurotiker, juristisch, theologisch und philosophisch hoch gebildet, skrupelloser Verfechter der Inquisition, Heilsucher und Dichter, Förderer und Beschützer des Franziskus und gleichzeitig Unterdrücker der franziskanischen Bewegung.

Einem Vertrauten (Jakob von Vitry), soll der künftige Papst noch als Kardinal Ugolino gestanden haben, er leide unter dem »*Geist der Gotteslästerung*« so sehr, dass er fürchte, aus der Haltung des Glaubens entwurzelt zu werden. Helmut Feld, dessen großartige Franziskus-Biographie diesen Hinweis enthält, erwähnt ein ebenso aufschlussreiches Schreiben Ugolinos an Klara von Assisi. Da spricht der Kardinal von der Last seiner Sünden. Er habe den Herrn der Erde sogar so sehr beleidigt, dass er selbst nicht mehr würdig sei, der Schar der Erwählten anzugehören. Daher vertraue er seine Seele und seinen Geist Klara an, damit sie die Sorge für sein Heil übernehme. Mit ihrer inständigen Frömmigkeit und mit ihren Tränen werde sie den höchsten Richter gnädig stimmen können.[11]

So spaltet also der angehende Papst in sich den Vater der Inquisition und den Kreuzzugs-Scharfmacher, der das Böse wie Unkraut ausrotten will, von der bußfertigen, durch die fromme Klara zu erlösenden Seele. Auch Franziskus bemüht er gelegentlich als »*Psychotherapeuten*«. Von Thomas von Lehner ist zu erfahren, dass hin und wieder Gespräche mit Franziskus Ugolino bei Verwirrung und Erregung des Gemütes Hilfe gebracht hätten. Danach sei dessen wie mit Wolken verhangene Seele wieder heiter und sein depressiver Zustand (accidia) sei verjagt worden, und die vom Himmel kommende Lebensfreude habe ihn wieder angeweht.

11 H. Feld: Franziskus von Assisi und seine Bewegung, S. 331–333

Dem Psychoanalytiker ist ein ähnlich widersprüchlicher Charaktertyp, wenn auch meist weniger gebildet, aus der modernen Machtelite nicht unvertraut: Der kalt berechnende Herrscher, gnadenloser Zerstörer seiner Feinde, glänzender Diplomat, immer an der Grenze der psychosomatischen Dekompensation, Alpträume, depressive Selbstzweifel unterdrückend.

13. Kapitel

Franziskus und Clara von Assisi. Wiedererweckung der Seele des Urchristentums. Friedensstiftende Heilsgewissheit. Aber Eindämmung des franziskanischen Geistes durch Einschließung in der Innerlichkeit

Während Gregor IX. mit seinem gespaltenen Charakter die chaotische Zerrissenheit der Moderne zwischen Machtwahn und Unseligkeit vorwegnimmt, erscheint an seiner Seite der Bettelmönch Franziskus, der wie der einst in Nazareth Geborene eine fast schon erstickte innere Welt wieder lebendig macht und neue Hoffnung auf Entwicklung einer Kultur des Friedens weckt und immer wieder neu beleben wird.

Aus der Familie des Franz von Assisi tritt nur der strenge Vater durch seine späteren Auseinandersetzungen mit dem Sohn deutlicher hervor. Von der Mutter und dem früh gestorbenen Bruder weiß man wenig. Franz nimmt an den Abenteuern und den Ausschweifungen der Jugendszene von Assisi unbekümmert teil. Als seine hervorstechenden Merkmale werden Fröhlichkeit, auch unbefangene Eitelkeit und eine hoch geschätzte Spendierfreudigkeit geschildert. Auffällt, dass ihm die Heiterkeit auch in einer einjährigen Kriegsgefangenschaft in Perugia nicht vergeht. Es folgt eine längere Krankheit, eher er sich aufmacht, das Rittertum zu erlangen. Unterwegs aber hört er im Halbschlaf die Stimme des Herrn, die ihm rät, sein Vorhaben aufzugeben. Er folgt dem Rat. Eine dramatische Erleuchtung erfährt er dann beim Besuch der kleinen halbkaputten Kirche San Damiano bei Assisi. Dort betet er vor einem Altarbild des Gekreuzigten, als er plötzlich dessen Stimme vernimmt: »*Franziskus geh und baue mein Haus wieder auf, das, wie du siehst, im Verfall begriffen ist.*«[1] Er weiß sofort: Das ist meine Bestimmung. Ob ihm gleich in den Sinn gekommen ist, dass nicht nur das kleine baufällige Gotteshaus, sondern die römische Kirche im Ganzen vor dem Verfall zu retten sei, ist

1 H. Feld: Franziskus von Assisi und seine Bewegung, S. 115

nicht bekannt. Aber klar ist sein prompter Entschluss, fortan in Armut und mit der Leidensbereitschaft des Gekreuzigten zu leben, natürlich auch, wie geheißen, die Instandsetzung der kleinen Kirche in Angriff zu nehmen.

Zuvor muss er indessen noch eine dramatische öffentliche Auseinandersetzung mit dem Vater vor dem Bischof von Assisi bestehen. Der Vater fordert Geld zurück, das Franz durch Verkauf von Stoffen aus dem väterlichen Geschäft für die Kirchenreparatur bereitgelegt hat. Vor einer neugierigen Menge erklärt Franziskus: *»Hört alle her und begreift! Bis jetzt habe ich Pietro Bernardone meinen Vater genannt. Doch weil ich mir vorgenommen habe, Gott zu dienen, gebe ich ihm das Geld und alles, was ich auf dem Leibe trage, zurück«*. Im gleichen Moment entkleidet er sich vor aller Augen vollständig. Der Bischof umarmt ihn, verhüllt mit einem Teil seines Mantels seine Blöße und nimmt ihn in kirchlichen Schutz.[2]

Franz hat seine Freiheit dem autoritären Vater abgerungen. Nun steht ihm der Weg offen, sein neues Leben streng nach den Regeln des Evangeliums einrichten zu können. Voller Zuversicht und heiter gestimmt verwandelt er sich in einen Bettelmönch, denn wie Christus will er aus der Armut heraus den Menschen helfen und sie für den Glauben gewinnen. Vorläufig trägt er nur noch eine mit einem Strick gegürtete Kutte, führt keinen Reisesack und keinen Stock mit sich und geht ohne Schuhe. Anfangs sind die Leute irritiert und befremdet. Sie wissen nicht, ob sie es mit einem Spinner oder Verrückten zu tun haben, bis sie merken, dass er nicht zu fürchten ist, vielmehr allen mit Freundlichkeit begegnet. Wen er unterwegs trifft, begrüßt er mit: *»Der Herr gebe dir – bzw. Euch – Frieden«*. Und es heißt, dass dies den Leuten wohl tue. Bald macht er sich daran, wie ihm aufgetragen, für die Reparatur der Kirche zu sorgen. Allmählich findet er nicht nur Sympathisanten, sondern überzeugte Gefährten, die von seinen Ideen mitgerissen werden. Was sind das für Ideen?

Sie sind sehr einfach und leicht zu verstehen, da sich Franziskus ohnehin vorzugsweise an die Armen und die wenig Gebildeten wendet, so wie er sich selbst gern ungebildet und einfältig nennt. Die ganze Welt ist für ihn beseelt. Heute würde man es als Populismus entwerten, wenn er, im Gegensatz zu Augustin, die

2 H. Feld: Franziskus von Assisi und seine Bewegung, S. 131, 132

Gewissheit des Heils predigt und die prinzipielle Überwindbarkeit des Bösen. Kennzeichnend für sein Denken ist eine kleine Legende, die erst 100 Jahre nach seinem Tode auftaucht, Helmut Feld hat sie, so wie sie überliefert ist, nacherzählt:

In der Stadt Gubbio wütet ein Wolf. Gemeint ist ein Verbrecher, der die Bevölkerung terrorisiert. Er hätte es verdient, mit dem Tode bestraft zu werden. Aber wunderbarerweise bewirkt der Friedensstifter Franziskus, dass der Wolf, also der Schwerkriminelle, sich wandelt, während Franziskus die städtische Gesellschaft mit ihren Sünden konfrontiert: Sie habe den Wolf hungern lassen, bzw. dem Übeltäter das Lebensnotwendige vorenthalten. Jedenfalls kommt es zu Begnadigung und Versöhnung. Der Wolf wird zu einem friedlichen Bürger. Dies also ist die kleine Geschichte unter dem Titel »*Von dem hochheiligen Wunder, das Sankt Franziskus bewirkte, als er den wilden Wolf von Gubbio bekehrte.*«[3] Aber die Legende ist über 100 Jahre in die Lebenszeit des Franziskus zurückverlegt. Nun ist er nicht mehr da. Wer außer ihm kann solche Wunder vollbringen, nämlich Terrorismus durch Versöhnung überwinden?

Diese unscheinbare Legende verdichtet die Lehre des Franziskus zu einer für die Kulturentwicklung entscheidenden Mahnung: Immer und überall droht die Versuchung, im Innern und in der äußeren Welt von der Unversöhnlichkeit des Gegensätzlichen auszugehen und sich im Dagegen verwirklichen zu wollen. Stets kommt der Zerfall aus der Unfähigkeit, sich in dem scheinbar total Fremden, in dem allzeit Feindlichen selbst wiederzuerkennen. Die Gewissheit der griechischen Antike von dem Eins-Sein mit dem Bösen, das sich im Kreislauf des Lebens ausgleichend wieder herstellen kann, ist uns verloren gegangen. Aber es kann stets aufs Neue gelernt werden, dass man in dem, was man hasst, persönlich darinsteckt, so wie Franziskus den Bürgern von Gubbio zeigt, dass sie selbst den Wolf, den Terroristen, zu dem gemacht haben was er geworden ist. Also können sie mit ihm wieder eins werden, wenn sie an sich selbst arbeiten, und er kann den Weg zurück in die Gemeinschaft finden.

* * *

3 H. Feld: Franziskus von Assisi und seine Bewegung, S. 210, 211

Die Legende führt zu dem Grundgedanken zurück, mit dem Peter Ustinov sein Buch über »*Vorurteile*« beendet und den er Georg Stefan Troller in den Mund gelegt hat. Er enthält die zentrale Botschaft, die auch dieses Buch vermitteln möchte. Der Gedanke veranschaulicht das Prinzip, das den Heilungs- oder Selbstheilungsprozess in der Psychoanalyse des Individuums ebenso bezeichnet wie die Aufgabe, in der Weltpolitik mörderische Gewaltspiralen zu durchbrechen.

Wenn Du in deinen verhasstesten Widersacher hineinschaust, wirst Du in seinem tiefsten Innern Dich selbst wieder finden, sagt Schopenhauer. Du wirst über dich selbst erschrecken, aber danach erleichtert sein, dass Du auf den anderen zugehen und Dich zugleich mit einem Teil in Dir verbinden kannst, mit dem Du bisher in Feindschaft gelebt hast. Und wenn Du lernst, dass Du auch einen Anteil an dem terroristischen Hass hast, der dir begegnet, dann wird dies eine Brücke sein, um Verständigung zu suchen.

Franziskus lässt die Bürger von Gubbio herausfinden, dass sie dem Terroristen durch Entzug von Ressourcen Grund zu seiner Raserei gegeben haben. So belehrt der türkische Autor Orhan Pamuk den Westen, dass er durch ein erniedrigendes und demütigendes Verhalten Rachewut schüre. Und Peter Ustinov erkennt im Krieg der Reichen gegen die Armen eine unerkannte Komplizenschaft mit dem Terrorismus der Armen gegen die Reichen. Der Türke Pamuk sagt den Menschen im Westen auf den Kopf zu: Wenn Ihr euch bemüht zu verstehen, womit ihr die Muslime erniedrigt und verletzt, dann werdet ihr bald viele Wege finden, miteinander friedlich zusammen zu leben, so wie die Bürger von Gubbio durch Einsicht in ihre Mitschuld den wilden Wolf wieder in einen verträglichen Mitbürger verwandelt haben.

Als die Deutschen ihrem heftigen Kritiker Orhan Pamuk den bedeutenden Friedenspreis des deutschen Buchhandels verliehen, sah es ganz so aus, als wollten sie seine Mahnung beherzigen, nämlich den Muslimen mehr in ebenbürtiger Achtung und ohne kränkende Demütigung entgegenkommen. Aber dann merkten sie, dass eine Karikatur Muhammads als terroristischer Bombenwerfer, in einer dänischen Zeitung erschienen, in der islamischen Welt heftige Empörung entzündete. Anstatt nun diese Wirkung zu bedauern, druckten zahlreiche, auch deutsche Zeitungen diese und andere provozierende Karikaturen nach, sich stolz der demokratischen

Pressefreiheit brüstend, die auch bewusste Verletzung religiöser Gefühle, die ja nun offensichtlich stattfand, rechtlich zulasse. Es war so, als bereitete es den Bürgern von Gubbio Genugtuung, den wilden Wolf zu neuem Hass und Terror anzustacheln, um ihn zu Recht bekriegen zu können. In der wunderbaren Legende der Zähmung des Wolfs von Gubbio bedarf es der Vermittlung eines Versöhnung stiftenden Franziskus. Aber der war schon 100 Jahre tot, als die Legende auflebte. Immerhin ist sie unvergessen geblieben, weil sie eine unzerstörbare Wahrheit enthält. Von dieser werden immer wieder Spuren sichtbar, wo miteinander in Feindschaft zerfallene Menschen und Völker sich selbst in dem wieder erkennen, was sie in den anderen hassen bzw. was an eigenem Schuldanteil in dem Leiden der anderen steckt, das als Rache zurückschlägt.

Aber die immer noch vorherrschenden männlichen Heldenmythen hängen nicht am Bilde des friedensstiftenden Franziskus, sondern an jenem des siegreichen Drachentöters – was heißt, dass eine erst halberwachsene Männerwelt den wilden Wolf nicht als Test zum Beweis von Friedensfähigkeit, stattdessen immer noch als Weltfeind zur Bewährung siegreicher Mannhaftigkeit benötigt. Die Leute merken erst nachträglich und widerwillig, dass sie im Falle des Irak-Krieges in einem falschen Stück gesessen haben – mit einem präsidialen Kriegshelden, der keiner war, und mit einem Gegenspieler, dessen unleugbare Brutalität die eigenen Truppen durch Kriegsgewalt sowie durch Anstiftung von Chaos und Bürgerkrieg vielfach übertroffen haben. Das war keine Panne, sondern eine logische Selbstbestrafung für den Verrat an den christlichen Werten durch solche, die von dem franziskanischen Geist, der diese bewahrt, am wenigsten erleuchtet werden.

Im Libanon setzt sich das Verhängnis fort. Wieder regiert die Illusion, fundamentalistischen Terror mit einem Vernichtungskrieg endgültig brechen zu können. Stattdessen führt man ihm dadurch – genau wie im Irak – neue Kräfte zu. Raketen und Bomben zerstören die Lebensgrundlagen eines demokratisch regierten Vielvölkerstaates. Hunderttausende werden vertrieben, viele Zivilisten getötet. Sieger sind am Ende nicht die Kriegsherren, sondern es ist die Summe von enormem Hass der Gebombten, Geflüchteten und Erniedrigten. Wie kann die Legende von Gubbio doch noch wahr werden?

* * *

Während seiner Lebenszeit schreibt man Franziskus manche sonstige Friedensstiftung zu. Nachdem er in Bologna auf der Piazza gepredigt hat, legen die dort verfeindeten Parteien einen lang anhaltenden Streit bei. Von Arezzo heißt es, das er dort die *»Dämonen der Zwietracht«* vertrieben und die Rückkehr zu Recht und Ordnung bewirkt habe. Es sind, wie es scheint, weniger rhetorische Brillanz und aufklärende Argumentation, mit denen er friedensstiftend wirkt, als seine überzeugende Haltung, sein Glauben und sein Tun. Den Gefährten, die sich ihm anschließen, erläutert er das ganz einfache Rezept:

»Wie ihr den Frieden mit dem Mund ankündigt, so sollt ihr ihn in eurem Herzen und darüber hinaus haben. Niemand soll durch euch zum Zorn oder Ärgernis provoziert werden, vielmehr sollen alle durch eure Sanftmut zum Frieden, zur Güte und Eintracht angeregt werden. Denn wir sind dazu berufen, die Verwundeten zu heilen, denen mit gebrochenen Knochen einen Verband anzulegen und die Irrläufer zurückzurufen. Denn viele scheinen uns Glieder des Teufels zu sein, die später einmal Jünger Christi sein werden.« [4]

Der letzte Satz ist entscheidend. Das Böse ist in der Welt, aber nicht, wie in der Sicht der Manichäer, als eine unverrückbare Macht oder ein ewiges Prinzip, sondern als ein überwindbares Übel dank des Erlösungswillens Gottes. Wer heute noch vom Bösen angetrieben scheint, kann morgen schon befriedet sein und selbst zum Frieden beitragen. Bezeichnend ist, dass Franziskus dazu immer wieder der Vergleich des Heilens einfällt, was an Platons *»Gorgias«* erinnert (vgl. S. 133). Das Böse erscheint der Krankheit verwandt, von welcher der Mensch ja gesunden kann. Wer helfend dazu beitragen will, soll selbst sanftmütig sein und Frieden im Herzen haben.

Heute mag das vielen befremdlich nach Kitsch, nach blauäugiger Gutmenschlichkeit klingen. Aber auch Franziskus trifft mit seinem Heilsoptimismus in seiner Ära nicht etwa auf ein Klima der Milde und Toleranz. Kirche und Staat passen scharf auf, den franziskanischen Geist wie in einem Freigehege einzuzäunen und an einer Durchdringung der Gesellschaft zu hindern. Doch Franziskus ist gerade wegen seiner Einfalt schwer angreifbar. Seine

---

4 H. Feld: Franziskus von Assisi und seine Bewegung, S. 210

Überzeugungskraft strahlt aus der Person heraus. Er spiegelt selbst die Heilsgewissheit wider, die er verkündet. Er droht nicht wie Augustin mit der Erbsünde und der Unsicherheit der Gnadenhoffnung, sondern zeichnet einen liebenden, gnädigen Gott und tritt so auf, als bringe er den Leuten die Heilsgewissheit, die ihm zuteil geworden ist, persönlich mit. Von dem Sachinhalt seiner Predigten ist kaum etwas überliefert. Er ist selbst die Arznei, die in die Seelen eingeht. Wenn er in einer Predigt in Assisi sagt: »*Ich will euch alle ins Paradies schicken*«, so liest sich dieser Satz, losgelöst von der Person, wie eine platte populistische Suggestion. Es ist seltsam, dass die mit Franziskus befassten Forscher und Interpreten sehr viel mehr darüber sagen können, wie die Leute auf Franziskus und seine Reden reagierten, als darüber, worin seine Ausführungen im Einzelnen bestanden haben.

In der Beziehung zwischen Franziskus und Ugolino/Gregor kommt es zu einer Neuauflage des Zusammenstoßes zwischen dem Machtprinzip und dem Geist der Bergpredigt. Franziskus wird nicht in einem ärmlichen Stall geboren, aber steigt freiwillig in die »*heilige Armut*« hinab, um die christlichen Ideale in Demut zu predigen und leibhaftig vorzuleben. Diesmal aber trifft der geistliche Erneuerer auf eine Obrigkeit, die das Christentum formal längst für sich selbst als geistige Herrschaftsgrundlage vereinnahmt hat. Während Gregor IX. für die Papstkirche Ketzer und Muslime bekämpft, muss er erleben, dass sich ein kleiner Armutsprediger auf himmlischen Auftrag zum Wiederaufbau des verfallenen Hauses Kirche beruft und binnen Kürze eine Schar von begeisterten Anhängern gewinnt. Aber mit Glück und diplomatischem Geschick bekommt der Papst die wie aus dem Nichts erwachte Bewegung zumindest politisch unter Kontrolle. Glück hat er, weil der gutgläubige Franziskus sich freiwillig in seine Hand begibt und ihm eine disziplinierende Einwirkung erlaubt, als diese dem Pontifex opportun erscheint. Geschickt gibt Gregor sich den Anschein, sich selbst mit der neuen Bewegung zu identifizieren, indem er gelegentlich im Franziskanergewand auftritt und sich Franziskus als freundschaftlicher Förderer anbietet, ja dessen Beratung erbittet. Dennoch – schreibt Feld – hat das franziskanische Ideal keinen schlimmeren Gegner als ihn.

Auf schmalem Grat wandelnd, beutet Ugolino/Gregor die

von Franz entfachten Heilshoffnungen und Erlösungsversprechen in der Attitüde des beschützenden Gleichgesinnten aus. Ketzerjagd und Talmudverbrennungen dirigiert er im Hintergrund vom Schreibtisch aus. Für die Öffentlichkeit kostümiert er sich franziskanisch. Inzwischen vom Kardinal Ugolino zum Papst avanciert, nutzt er die Tatsache aus, dass die franziskanische Gemeinschaft sich unterdessen als Orden dem Kirchenrecht unterstellt hat. Schon seit längerem missfällt Gregor das strenge Beharren des Ordens auf der evangelischen Lebensform, die Franziskus noch in seinem Testament festgelegt hat, *»damit wir in beständiger Unterwerfung unter die Kirche und standhaft im katholischen Glauben die Armut und die Demut und das heilige Evangelium unseres Herrn Jesus Christus bewahren können.«* Kurzerhand erklärt Gregor nach dem Tod von Franziskus dessen Testament für unverbindlich. Er stellt klar, dass Franziskus seinem Nachfolger in der Ordensleitung überhaupt keine verpflichtenden Anweisungen hinterlassen dürfe, da es zwischen Gleichgestellten eine solche Bindung nicht gebe. Also – befehlen kann nur ich!

Ugolino war noch Kardinal und noch nicht Papst, als Franziskus in Rom vor dem Papst Honorius III. und den Kardinälen predigen will. Ugolino befürchtet, Franziskus würde mit seiner Einfalt abfällige Reaktionen auslösen und ihn selbst blamieren. Aber die Predigt findet statt, und mit dem Feuer seiner Begeisterung findet Franziskus Eingang in die Herzen. Er spricht so eindringlich, als ob er jeden Einzelnen persönlich anrede und mit den eigenen Erlösungswünschen mitnehme. Die Menschen folgen ihm willig in eine ganz andere Welt als diejenige, die ihnen sonst gelehrt wird. Feuer, Wasser, Wind, Erde werden durch Franziskus zu beseelten Wesen, erst recht sämtliche Tierarten. Alle nehmen an der Liebe Gottes teil, alle sind Schwestern und Brüder. Weihnachten ist für Franziskus das Fest schlechthin, denn an diesem Tag sei Gott zu einem ganz kleinen Kind geworden. Franziskus spielt dann selber Kind mit großer Freude und ahmt die Laute eines Kleinkindes nach. Alle Armen sollen an diesem Tage satt gemacht werden, unter den Tieren insbesondere Ochsen und Esel, unter denen Jesus zur Welt gekommen ist.[5]

---

5 H. Feld: Franziskus von Assisi und seine Bewegung, S. 235

Aber warum ist von keiner der vielen Predigten des Franziskus ein einziger Text in Aufzeichnung erhalten geblieben? Wohl weil er mehr appelliert und seine Botschaften über Gefühle vermittelt, d. h. sich in einer Dimension geäußert hat, die Max Scheler als *»ordo amoris«* beschreibt. *»Der Mensch ist«* – so Scheler – *»ehe er ein ens cogitans ist oder ein ens volens ein ens amans.«* [6] Zuerst also ist er ein liebendes und dann erst ein denkendes und wollendes Wesen. Scheler wiederholt die bekannte These Blaise Pascals von der *»logique du coeur.«* *»Denn wir erkennen die Wahrheit nicht mit der Vernunft allein, sondern auch mit dem Herzen.«* Das Herz habe sogar Gründe, von denen der Verstand nichts wisse. Kein Philosoph der Moderne ist dem Gedanken des Franziskus so nahe gekommen wie Scheler, der in *»Ordo amoris«* schreibt: *»Die Liebe liebt und schaut im Lieben immer etwas weiter als nur auf das, was sie in Händen hat und besitzt. Der Triebimpuls, der sie auslöst, mag ermüden – sie selbst ermüdet nicht.«* Franziskus kann bei seinen Lesern offenbar noch eine unmittelbare Auffassungsgabe dafür wecken, was er selber *»auf dem Herzen«* hat und ihnen ans Herz legen will. Die Jahrhunderte der Rationalisierung haben unser Gehör für die Sprache der Gefühle inzwischen so weit geschwächt, dass es die meisten nur noch verwundern kann, mit welcher geistigen Gewalt jener sanfte Heilige über das Mittelalter hinaus fortgewirkt hat. Die lange Tradition des Rationalismus hat uns inzwischen des Sensoriums für die im Emotionalen enthaltene Werteordnung beraubt, für den *»ordre du coeur«* des Pascal oder den *»ordo amoris«* Schelers. Diesen Verlust beklagt Scheler mit der ihm eigenen zornigen Heftigkeit: *»Wenn nicht nur dieser oder jener Mensch, sondern ganze Zeitalter zu sehen verlernt haben, die das ganze emotionale Leben als stumme, subjektive menschliche Tatsächlichkeit ansahen, ohne objektive Notwendigkeit begründende Bedeutung, ohne Sinn und Richtung, so ist das nicht die Folge einer Natureinrichtung, sondern die Schuld der Menschen und Zeiten – die allgemeine Schlamperei in Dingen des Gefühls, in Dingen von Liebe und Hass, der mangelnde Ernst für alle Tiefe der Dinge und des Lebens – und der als Kontrast dazu lächerliche Überernst und die komische Geschäftigkeit für die-*

6 M. Scheler: Ordo amoris, S. 336ff

jenigen Dinge, die sich durch unseren Witz technisch beherrschen lassen.«[7]

Wenn Franziskus den Fischen und den Vögeln predigt, so kann man das einfältig finden oder allenfalls rührend romantisch. Aber man kann darin auch eine unmittelbare Verbundenheit mit allem natürlichen Leben erkennen und ein universales Verantwortungsgefühl. Wenn Einstein überempfindsam und mit ungeschütztem Abscheu auf militärische Gewalt reagiert, so mag man auch das als unerwachsen einschätzen, aber gerade diese Sensibilität verleiht ihm die Energie zu seinem lebenslangen friedenspolitischen Engagement. Der Stupor und das sprachlose Entsetzen, die Günther Anders nach Hiroshima jahrelang gelähmt haben, stammen aus der gleichen Überempfindsamkeit, die ihn für den Rest seines Lebens für eine atomwaffenfreie Welt kämpfen lassen. Wenn er sich zu den *»Infantilen«* zählt, als die der zitierte Staatsmann die Ostermarschierer abqualifizierte, so will er nur sagen, dass er stolz auf diese Kindlichkeit sei. Nur seine erhalten gebliebene *»Infantilität«* mache ihn fähig, sich bis in sein hohes Alter hinein um die Welt zu ängstigen.

Von moralischem Fortschritt spricht der amerikanische Philosoph Richard Rorty,[8] wenn sich der Horizont des Mitfühlens erweitere, und zwar nicht durch Verdrängung der Empfindsamkeit durch Rationalität. Denn die Empfindsamkeit macht die Menschen offen für Mitfühlen, für Glauben an eine in Ehrfurcht und Dankbarkeit zu schützende göttliche Welt. Erwachsenwerden heißt zugleich, die aktive Sorge und Fürsorge für die anderen verantwortungsvoll auszudehnen.

Franziskus rüttelt die Menschen – wie Clara von Assisi und Elisabeth von Thüringen – in einem Augenblick auf, da in der Kirche, repräsentiert etwa durch Gregor IX., die urchristliche Idee der Versöhnung und der Solidarität mit den Armen zugunsten eines Emporstrebens nach Herrschaft, verbunden mit einem Feldzug gegen das Böse, unterzugehen droht. Gregor bleibt nach außen der großartige Sieger, sanktioniert den kreuzzugsunwilligen Kaiser Friedrich II. und demonstriert seine geistliche Macht durch Heiligsprechung von Elisabeth und Franz. Aber die Kirche,

---

7 M. Scheler: Ordo amoris, S. 362
8 R. Rorty: Hoffnung statt Erkenntnis, S. 79, 87

die er politisch stabilisiert, verbleibt in der Weltspaltung des *Anti* gegen Muslime, Häretiker und Hexen, wo immer sich das Böse festmachen lässt. Auf der anderen Seite lebt das *Pro* der Armutskirche im Schatten der Macht weiter. Der Kern der franziskanischen Idee – die Legende von Gubbio, der Glauben an das Heil durch Versöhnung, Ehrfurcht, Solidarität – ist untilgbar. Der Papst triumphiert über den kreuzzugsunwilligen Kaiser Friedrich II. und bereitet den Untergang der staufischen Dynastie vor. Und er zwingt das Franziskanertum in die kirchliche Hierarchie. Aber dessen Geist kann er nicht brechen, vielmehr behauptet sich dieser durch die Zeiten als festes Fundament christlicher Humanität.

* * *

Es ist gewiss kein historischer Zufall, dass neben Franziskus zwei der eindrucksvollsten Frauengestalten des christlichen Mittelalters hervortreten, Elisabeth von Thüringen und Klara von Assisi. Hier sei Klara speziell hervorgehoben, weil sie in ihrer engen Beziehung zu Franziskus markant jenen Typ von Frau-Mann Beziehung wandelt, den Augustin durch die Spaltung des Frauenbildes in die anonymisierte Hure und in die asexuelle mütterliche Seelenfreundin geprägt hatte. Es ist strittig, wie nahe Franziskus und Klara einander als Liebespaar gekommen sind. Aber dass es mehr als nur ein Gleichklang in der Religiosität war, ist nicht zu bezweifeln.

Klara wächst in einem begüterten Hause mit zwei jüngeren Schwestern auf. Der Vater scheint oft abwesend gewesen zu sein. Ihre späteren Briefe weisen sie als intelligent und gut geschult aus. Schon früh fallen ihr starker Wille und ihre soziale Einstellung auf. Aus Mitgefühl verzichtet sie auf Speisen, die sie armen Leuten zukommen lässt. Von vornherein will sie unverheiratet bleiben. Am Körper trägt sie ein rauhes »*Büßerhemd*«, um ihre Gefühle zu kontrollieren. So gilt sie im Ort schon früh als kleine Heilige. Mit 17 lernt sie Franziskus kennen, der ihr predigt und ihr zuredet, sich zu Jesus Christus zu bekehren. Rasch kommen beide einander näher. Gegenseitige Besuche, häufiger sie bei ihm, mit Sorgfalt geheimgehalten, bieten alle Anzeichen für eine enge Vertrautheit, aus der für Klara eine lebenslange tiefe Bindung an »*Vater Fran-*

ziskus« erwächst. Sie ist 18, als dieser sie in einer mit Bedacht inszenierten Aktion nach der Palmmesse in der Karwoche zuerst in eine Kirche entführt, wo er ihr *»die Jungfrauen-Weihe«* erteilt. Bald fliehen auch die jüngeren Schwestern zu Klara ins Kloster, später folgt noch die Mutter. Klara verkauft ihr gesamtes Erbe und schenkt es den Armen. Unter der Bedingung, dass Franziskus dort persönlich eine besondere Fürsorge übernimmt, zieht Klara mit einigen Mitschwestern nach San Damiano, das inzwischen als kleines Kloster hergerichtet worden ist. Dort verbleibt sie bis zum Ende ihres Lebens. Nur widerwillig übernimmt sie später auf Drängen von Franziskus das Amt einer Äbtissin.

Dass ihre Bindung an diesen nicht nur dem religiösen Seelenführer, sondern einem heftig begehrten erotischen Partner gilt, verrät eine Vision, vermutlich ein Traum, den eine Mitschwester notiert hat:

»Sie trägt ein Gefäß mit heißem Wasser zusammen mit einem Handtuch die Treppe hinauf zu Franziskus. Da zieht dieser aus seiner Brust eine Warze hervor und sagt zu Klara: Komm, nimm und sauge. Sie tut es. Er ermuntert sie, noch einmal zu saugen. Was sie heraussaugt ist so süß und angenehm, dass sie es in keiner Weise erklären kann. Als sie gesaugt hat, bleibt dieses runde Ding oder Mundstück der Brustwarze, aus dem die Milch herauskommt, zwischen ihren Lippen zurück. Und als sie das, was ihr im Mund geblieben ist, mit den Händen anfasst, da scheint es ihr, dass es Gold sei, so klar und leuchtend, dass sie sich ganz darin sieht, so ähnlich wie in einem Spiegel.« [9]

Auch wenn man an das Hineinwirken mystischer Symbolik denkt, ist die Sexualisierung des Wunsches nach Vereinigung unverkennbar. Sie empfängt von Franziskus ein wunderbares Geschenk aus seinem Innern, möchte es als kostbar behalten. In dem, was er ihr von sich gibt, erkennt sie sich selbst. Es ist ein Vorgang in Gegenseitigkeit: Sie saugt, er gibt. Sie ist von ihm im wörtlichen und im übertragenen Sinne *»erfüllt«*, aber findet dabei und durch ihn ihr eigenes Selbst.

In der Praxis bleibt ihrer beider Beziehung asymmetrisch. Er kann als freier Wanderprediger herumziehen. Sie bleibt im Kloster eingesperrt, wie dies der Papst für alle Nonnen vorschreibt, und

---

9 H. Feld: Franziskus von Assisi und seine Bewegung, S. 421

Franziskus stimmt mit dieser Verordnung sogar überein. Immerhin erkämpft sie den freien Zugang der franziskanischen Brüder zu ihrem Kloster. Obwohl chronisch kränklich, entfaltet sie aus der Klausur heraus dennoch eine erstaunliche Wirksamkeit. Erfolgreich behandelt sie körperliche und psychische Störungen ihrer Mitschwestern und anderer Patienten. Nach dem Tod des Franziskus versinkt sie nicht in Passivität, sondern bewahrt vollauf ihre Willenskraft. Als sarazenisches Militär 1240 schon über die Mauer des Klosters San Damiano geklettert ist und in die Innenräume einzudringen droht, tritt sie den Soldaten betend entgegen und lässt ein Kästchen mit heiligen Sakramenten vor sich hertragen. Das ist den Muslimen unheimlich, und sie machen sich davon. Einen weiteren als Wunder gefeierten Erfolg erringt sie ein Jahr später, als die Soldaten Friedrichs II. wiederum vor Assisi erscheinen und die Stadt belagern. Es heißt, die Gebete Klaras hätten die Truppe zum Rückzug genötigt. Was immer sonst noch zur Überwindung dieser Bedrohungen beigetragen haben mag, wesentlich ist der verbliebene Eindruck, dass Klara ebenbürtig neben Franziskus in gleichem Geist eine Welt von Hass und Gewalt verändern kann. Mann und Frau können in diesem Sinne miteinander wirken, wenn die Frau nicht ihre Stärke verdrängt und wenn der Mann nicht aus Angst vor Entmännlichung seine Empfindsamkeit unterdrückt. Viel von Empfindsamkeit hat Franziskus in sich zugelassen. Nur ist offenbar ein Rest von Angst vor der Frau noch in der Billigung der klösterlichen Einsperrung Klaras wirksam. In der Hexenjagd des Spätmittelalters wird sich diese männliche Urangst sogar noch einmal zu paranoiden Exzessen steigern.

Nur 20 Jahre hatte Franziskus Zeit, den Menschen (und den Tieren) zu predigen. Klara hatte seit ihrer Bekehrung als 18-Jährige nie mehr Gelegenheit, das Kloster zu verlassen. Aber im Wirken beider hat die Mitwelt ein Wiederaufleben der Originalbotschaft des Jesus von Nazareth in der Bergpredigt entdeckt und im franziskanischen Geist eine neue Kraft gewonnen, die über die Jahrhunderte hinweg weiter wirkt. *»Franziskus schützt die Welt«*, hat Rubens sein Franziskus-Gemälde genannt. Auch Rembrandt und El Greco haben dem großen christlichen Erneuerer Bilder gewidmet. Nach Aufgliederung in verschiedene Zweige haben sich die Franziskaner inzwischen wieder zu einer einheitlichen Ordensgemeinschaft zusammengeschlossen, die in

Seelsorge, Schule, Wissenschaft und Mission tätig ist. 20.000 Mitglieder wirken in 3000 Niederlassungen. Aus Klaras Frauengemeinschaft von 1212 ist der 2. Franziskaner-Orden hervorgegangen. Unlängst lebten noch über 11.000 Klarissen in 496 Klöstern. Auch außerhalb der Katholischen Kirche haben sich franziskanische Gemeinschaften erhalten.

14. Kapitel

Nachlassende Glaubensgewissheit. Ohnmachtsangst. Kompensatorischer magischer Allmachtsdrang (Stein der Weisen). Projektion von Strafängsten: Drei Jahrhunderte Hexenverfolgung

Der franziskanische Geist verweist auf die Demut als wesentliche Grundlage für eine Aussöhnung des Menschen mit sich selbst, seiner Sterblichkeit und seinen sozialen und natürlichen Bindungen. Die Demut findet ihren Halt in religiöser Ehrfurcht vor der verpflichtenden göttlichen Macht. In der griechischen Antike war sich der Mensch seiner selbst sicher im Einklang mit dem göttlichen Kosmos. Dieser Einklang ging jedoch verloren, bis das Christentum unter Vermittlung der Kirche wieder einen inneren Halt gab. Aber allmählich schwächt sich im Mittelalter die Glaubensicherheit in dem Maße ab, in dem innerhalb des Klerus selbst der Wesenskern der Botschaft Jesu – Liebe, Demut, Versöhnung – an integrierender Kraft verliert, und als ein Machtstreben einsetzt, auf dessen Kehrseite Angst und Selbsthass anwachsen, die dann schließlich in das Verfolgungssystem der Inquisition einmünden. Die Gegenbewegung des Franziskanertums lässt noch einmal die Hoffnungen und die Bindungskräfte des Urchristentums ans Licht kommen. Aber im Kräftemessen erweist sich, dass der Machtwille nicht mehr durch die Gegenkräfte des *»ordo amoris«* aufgehalten werden kann. Die Papstkirche kostümiert sich mit franziskanischen Ideen und räumt diesen eine maßvolle Entfaltung, allerdings unter kirchlicher Aufsicht und Ordensgesetzlichkeit ein. Das revolutionäre geistige Potential des Franziskanertums kommt somit nie zu ungehinderter Selbstgestaltung.

Der innerhalb der Kirche ohnehin gewachsene Drang nach Herrschaft und Selbstbehauptung, in den Kreuzzügen mit militärischem Eroberungsehrgeiz gepaart, erhebt das Selbstgefühl in den besser Gebildeten zu einer wachsenden egoistischen Ansprüchlichkeit. Es geht um das Überwinden von Abhängigkeit nach außen wie nach innen, um die Stärkung des Ich und den

Ausbau seiner Autonomie. Die im Manichäismus und in den *»Bekenntnissen«* des Augustinus so dramatisch sichtbar gemachte Verfolgung durch die Sexualität wird allerdings allmählich als Thema wieder hoch aktuell. Der Selbsthass, der mit dem sich allmählich abschwächenden Glaubenshalt bzw. mit dem wachsenden narzisstischen Machtehrgeiz einhergeht, macht sich auf die Suche nach neuen Projektionszielen, nachdem das klassische Ketzerfeindbild nicht mehr den Sündenbockbedarf sättigen kann. So verschiebt sich der Trend der sadistischen Projektion etwa ab Mitte des 16. Jahrhunderts schwerpunktmäßig auf die Hexerei und auf die Frauen. Zu gleicher Zeit ist die Welt des Magischen aber nicht nur von Hexen und dem Satan bevölkert, sondern auf der Gegenseite sind Gelehrte und Ärzte auf der Suche nach magischen Mitteln und Künsten, um den Menschen mit wunderbaren Kräften auszustatten und seine Krankheiten zu heilen. Es ist das Vorstadium des später auf rationale Wissenschaft gestützten Machtstrebens, in dem man vorerst mit Zeichen- und Traumdeutung, Zahlenmystik und Wahrsagung die Natur beherrschen will. Insgeheim ist man schon dabei, sich die göttliche Macht zu erschleichen, der man sich bisher gläubig ergeben hatte. In dem Gedanken, dass es ein einziges einfaches Geheimmittel geben müsse, das alle Lebensprozesse steuere, klingt noch die Vorstellung des einen und einzigen Gottes an, dessen Zaubermacht es zu erringen gelte. So richtet sich die alchemistische Suche auf den geheimen *»Stein der Weisen«*, von dem erwartet wird, dass er alle Krankheiten heilen, alle Stoffe in Gold verwandeln und alle Geister in die Gewalt seines Besitzers bannen könne.

Aus diesen Bestrebungen lässt sich ahnen, was mit der Theorie des *»Gotteskomplexes«* angesprochen ist: Die schwindende Gottesgewissheit schlägt in den Anspruch um, den verlorenen Halt durch Eroberung eben der Macht zu ersetzen, in deren Schutz man sich bisher geborgen glaubte: Flucht aus der Ohnmacht gleich in die Allmacht. Und das sollte straflos möglich sein? Eben nicht. Vielmehr liegt es nahe, in der gleichzeitig ausbrechenden Angst vor Hexen- und Satanszauber der Kehrseite des eigenen magischen Machtwillens zu begegnen. In den Hexen verfolgt der männliche Jäger also eigentlich sich selbst, die eigenen Triebe, die eigene Zügellosigkeit.

Die Hexenjagd, die drei Jahrhunderte andauern wird, ist eines der blamabelsten und deshalb auch am dürftigsten erforschten

Kapitel der abendländischen Geistesgeschichte. Aber sie kann deshalb nicht übergangen werden, weil von ihr Spuren bis in die aktuelle Verfolgungsmentalität und in die Gut-Böse-Spaltung des neuzeitlichen Weltbildes hineinreichen. In der Hexenjagd geht es um männliche Macht, Ohnmacht und Angst. Das Phänomen würde eigentlich am besten Platz in einer Psychiatrie-Geschichte des Mittelalters finden. Wüsste man nicht, dass Papst und Kaiser die Hexerei theologisch und juristisch als kriminelle Tatbestände behandeln und regeln, wäre man geneigt, die ganze Angelegenheit tatsächlich nur unter klinischen Kriterien abzuhandeln. Aber Papst Innozenz VIII. erkennt in seiner Bulle *»summis desiderantes«* bereits 1484 die Hexendelikte als verfolgungswürdig an. Viele europäische Staaten beschließen Gesetze gegen die Hexerei. Im Heiligen Römischen Reich Deutscher Nation wird die peinliche Halsgerichtsordnung von Kaiser Karl V. 1532 erlassen und zur strafrechtlichen Grundlage für Jahrhunderte. Da heißt es: *»Item so jemand den Leuten durch Zauberei Schaden oder Nachteil antut, so soll man strafen vom Leben zum Tod. Und man soll solche Strafe mit dem Feuer tun.«* [1] England, Schweden, Norwegen, Russland verabschieden entsprechende Hexengesetze. Es ist ein Beispiel dafür, wie ein krankhafter Wahn zu einem Teil des gesellschaftlichen Lebens wird und diejenigen, die darin eine Verrücktheit erkennen, zu Ignoranten oder Glaubensfeinden macht.

Die Welt ist unheimlich geworden. Von fundamentalen Ängsten angetrieben, sieht man überall Gespenster. Die Hexen bilden den internationalen Terrorismus vom 15. bis zum 18. Jahrhundert. Sie verüben hinterrücks die grausamsten Anschläge und halten die *»Sicherheitsdienste«* jener Zeit in Atem. Die Folterungen zur Geständnis-Erpressung sind die gleichen wie heute. Wer die Hexerei leugnet und *»Hexen«* in Schutz nimmt, macht sich genauso als *»Sicherheitsrisiko«* verdächtig, wie es unlängst denjenigen widerfuhr, die im Irak an dessen versteckten Massenvernichtungswaffen zweifelten. Wie heutzutage überall Video-Überwachung, Telefon-Kontrollen und Geheimdienst-Observationen die Bürger begleiten, so waren es damals grenzenlose Denunziationssysteme. Gewiss ist es ein Unterschied, ob man echte Terroristen oder Gespenster jagt. Aber auch die verbotenen Waffen im Irak waren

1 In H. Kramer: Der Hexenhammer

Gespenster so wie die dortigen islamistischen Terroristen, die der Krieg dort erst hervorbrachte.

Im 15. Jahrhundert verdrängt die Hexe jedenfalls den klassischen Ketzer als Hauptfeindbild der Inquisition. Ihr Unwesen treibt sie vor allem in Form des Schadenszaubers. Mit Zaubersprüchen hext sie Menschen und Tieren Krankheiten an und trifft sich mit ihresgleichen zu geheimem nächtlichem Hexensabbat. Geschlechtsverkehr mit dem Teufel gehört zu den Standard-Anklagen in den Hexenprozessen. In seiner Bulle führt Papst Innozenz ferner als typische Verbrechen an: Schäden an Weingärten, Obstgärten, Wiesen, Getreide und anderen Erdfrüchten. Ganz speziell bezichtigt er die Hexen, Männer an der Zeugung, Frauen an der Empfängnis und beide Geschlechter an der Erfüllung ehelicher Pflichten zu hindern.

Mit diesem Papst hat sich ein Inquisitor zusammengetan, der bereits vom Vorgänger Sixtus IV. zu dieser Funktion bestellt worden war, nämlich Heinrich Kramer, demnächst Autor des »*Hexenhammer*«, des ersten großen Bestsellers nach Erfindung des Buchdrucks. Dieser Heinrich Kramer stellt die Frau, obwohl auch eine Minderheit von Männern angeklagt wird, in den Mittelpunkt seines Handbuches für Hexenrichter. Er zieht durch Oberdeutschland, heftet seine päpstliche Ernennungsurkunde zum Inquisitor an die Kirchentüren. In seinen Predigten fordert er die Gemeinden unter Strafandrohung zur Denunziation von Verdächtigen auf. Es hagelt Anzeigen. Frauen gestehen, sich mit dem Teufel eingelassen zu haben und werden daraufhin verbrannt. In seinem Buch »*Hexenhammer*«, das 30 Auflagen erreicht, erläutert er mit blühender Phantasie die hexenhafte Zaubermacht der Frauen, wobei er die in der Papstbulle aufgeführten Verbrechen kommentiert. So überschreibt er ein Kapitel mit der Frage: »*Ob die Hexen die Zeugungskraft oder den Geschlechtsakt hemmen können?*«[2] Weitschweifig bejaht er diese Frage auf neun vollen Seiten. Im nachfolgenden Kapitel schildert er »*Das Blendwerk*«, durch das Hexen Männern vorspiegeln, dass man ihnen ihr Glied weggenommen habe. Lots Ehefrau zur Salzsäule erstarren zu lassen, sei gewiss schwieriger gewesen, als

2 H. Kramer: Der Hexenhammer, S. 256

den Besitz des Gliedes aus dem männlichen Bewusstsein zu entfernen.[3]

Von acht Professoren lässt sich Kramer »*wissenschaftlich*« bestätigen, »*dass Schadenszauber mit göttlicher Erlaubnis geschehen könne infolge Mitwirkung des Teufels ... Dies steht im Einklang mit der Heiligen Schrift.*«

Die Hauptursache der weiblichen Hexerei steht für Kramer fest: »*Es ist die sexuelle Leidenschaftlichkeit der Frauen neben ihrer Charakterschwäche.*« Wörtlich konstatiert er, »*dass alle Hexerei von der fleischlichen Lust kommt, die bei Frauen unersättlich ist.*« Die Anthropologie der Frau deute demzufolge auf eine größere Sündenauffälligkeit hin, ein angeborener Defekt quasi, unreparierbar, der die Frau zum natürlichen Einfallstor der Dämonen in die menschliche, männliche Gesellschaft werden lasse.[4] Diese Auffassung teilt er außer mit Klerikern auch mit weltlichen Richtern, z.B. mit dem Magistratsrat Bodin,[5] der von der »*bestialischen Gier*« der Frauen spricht, auch mit dem Richter Boguet,[6] der behauptet, der Teufel pflege mit allen Hexen sexuellen Umgang, da er wisse, »*dass Frauen die fleischlichen Vergnügungen lieben*«.

* * *

Der darüber berichtende B.P. Levack hält es für belegt, dass Ende des 16. Jahrhunderts die meisten gebildeten Europäer von der schadensstiftenden Magie und vom Satanskult der Hexen überzeugt gewesen seien. Geherrscht habe der Glaube, »*dass Hexen buchstäblich von Angesicht zu Angesicht mit dem Teufel einen Pakt abschließen. Dieser Pakt gab der Hexe nicht nur die Fähigkeit, maleficia (Schadenszauber) zu vollbringen, sondern nahm sie in die Dienste des Teufels. Der Vertragsabschluss vollzog sich in einer förmlichen Zeremonie, nachdem der Teufel der Hexe meist als ansehnlicher und gut gekleideter Herr erschienen war und sie mit dem Versprechen materieller Belohnung oder sexueller Ver-*

3 H. Kramer: Der Hexenhammer, S. 265ff.
4 H. Kramer: Der Hexenhammer, S. 21
5 zit. nach B. P. Lerack, S. 135
6 zit. nach B. P. Lerack, S. 135

gnügungen verlockt hatte.« »Als Zeichen der Hörigkeit drückte der Teufel dann ein Zeichen auf den Körper der Hexe, meist an einer verborgenen Stelle«. Ausdrücklich betont Levack, *»dass der Hexenglauben in dieser Form, soweit es die Beziehung zwischen den Hexen und dem Teufel betrifft, vorwiegend von den Gebildeten und den herrschenden Schichten und weniger vom gemeinen Volk geteilt wurde«. »Die große europäische Hexenjagd konnte nicht beginnen, bevor die herrschenden Eliten, besonders diejenigen, die die Gerichtsbarkeit kontrollierten, sich die oben beschriebenen Vorstellungen über die teuflischen Aktivitäten der Hexen angeeignet hatten«.*[7]

Diese Forschungsergebnisse sind bemerkenswert, weil die gängige Volksmeinung genau umgekehrt den Hexenglauben als wahnhafte Vorstellung ungebildeter Schichten einzustufen pflegt. Das ist also falsch. Mehrere Päpste und Kaiser Karl V. haben ihn geteilt. *»Huren des Teufels«* hat Luther die Hexen genannt, und sie sollten alle verbrannt werden. Der Reformator Calvin ist gleicher Meinung: *»Eine Hexe sollst du nicht am Leben lassen«.* Beide sind keine Hexenverfolger, bestätigen jedoch die offizielle Auffassung.

***

Die Zahl der europäischen Hexenprozesse wird auf 100.000 geschätzt, davon knapp die Hälfte mit Verurteilung zur Hinrichtung. Deutschland mit etwa 50.000 Prozessen rangiert vor Polen mit zirka 15.000, der Schweiz und Frankreich mit je 10.000, den Britischen Inseln und Skandinavien mit je 5.000. Von Böhmen, Ungarn, Siebenbürgen und Russland liegen keine Zahlen vor. Ungefähr mit 10.000 Prozessen rechnet man in den Mittelmeerländern Spanien, Portugal und in den Städten Italiens. Warum müssen die Europäer am Ende des Mittelalters noch die grausige Pathologie der Hexen-Psychose durchleben, ehe sie zur Neuzeit der Aufklärung und der Wissenschaft vordringen? Die Verwunderung darüber, dass gerade die gebildeten Schichten, einschließlich Theologen und Rechtsgelehrte, der Infektion mit dem Hexenhass erliegen, lässt nach, wenn man daran denkt, dass speziell diese

7 B.P. Levack: Hexenjagd, S. 37f

Gruppen darauf aus sind, sich gegen die überlegene Triebmacht der Frauen zu schützen. Immer wieder drängt sich die Erinnerung an Augustinus auf, der seine geistige Freiheit am Ende nur durch Verstoßen der Frau erringt, die gleichsam seine Triebsünden entsorgen soll. Die Vorstellung liegt nahe, dass die gesamte Periode der Hexenverfolgungen mit dem Bestreben der gebildeten Männerelite zu tun hat, die mit der Entfesselung des eigenen Herrschaftswillens verbundenen Ängste und Selbstbestrafungsbedürfnisse auf die Frauen abzuspalten und durch deren Erniedrigung und Verfolgung zu bändigen.

* * *

Im Grunde ist es immer noch der gleiche Kampf, den Augustinus als schauriges Drama in seinen *»Bekenntnissen«* geschildert hat. Nur war es im frühen Mittelalter noch nicht die Frau, deren Bedrohung sich der um Autonomie ringende junge Mann zu erwehren hatte. Sondern es war sein eigenes Fleisch, das seinen Geist fesselte und unterjochte. Insgeheim aber tobte schon der Kampf um die Autonomie des Ich, um die Freiheit des Willens – im Vorfeld der Phantasie von der Selbstvergöttlichung. Der aufbegehrende Augustinus unterwarf sich am Ende jedoch. Er tauschte die Unfreiheit des Willens gegen die Gnadenhoffnung. Er bereute seine Superbia, seinen Hochmut, und nahm den Zölibat auf sich. Die namenlos gebliebene Partnerin schickte er fort und verdiente sich damit die Selbsternennung zum gottgesegneten Seelenführer.

1000 Jahre später ist das widerständige männliche Ich nicht mehr kapitulationswillig. Unterdessen hat es die Fähigkeit entwickelt, die Bedrohung seines Herrschaftswillens auf die Frau zu projizieren. Sie repräsentiert nicht mehr nur das Fleisch, das dem Geist unterworfen werden kann, sondern spiegelt dem Mann dessen eigenen Bemächtigungswillen in hexenhafter Dämonie wieder. Im Bunde mit dem Teufel bedroht sie nicht nur die männliche Potenz und Fruchtbarkeit, sondern übt einen grenzenlosen Schadensterror aus. Da ist kein Übel, dessen Herbeiführung sie nicht mächtig wäre. Ihre unheimlichen Kräfte bezieht sie aus ihrer durchgängigen Komplizenschaft mit dem Teufel, in dem sich der hemmungslosere männliche Machtwille des ausgehenden

Mittelalters widerspiegelt. In magischen Phantasien tauchen die Vorformen von Größen- und Herrschaftsvisionen auf, die in der späteren technischen Revolution zur Realisierung gelangen werden. So zieht sich *»die Krise der Männlichkeit«*, Titel dieses Buches, durch die ganze westliche Geistesgeschichte. Wie noch zu zeigen sein wird, lässt die Neuzeit noch lange keinen Fortschritt im Sinne einer glückenden Zivilisierung erkennen. Das dunkle Endzeitgedicht Senecas (s. S. 135) könnte auch heute wieder geschrieben sein.

15. Kapitel

Wissenschaft wird Herrschaftsinstrument. Francis Bacon – Vordenker und Prototyp der modernen Gigantomanie. Im Schatten die Ehrfurcht Pascals

Die allmähliche Abschwächung des Hexenglaubens vollzieht sich im Zug eines antiautoritären Intellektualisierungsprozesses. Die Reformation bedeutet ein Aufbegehren gegen katholische Dogmen und Rituale. Das selbstbewusste Ich sucht Befreiung von Bevormundung. Aber das heißt für Luther und Calvin nicht etwa Zweifel an der Existenz des Teufels. Luther gibt an, mit dem Teufel persönlich gekämpft zu haben, der in der ganzen Welt seine Macht ausübe und jeden zur Auseinandersetzung zwinge – in einer persönlichen Verantwortung, von der ihn die Kirche nur sehr bedingt entlasten könne.

Die Kritik am Hexenglauben gewinnt schrittweise in der Philosophie, Theologie und in den Wissenschaften die Oberhand. Auch in den katholischen Ländern wächst der Zweifel an der Hexerei und an der Rechtsmäßigkeit ihrer Verfolgung. Als die Wissenschaft beginnt, an scholastischen Dogmen zu rütteln, lässt sich die Kirche noch auf einige spektakuläre Ketzerprozesse ein. Aber sie muss hinnehmen, dass der erstarkende wissenschaftliche Intellekt nur noch als wahr hinnimmt, was ihm als klar und deutlich einleuchtet und kritischer Überprüfung standhält.

René Descartes, einer der großen Wegbereiter des neuen rationalistischen Zeitalters, will im Fortschritt seines wissenschaftlichen Erkennens keine aufbegehrende Herausforderung der Kirche, vielmehr ein legitimes Nacheifern auf den Spuren des göttlichen Vorbildes sehen. So schreibt er in der dritten seiner »*Meditationen*«: *»Doch vielleicht bin ich etwas mehr, als ich selbst einsehe, und sind alle die Vollkommenheiten, die ich Gott zuschreibe, der Möglichkeit nach irgendwie in mir enthalten, wenngleich sie sich noch nicht entfalten und noch nicht zur Aktualität gelangt sind; mache ich doch schon an mir die Erfahrung, dass meine Erkennt-*

nis nach und nach wächst. Und ich sehe nicht, was dem im Wege stände, dass sie so mehr und mehr wüchse bis ins Unendliche und warum ich nicht vermöge der so gewachsenen Erkenntnis alle übrigen Vollkommenheiten Gottes sollte erreichen können?« [1]

Diese Sätze benennen präzise die Intention des neuen Zeitalters mit seinem erwachenden Glauben an einen ins Unendliche wachsenden Erkenntnisforschritt, wobei die Maßlosigkeit des Anspruchs zunächst noch beklommen macht, weswegen Descartes seine *»Prinzipien der Philosophie«* mit einer Demutsgeste gegenüber der Kirche beschließt: *»Allein dennoch bin ich dabei stets meiner Schwachheit eingedenk und behaupte nichts unbedingt, sondern unterwerfe alles sowohl der Autorität der katholischen Kirche wie dem Urteil der Einsichtigeren.«* [2]

Descartes versucht das Kunststück, sein Verlangen, gottgleich zu werden, dadurch zu mildern, dass er die Existenz des lebendigen Gottes nicht nur anerkennt, sondern sogar beweisen zu können versichert. Sein berühmter *»Gottesbeweis«* lautet, einfach ausgedrückt: Es muss Gott geben, denn die Idee seiner Vollkommenheit kann nicht aus meiner eigenen Unvollkommenheit hervorgegangen sein, sondern er muss sie mir eingepflanzt haben. Er kann also nur die Ursache der mir offenbarten Idee sein. Das ist zwar keine zulässige Anwendung des naturwissenschaftlichen Kausalitätsgesetzes, aber wohl ohnehin eher als demonstrative Huldigung gemeint.

Vor Descartes hat bereits der Brite Francis Bacon (1561–1620) den Geist des neuen Zeitalters noch umfassender vorausphantasiert, indem er weniger über die intellektuelle Vervollkommnung des Menschen als über den Ausbau seiner Herrschaft über die Welt nachdenkt. Er hält sich nicht länger bei hemmenden Skrupeln auf, ob es schicklich sei oder ob es der Kirche gefalle, wie er die Welt verändern will. Er muss nicht mehr, wozu sich noch die vorausgegangenen Geschlechter verpflichtet glaubten, Ketzer und Hexen bestrafen, um Gott mit den eigenen Lastern zu versöhnen. Aus dem Blick verschwunden ist auch längst die vermeintlich naive Gutmenschenwelt des Franziskus, der Klara und der Elisabeth. Jetzt ist der Mann an der Reihe, die Welt durch

1 R. Descartes: 3. Meditation, S. 28
2 R. Descartes: Prinzipien der Philosophie, S. 248

Wissenschaft in Besitz zu nehmen und zum eigenen Vorteil und nach eigenem Belieben umzugestalten. Carola Meier-Seetaler hat Bacon als den eigentlichen Schöpfer des Begriffes *»Superman«* ausfindig gemacht. Es ist die Bezeichnung, die Bacon – nach Meyer-Seetaler – *»den zukünftigen Herren über die Natur verlieh. Im nun anbrechenden ›männlichen Zeitalter‹ sollen sie die Natur wie eine Sklavin unterwerfen und durch ihre künstlichen Werke in den Schatten stellen.«* [3]

Bacon sagt zwar nicht, wie später Nietzsche, *»Gott ist tot«*, aber er verhält sich in dieser Weise, narzisstisch besessen von der Idee, der mittelalterlichen Ohnmacht durch den Entschluss zur eigenen wissenschaftlich-technischen Weltbeherrschung zu entrinnen. Es ist der schon früher zitierte Umschlag von einer bedrückenden Ohnmacht in eine grandiose Allmacht, über alles, was den Menschen bisher klein und furchtsam gemacht hat. Mit seinen Erfindungen wird sich der *Superman* zu einer bisher undenkbaren Freiheit erheben. Dazu wird er sich der unterworfenen Naturmächte bedienen, die bisher seine Existenz bedroht oder geschwächt haben.

Bacon macht einen großen geistigen Sprung über die Moralphilosophen des 18. Jahrhunderts, über Rousseau, die französische Revolution und die Romantik hinweg. In seiner Utopie *»Neu-Atlantis«* phantasiert er einen utopischen Inselstaat, den er bereits vor 400 Jahren mit vielen Errungenschaften der wissenschaftlich technischen Revolution ausstattet. Diese Errungenschaften sind das logische Ergebnis seiner sensationellen neuen Philosophie. Nach dieser ist Wissenschaft nicht nur dazu da, den Menschen mit Erkenntnissen geistig zu bereichern, sondern ihn mit immer mehr Macht über die Dinge auszustatten. Freud vorausgreifend entdeckt Bacon in wissenschaftlicher Neugier nicht primär die Sehnsucht nach tieferem und umfassenderem Naturverständnis – wie Kepler, Spinoza, Newton, Einstein – sondern ganz konkret die Chance zur Instrumentalisierung von Wissen zu Bemächtigungszwecken. Enträtselung der Geheimnisse des Weltenbaus zum bloßen ehrfürchtigen Betrachten seiner Gesetze, worum es Kepler und später Einstein geht, ist für Bacon schwächlich und *»weibisch«*. Er kennt nur ein Ziel für die Forschung: Unterwerfen

3 C. Meier-Seethaler: Das Gute und das Böse, S. 89

und Herrschen. Dies schwebte ja auch schon den magischen Philosophen und Ärzten der jüngsten Vergangenheit vor. Aber nun ist dieses Streben gewissermaßen intellektuell gereinigt. Es zählt nur noch, was man nüchtern berechnen und empirisch beweisen kann, um dieses Wissen für die Umgestaltung der Welt nach menschlichen Interessen auszubeuten.

Bacon entwirft vor 400 Jahren einen Inselstaat, den er prophetisch mit der Technik der Modernen ausstattet.[4] Winde werden von Maschinen aufgefangen, künstlicher Regen und Schneefälle werden hergestellt. Stürme und Überschwemmungen lassen sich vorausberechnen. Beherrscht wird die Entsalzung von Meerwasser. Nach Belieben kann man Geruchs- und Geschmacksstoffe künstlich erzeugen. Lebensmittel kann man vor Verwesung schützen. Mit Hilfe von systematischen Tierversuchen probiert man neue Medikamente aus. Tierversuche dienen auch zur Weiterentwicklung der Chirurgie. Erfundene Hörgeräte eignen sich zur Therapie von Schwerhörigkeit. Über Flugmaschinen und sogar über U-Boote verfügen die Bürger von *»Neu Atlantis«*, wie Francis Bacon diesen Inselstaat getauft hat. Eine Errungenschaft sei noch erwähnt, weil sie den Grundantrieb dieser Gesellschaft besonders markant ausdrückt: Das ist der Bau von Türmen von phantastischer Höhe. Die Baumeister von *»Neu Atlantis«* konstruieren Wolkenkratzer, die bis zu einer halben Meile in den Himmel aufragen, so hoch also, wie die erst in Planungsentwürfen skizzierten gewaltigsten Hochbauten der Moderne. Sie symbolisieren den von allen Hemmungen befreiten Drang vom *Superman*, wahrhaft über sich hinauszuwachsen und sich durch keine äußere – oder innere – Autorität mehr aufhalten zu lassen. Drängt sich da nicht doch der Verdacht auf, dass die Gigantomanie ihr Gegenteil verbirgt? Nämlich die Verzweiflung des Supermans über seine reale Zerbrechlichkeit, die für ihn Nichtigkeit heißt? Soll nicht die Eroberung übermenschlicher Höhe in überkompensatorischer Phantasie die tatsächliche eigene Kleinheit und Vergänglichkeit zu vergessen helfen? Es taucht auch wieder das Bangen des Mannes um seine phallische Potenz auf, jetzt also das Unterdrücken dieser Angst durch monumental erigierte Hochbauten. Ein für alle Mal soll die Bedrohung gebannt sein,

4 F. Bacon: Neu Atlantis, S. 171

die vor kurzem noch projektiv den Hexen zugeteilt war, nämlich die Vernichtung der Manneskraft. Die Hexe, die das männliche Glied wegzaubern kann, braucht nicht mehr verbrannt zu werden. Sie ist weg, weil der *Superman* ihr keine Schwachstelle mehr bietet. Superman Bacon demonstriert, wie der neue Mann seine Potenz retten kann. Er muss nur in sich selbst alle Gefühle beherrschen, die ihn schwach, verführbar und verletzbar machen. Dann ist die Angst verflogen. Liebe nennt er ein »*Kind der Torheit*«. In keinem seiner 58 Essays spielen Frauen eine nennenswerte Rolle. In seinem Essay über die Liebe stimmt er Plutarch darin zu, dass Liebe und Weisheit einander ausschließen. Großer Geist und große Werke »*verschließen dieser schwächlichen Leidenschaft die Tür*«,[5] erklärt er rundheraus. »*Aus gerechtem und erheblichem Grunde*« enterbt er seine spät geheiratete junge Frau, die nach seinem Tode einen ihrer Diener heiratet. Bacon selbst hält sich zum Missfallen seiner Mutter einen Diener als Bettgenossen.

Der entscheidende Punkt ist eine Lebensphilosophie, die durchweg von männlichem Machtehrgeiz und Verachtung der schwach machenden Gefühle geprägt ist. Wenn er als Einziger seiner Zeit die Kultur der technischen Moderne so exakt vorausdenken kann, so darf man unterstellen, dass ihm diese Prophetie nur so großartig gelingen kann, weil nicht nur sein Intellekt, sondern seine gesamte psychische Verfassung den Geist der Neuzeit vorwegnehmen kann. Da ist erst einmal die Befreiung des naturwissenschaftlichen Denkens von allen Hemmungen des Bemächtigungswillens. Die Natur ist dazu da, vom *Superman* beherrscht zu werden. Da ist kein Platz für Sentimentalitäten. Auch in der sozialen Welt verdient taktischer Kalkül Vorzug vor allen moralischen Skrupeln. Flexibilität, Leitbegriff modernen Managertrainings, wird von Bacon wie von seinem Geistesverwandten Machiavelli bereits glänzend beherrscht. In meine Satire »*Die hohe Kunst der Korruption*« (1989) hätte er gut als Beispiel hineingepasst. Allerdings nur bedingt als Erfolgsbeispiel.

Zur Erinnerung: Bacon beginnt als unbezahlter »*Gelehrter Rat*«. Mit beispielhafter Geschmeidigkeit preist er sich dem König für die Rolle des leitenden Ministers an: »*Ich werde bereit*

5 F. Bacon: Essays über die Liebe, S. 42

sein wie eine Schachfigur, wohin Eurer Majestät königliche Hand mich setzt.«[6] Durch Umwerben eines besonderen Günstlings des Königs gelangt er schließlich an das Ziel seines unbändigen Ehrgeizes. 1613 wird er *»Attorney-General«*, 1617 Siegelbewahrer, ein Jahr später Lordkanzler und Pair des Königreiches als Baron Verulam. Als 60-Jähriger empfängt er 1621 noch die Würde des Viscount St. Albans. Europaweit glänzt sein Ansehen obendrein als Philosoph und Schriftsteller. Dann aber lässt ihn eine Anklage wegen Bestechung steil abstürzen. Von allen Seiten erntet er die Gnadenlosigkeit, die er zuvor die anderen hatte spüren lassen. Aus dem Parlament fliegt er heraus. Kurz wird er sogar im Tower eingesperrt. In seinem Testament hofft er auf *»barmherzige Nachrede der Menschen, von ausländischen Nationen und kommenden Zeitaltern«*.

Folgt man der genannten Mutmaßung, dass Bacon die High-Tech-Zivilisation der Moderne nur deshalb so genau voraussehen kann, weil seine persönliche Struktur dazu die passenden Dispositionen enthält, so wäre vielleicht zu fragen, ob sein schmählicher Absturz am Ende nicht als Warnzeichen von denjenigen verstanden werden sollte, in deren Welt er sich prospektiv so genau einfühlen kann, also von den modernen Repräsentanten eines Machtehrgeizes ohne Grenzen.

* * *

Zurück zum 17. Jahrhundert, als sich ein neues Selbstbewusstsein bildet, dem der Intellekt mit dem erwachten wissenschaftlichen Denken einen starken Halt bietet. Aber reicht diese Stärke aus, um die bisherige Glaubensabhängigkeit zu ersetzen? Bacon empfiehlt, Gott beizubehalten, weil dieser den Glauben an die Veredelung des menschlichen Wesens stütze: *»Das Beispiel des Hundes zeigt, welcher Edelsinn und Mut ihn beseelt, wenn er vom Menschen erzogen wird, der für ihn die Stelle eines Gottes oder einer ›melior matura‹ vertritt«.*[7] Also Gott als moralische Stütze für das einfache Volk, entbehrlich aber offenbar für seinesgleichen, wie er mit seiner persönlichen Korruptionsanfälligkeit

6 Einleitung von L. Schücking in F. Bacon: Essays, S. IX–XLIII
7 F. Bacon: Essays über den Atheismus, S. 74

demonstriert. Bacon empfiehlt eine sich weit ausbreitende Kompromisslösung: Gott als Erziehungshelfer, Sittenwächter und Bundesgenosse gegen das selbst definierte Böse. Aber da sind auch die anderen, die sich im Inneren und in der Welt erst durch religiöse Bindung vollständig fühlen, ja diese als eigentlichen Kern ihrer Existenz wahrnehmen. Wie können die einander widerstrebenden Bedürfnisse in Einklang gebracht werden, oder muss das Letztgenannte endgültig in den Hintergrund treten?

* * *

Der unmittelbar zeitlich Bacon nachfolgende Blaise Pascal erfährt diese Spannung bereits in jungen Jahren. Begeistert für Mathematik und Physik erfindet er vom 18. bis zum 21. Jahr eine tatsächlich funktionierende Rechenmaschine – eine Hilfe für den als Steuerbeamter wirkenden Vater. Mit einigen weiteren mathematischen Entdeckungen lässt er aufhorchen. Aber er will nicht nur die Natur, sondern noch zuvor den Menschen verstehen. In dieser Phase wird er mit einer christlichen Gruppe um das Zisterzienserinnen-Kloster Port-Royal nahe Versailles bekannt, die in ihm eine radikale religiöse Wandlung auslöst. Asketische Strenge und Hilfe für die Armen prägen nun seinen Lebensstil. Seine philosophischen Skizzen bezeugen seinen inneren Kampf. Neben Infinitesimal- und Wahrscheinlichkeitsrechnung formuliert er in den »*Pensées*« fragmentarische Thesen, in denen er die in der Wissenschaft liegende Gefahr benennt, sich über die eigene Endlichkeit zu erheben und in der Erforschung der Natur das beschränkte menschliche Maß zu überziehen:

»Die Menschen machen sich an die Erforschung der Natur, als ob sie ein gleiches Maß mit ihr hätten. Es ist etwas Seltsames, dass sie den Ursprung der Dinge haben verstehen und von dort alles erkennen wollen, in einer Vermessenheit, die ebenso unendlich ist wie ihr Gegenstand. Denn es besteht kein Zweifel, dass man diesen Plan nicht fassen kann ohne eine Vermessenheit oder eine Fähigkeit, die so unendlich ist wie die Natur.«[8]

Pascal erkennt präzise den Scheidepunkt: Will der Mensch aufbrechen, um den Fortschritt der Wissenschaft bis ins Unend-

8 B. Pascal: Gedanken, Sammlung Dieterich, S. 149

liche zu treiben? Das ist größenwahnsinnige Überheblichkeit. Außerdem entzieht er sich dabei jener anderen Ordnung, die er nur mit seinem Herzen erfassen kann und die ihn lehrt, wozu er bestimmt ist: *»Das Herz hat seine Ordnung; der Geist hat die seine, und die besteht aus Prinzip und Beweis. Das Herz hat eine andere.«* Und diese kann man nicht von einer Ursachenkette her beweisen, das wäre lächerlich. *»Jesus Christus und der heilige Paulus haben die Ordnung der Liebe, nicht die des Geistes; denn sie wollten anfeuern, nicht belehren.«*

Sehr deutlich ist Pascals Nähe zu Franziskus, mit dem ihn auch die enge Durchdringung der Lebenspraxis mit der Glaubenserfahrung verbindet. Wiederholt klingt seine Sorge vor der Grenzenlosigkeit des Machtanspruchs der Wissenschaft an, als ahnte er bereits das im 1. Teil geschilderte Erschrecken mancher heutiger Spitzenforscher über die Nähe großartiger Triumphe zur Gefahr des Absturzes in die Unmenschlichkeit.

Bacon repräsentiert diejenige geistige Strömung, die der mittelalterlichen Unmündigkeit durch Erstarken der Macht über die Natur und über die als schwächlich und weibisch entwertete Gefühlswelt im eigenen Inneren entrinnen will. In Pascal wehrt sich eben diese unterdrückte *»ordre du coeur«* gegen den an die Wissenschaft delegierten Machtehrgeiz. Vielleicht ist die Krankheit, die Pascal bald überfällt und zu seinem frühen tragischen Ende führt, nicht zuletzt Ausdruck dieser ungelösten psychischen Spannung. Aber der innere Kampf des genialen Wissenschaftlers um seinen Glauben, von dem sich vieles in den *»Pensées«* abbildet, ist ein über die Lebenszeit Pascals weit hinausreichendes bewegendes Drama. Romano Guardini stellt Pascals Fragmente, die in den *»Pensées«* zusammengefasst sind, in ihrer Bedeutung neben die *»Apologie«* und den *»Phaidon«* Platons und die *»Bekenntnisse«* des Augustinus. Jedenfalls zählen sie zu den stärksten Zeugnissen, die uns den geistigen Aufbruch in die Neuzeit mit Fragestellungen und Warnungen deutlich machen, die nichts von ihrer Aktualität verloren haben.[9]

Aber es ist der von Bacon gepriesene Herrschaftswille, der – mit Unterbrechungen – die Psychologie der Moderne beherrschen wird. Sehr deutlich nimmt Bacon den alten Kampf um die Vor-

9 B. Pascal: Gedanken, Sammlung Dieterich, S. VII

herrschaft des Männlichen auf. In seinen Warnungen vor den Nachteilen und Gefahren der Liebe klingt durchweg die Angst vor Schwäche an. Sie zieht herunter. Im Streben nach Macht, und um die geht es allein – auch in der Wissenschaft –, zählt nur Stärke. Keiner der Großen aus der Geschichte der Menschheit habe sich je von der Liebe hinreißen lassen. »*Am besten halten die, die sich der Liebe nicht entschlagen können, sie fest im Zaum und trennen sie scharf von den ernsthaften Angelegenheiten des Lebens.*« Sonst »*macht sie aus ihm (dem Mann) ein Wesen, das seine Ziele völlig aus dem Auge verliert.*« Liebe hat ihren Höhepunkt in Zeiten der Schwäche, was allein schon beweise, »*dass sie ein Kind der Torheit ist.*«[10]

Bacon strotzt vor Selbstbewusstsein, so dass ihn kein Hexenwahn mehr schreckt, aber seine Warnungen vor weiblicher Beeinflussung sind unübersehbar, obwohl er sich in einer Reihe mit den großen Eroberern des neuen Zeitalters fühlt, mit deren vergoldeten oder versilberten Standbildern er in seiner Utopie zwei monumentale Säulenhallen füllt. Da stehen Kolumbus, die Erfinder des Schießpulvers, der Buchdruckerkunst, die großen Astronomen und andere Helden. Die wirksamste Waffe zur Erstarkung der Superman-Kultur erkennt Bacon indessen in der Energie wissenschaftlicher Forschung.

Aber wie ist diese Energie vor Erschöpfung und Verfall zu schützen? Dies wird sich bis in die Gegenwart hinein noch als eine Schwachstelle in der Entwicklung der naturwissenschaftlichen Superman-Kultur herausstellen. Denn der Triumphzug der von Bacon, Descartes, Galilei eingeleiteten neuen Bemächtigungswissenschaften speist sich eben nicht nur aus kraftstrotzender Kühnheit sondern erwächst zugleich aus Angst vor Ohnmacht und Leere in einer gottverlassenen Welt. Eine unabhängige Selbstsicherung ist die Rettung aus einer Ungeschütztheit, die an frühkindliche Deprivation erinnert. Alle Fährnisse und Unbilden, denen gegenüber man sich bisher göttlicher Fügung überlassen hatte, müssen in menschliche Gewalt gebracht werden. So erwartet Bacon in seiner Vision vom neuen Zeitalter »*Erleuchtungen*« zum Vorbeugen, Abwenden und Beherrschen von: »*ansteckenden Krankheiten, Schwärmen schädlicher Tiere, Hungersnöten,*

10 F. Bacon: Essays, S. 42

Unwettern und Stürmen, Erdbeben, Überschwemmungen, Kometen, Temperaturschwankungen und anderen Naturerscheinungen.« Das ist ein wahnwitziges Vorhaben. Aber die vorausgesehene Superman-Gesellschaft muss das leisten. Manischer Größenwahn wird heimlichen Vernichtungsängsten abgerungen. Wiederum wird die Sexualität zum symbolischen Schauplatz, wo phallischer Machtdrang und schockierende Entmännlichungsängste miteinander ringen. Künftig sind es indessen nicht mehr die dem Teufel verfallenen Hexen, die Männer kraftlos und impotent machen, sondern diese müssen das Böse in die eigene Verantwortung nehmen. Die Natur hat ihnen einen Energievorrat mitgegeben. Es liegt an ihnen, diesen zu hüten oder zu vergeuden. Aus dem Bösen wird Pathologie. Der unkontrollierte Trieb ruiniert biologisch. Sexuelle Ausschweifungen beleidigen nicht mehr Gott, sondern zehren am natürlichen Energievorrat. Die Sündenangst maskiert sich naturwissenschaftlich. Die Naturwissenschaft als Ersatzreligion bringt als neue Priesterschaft die Ärzte hervor, von denen allerdings manche es schwer haben, ihre Rolle von der Bußprediger-Tradition frei zu halten, wie im Folgenden zu zeigen sein wird.

16. Kapitel

Sexualängste als Symptome einer kulturellen Krise nach pubertärem Muster. Hufeland, Freud, Nietzsche

Zur naturwissenschaftlichen Fortschrittsphantasie gehört automatisch die Verlängerung des individuellen Lebens. Noch Ende des 18. Jahrhunderts trifft der spätere königliche Leibarzt Christoph Wilhelm von Hufeland – therapeutischer Betreuer von Goethe, Schiller und Herder – genau den Nerv seiner Zeit mit dem zweibändigen Bestseller »*Die Kunst, das menschliche Leben zu verlängern.*« Hufeland wendet sich speziell an die Jugend und empfiehlt sein Buch den Schulen, denn auf den Akademien komme die Aufklärung meistens zu spät. Gleich das erste ausführliche Kapitel des praktischen Teils trägt den Titel: »*Ausschweifungen in der Liebe – Verschwendung der Zeugungskraft – Onanie, sowohl physische als moralische*«. Das seien die wichtigsten Mittel zur Verkürzung des Lebens. Es folgt eine Schadensliste, die fast an die Horrorbeispiele des »*Hexenhammer*« erinnert. Verträglich sei der Triebgenuss nur in der Ehe, wenn man ihn höheren moralischen Zwecken unterwerfe. Das männliche Geschlecht sollte ihn nicht vor dem 20., das weibliche nicht vor dem 18. Jahr zulassen. Schrecklich sei das »*Gepräge*«, das die Onanie beiden Geschlechtern aufdrücke. Dieses Gepräge schildert Hufeland wie folgt: »*Kraftlosigkeit, Totenblässe, Verwelken des Körpers, Niedergeschlagenheit der Seele*«.

»*Der Sünder ist eine verwelkte Rose, ein in der Blüte verdörrter Baum, eine wandelnde Leiche.*« »*Das Auge verliert seinen Glanz und seine Stärke, der Augapfel fällt ein, die Gesichtszüge fallen in das Längliche, das schöne jugendliche Aussehen schwindet, eine blassgelbe bleiartige Farbe bedeckt das Gesicht. Der ganze Körper wird krankhaft empfindlich, die Muskelkräfte verlieren sich, die Hände zittern, es entstehen Schmerzen in allen Gliedern.*«

»*Das ganze Leben eines solchen Menschen ist eine Reihe von geheimen Vorwürfen, peinigenden Gefühlen, Unentschlossenheit, Lebensüberdruss, und es ist kein Wunder, wenn endlich Anwandlungen zum Selbstmord entstehen, zu denen kein Mensch mehr aufgelegt ist als der Onanist.«* [1]

So geht es fort. Zuletzt könne daraus eine wahre Gemütskrankheit werden. Ausschläge, Geschwüre, Lungensucht, Ohnmachten und ein früher Tod seien zu befürchten.

Laut Hufeland befindet sich die sexuelle Triebhaftigkeit auch im Erwachsenenalter noch in permanentem Widerstreit mit den kulturellen Anforderungen, denn sie behindere das Denken. Beide Tätigkeiten schöpften aus der gleichen Quelle der Lebenskraft: *»Je mehr wir die Denkkraft anstrengen, desto weniger lebt unsere Zeugungskraft; je mehr wir die Zeugungskräfte reizen und ihre Säfte verschwenden, desto mehr verliert die Seele die Denkkraft, Energie, Scharfsinn, Gedächtnis. Nichts in der Welt kann so sehr und so unwiederbringlich die schönsten Geistesgaben abstumpfen als diese Ausschweifung.«* Von Hufeland stammt übrigens auch der Begriff *»Sublimierung«* als *»Veredelung«* der Lebenskraft, die Freud später *»Libido«* nennen wird.[2]

100 Jahre später erweckt Sigmund Freud den Eindruck, dass es ihm immer noch schwer falle, die Masturbation vollständig zu entdämonisieren. Es ist, als könne die seit Augustin durch das ganze Mittelalter hindurch wirksame Sündenangst ihre Spuren nicht tilgen. Im *»Schlusswort der Onanie-Diskussion«* 1912 stellt Freud fest: *»Die klinische Beobachtung mahnt uns, ›die Rubrik schädliche Wirkung der Onanie‹ nicht zu streichen. Jedenfalls haben wir es bei den Neurosen mit Fällen zu tun, in denen die Onanie Schaden gebracht hat.«* Außer neurotischen Auswirkungen nennt Freud noch eine andere angebliche Folge der Masturbation, die allerdings nicht ohne Weiteres zu den Schädigungen zu rechnen sei. *»Eine gewisse Herabsetzung der männlichen Potenz und der mit ihr verknüpften brutalen Initiative ist kulturell recht verwertbar. Sie erleichtert dem Kulturmenschen die Erhaltung der von ihm geforderten Tugenden der sexuellen Mäßigkeit und Verlässlichkeit.«* [3]

---

1 Ch. W. Hufeland: Die Kunst, das menschliche Leben zu verlängern, Bd. II, S. 11–15

2 Ch. W. Hufeland: Die Kunst, das menschliche Leben zu verlängern, Bd. II, S. 11–15

3 S. Freud: G.W., Bd. XIII, S. 334–245

Jedenfalls gewährt Freud der Sexualität keineswegs, wie ihm vielfach unterstellt wird, einen pauschalen Freispruch. Genau wie Hufeland beharrt er auf der physikalischen Vorstellung, dass es das gleiche Energiereservoir sei, um dessen Ausbeutung sexuelle und geistige Aktivität miteinander konkurrierten. Dem Anschein nach hat sich also das uralte moralische Menschheitsproblem in eine Frage natürlicher Zweckmäßigkeit gewandelt. Aber es geht ja um positive oder negative Auswirkung auf den Kulturprozess, also schließlich doch um die Stiftung von Heil oder Unheil, um Wohlverhalten oder Unmoral. Wer frevelt, d.h. seinen Sex nicht zügelt, den verlässt nicht nur die körperliche, sondern auch die geistige Energie.

***

Hufeland und erst recht Freud stellen die Pubertät als die entscheidende Krisenphase der Sexualentwicklung dar. Freud schildert das ödipale Drama der Rebellion des Sohnes gegen den Vater an der Schwelle des Durchbruchs in die Erwachsenheit. Wendet man den Blick von der Individualpsychologie zur Entwicklung der Kultur, so kann man die kühne Frage wagen, ob nicht der Aufbruch zur wissenschaftlich technischen Revolution auf kultureller Ebene eine gewisse Parallelität zu dem individuellen Schlüsselkonflikt der Pubertät aufweist. Freud selbst legt diesen Gedanken nahe. Er schildert die Kulturentwicklung als allmähliche Überwindung von kindlicher Hilflosigkeit, die ursprünglich zum Glauben an einen beschützenden und tröstenden Gottvater geführt habe. Je mehr nun aber der Intellekt erstarke, schwinde für den Menschen die Notwendigkeit, sich einem göttlichen Lenker und Tröster zu unterwerfen, und so sei er dabei, sich mehr und mehr auf die Macht des eignen Wissens zu verlassen. Entscheidend ist also die Machtfrage. Und die Sexualität ist insofern davon betroffen, als der Mensch an ihr beweisen kann und muss, ob er ihr gegenüber die Oberhand behält oder ihr erliegt. Sie gehört zum »*Es*«, das sich gegenüber dem »*Ich*« mit seinem Drang ungezügelt durchsetzen kann oder sich dessen Kontrolle unterwirft. Die mit dem Namen Freud verbundene sexuelle Revolution lehrt also nicht etwa eine ungebändigte Triebabfuhr, sondern Mäßigung und sublimierende Umsteuerung der Energie auf kulturelle Ziele. Damit nähert er sich wieder Hufeland, dem er sogar auch in der physikalischen Vorstellung von einem begrenzten quantitativen Energievorrat beipflichtet, der nicht zu Lasten geistig-kultureller Strebungen verschleudert werden dürfe.

Nachdenklich macht aber nun, dass Freud die im 18. Jahrhundert verblasste Angst vor der Verführungsmacht der Frau wieder belebt. In seinem späteren Text über *»Das Unbehagen in der Kultur«* wirft er den Frauen unverblümt vor, sie träten *»in einen Gegensatz zur Kulturströmung«* und entfalteten *»ihren verzögernden und zurückhaltenden Einfluss.« »Die Frauen vertreten die Interessen der Familie und des Sexuallebens; die Kulturarbeit ist immer mehr Sache der Männer geworden, stellt ihnen immer schwierigere Aufgaben, nötigt sie zu Triebsublimierungen, denen die Frauen wenig gewachsen sind. Da der Mensch nicht über unbegrenzte Quantitäten psychischer Energie verfügt, muss er seine Aufgaben durch zweckmäßige Verteilung der Libido erledigen. Was er für kulturelle Zwecke verbraucht, entzieht er großenteils den Frauen und dem Sexualleben.«*[4]

Die Erinnerung wird wach an die Warnung des Paulus vor Eva als Anstifterin des Sündenfalls im 1. Brief an Timotheus, weiter an die Stigmatisierung der Frau im Manichäismus, an Augustins Demütigung seiner langjährigen Partnerin und natürlich an den bis ins 18. Jahrhundert hineinreichenden Hexenglauben. Jedenfalls hält Freud an dem bereits in dem Aufsatz über die *»kulturelle Sexualmoral«* von 1908 genannten Vorurteil strikt fest: dass den Frauen die Gabe der Triebsublimierung nur in geringerem Maße zugeteilt sei.

Der Zölibat und das Verbot des Priesteramtes für Frauen in der katholischen Kirche helfen, das Vorurteil von der angeblichen weiblichen Sublimationsschwäche zu konservieren. Verwunderlich scheint, dass Freud den zu seiner Zeit bereits deutlichen Emanzipationsdrang der Frauen weitgehend ignoriert, obwohl er von wissenschaftlich aktiven Schülerinnen, vornan seine höchst kreative Tochter Anna, umgeben ist. Er kann oder will nicht wahrhaben, dass sich Frauen in immer größeren Scharen dem Klima des Machtehrgeizes und der technisch ökonomischen Denkweisen anpassen. So erinnert er ungeniert an die Legende von der ver-

4 S. Freud: Bd. XIV, S. 463

meintlichen weiblichen Denkschwäche und schreibt noch 1928 in *»Die Zukunft einer Illusion«*, *»dass man den Frauen im Allgemeinen einen so genannten ›physiologischen Schwachsinn‹ nachsagt, d.h. eine geringere Intelligenz als die des Mannes.«* [5] Die Tatsache selbst sei zwar strittig, aber Grund für eine intellektuelle Verkümmerung könnten speziell den Mädchen auferlegte sexuelle Denkhemmungen sein. Heute würde Freud über die rasch wachsende Zahl von Frauen in Führungspositionen staunen. Aber genau besehen, geht es ihm wohl ohnehin weniger um das vermeintliche weibliche Intelligenzdefizit als um die ihm bedrohlich scheinende Übermacht von emotionaler und erotischer Frauenpower. Als ausgeprägter Rationalist passt Freud sehr genau zum Zeittrend, nämlich zur Entwertung des Emotionalen schlechthin zugunsten des intellektuellen Bemächtigungswillens. Die *»logique du coeur«* Pascals und der *»ordo amoris«* Schelers zählen zur Region des *»ES«*, das sich wie das Pferd dem Reiter der Lenkung des *»Ich«* unterwerfen sollte. Dem intellektuellen Ich gebührt die Herrschaft über die gesamte emotionale Welt, in der die Frau das Übergewicht hat. Die Frau sei die infantilere, der Mann der erwachsenere. Die Frau hänge noch am kindlichen Glauben, der Mann sei über diesen schon hinausgewachsen. Wie Francis Bacon plädiert Freud indessen *»für die Beibehaltung des religiösen Lehrsystems als Erziehungsgrundlage«*, damit das noch denkschwache Kind eine Illusion habe, die seinen Wünschen und Trostbedürfnissen entgegenkommt. Also Religion als Nahrung für kindliche Einfalt und als Anstandshilfe für eine Übergangszeit.[6]

Kein Wunder also, dass Freud nichts von dem Gefühl der Verbundenheit mit dem Ganzen zu spüren versichert, das der große Pazifist Romain Rolland ihm nahe zu bringen versucht. Die Idee, dass der Mensch durch ein unmittelbares Gefühl seinen Zusammenhang mit allem Leben erfassen könne, erscheine ihm, Freud, nur fremdartig. Denn nach außen behaupte das Ich doch klare Grenzlinien, abgesehen vom Zustand höchster Verliebtheit. Freud repräsentiert den Zeitgeist des modernen Ich-Menschen. In seiner Entwicklungspsychologie kommt das Kind schon als

5 S. Freud: Bd. XIV, S. 371
6 S. Freud: Bd. XIV, S. 375

Narzisst auf die Welt. »*Ursprünglich enthält das Ich alles, später scheidet es eine Außenwelt von sich ab.*« Das Kind erbaut gewissermaßen in Phasen die Welt der Objekte, zugleich mit dem in ihm wachsenden »*psychischen Apparat*«. Die Entwicklungsphasen, die es durchläuft, sind ihm zwar mit ihren Aufgaben vorbestimmt. Aber was es aus sich und mit den anderen macht, wie es sich in der Familie inszeniert, das geht von ihm selbst aus. In seinem Aufsatz »*Der Familienroman der Neurotiker*« beschreibt Freud die vom Kind erdichtete Familiengeschichte, nicht etwa als gegenseitigen Austauschprozess. Die Bezugspersonen stehen dem Kind in ihren vorgegebenen Rollen zur Verfügung. Es liegt an ihm, sich ihrer auf seinen vorgegebenen Entwicklungsstufen zu bedienen. In der ungarischen Psychoanalyse-Schule ist man nicht von diesem narzisstischen, sondern von einem »*Wir-Menschenbild*« ausgegangen, in welchem von vornherein alles, was das Kind erfährt und macht, im Netzwerk seiner Beziehungen betrachtet wird, in dem es aufwächst und zeitlebens eingebunden bleibt.

In dieser Sichtweise ist u.a. auch meine eigne Theorie der Familienanalyse und der politischen Psychoanalyse entstanden. Sie orientiert sich an der Theorie des Soziologen Norbert Elias, wonach das Individuum als »*offene*« Persönlichkeit zu jeder Zeit auf andere Menschen ausgerichtet und angewiesen ist. Das Geflecht der Angewiesenheiten von Menschen und Gruppen aufeinander, ihre Interdependenzen bestimmen die soziale Realität.[7] Das Bild von in sich geschlossenen Einzelnen, die jeweils eine Seele wie in einer Kapsel mit sich herumtragen, ist eine willkürliche Festlegung. Sie erinnert an Schopenhauers Unterscheidung des misstrauischen vom vertrauensvollen Charakter, wonach jener mit einer inneren Scheidewand, dieser hingegen mit dem Gefühl lebt, auch in allen anderen vorzukommen und mit ihnen verwandt zu sein. Dementsprechend drückt sich in dem Menschenbild der Interdependenz soziale Nähe, im anderen narzisstische Abgrenzung aus.

Im Zeitalter des egozentrischen Machtwillens ist der Drang des männlichen Ich gewachsen, seine Energie für die Konkurrenz im Kampf um Herrschaft für sich zu reservieren. Die Frau symbolisiert den Energieabzug für Liebe, Familie, Gemeinschaft, für

---

7 N. Elias: Über den Prozess der Zivilisation, 1. Bd., S. LXVII

Hingabe, Aufopferung, Mitgefühl. Wie es Francis Bacon vorausgesehen hat, zahlt der Erbauer der gigantomanischen Technik für seinen Allmachtswillen den Preis des Verlustes der seelischen Tugenden, die zwar das Fortleben der Menschenrasse sichern und die Natur erhalten, aber eben die Kraft zu weiterer Machtwillkür schwächen. Freud preist ausdrücklich das Glück des männlichen Eroberers, *»indem man«* – so beschreibt er es – *»als ein Mitglied der menschlichen Gemeinschaft mit Hilfe der von der Wissenschaft geleiteten Technik zum Angriff auf die Natur übergeht und sie menschlichem Willen unterwirft. Man arbeitet dann mit allen am Glück aller.«* [8]

Alle Energie also für den Angriff, für das Unterwerfen! Und dies betrifft eben auch die innere Natur, betrifft den gesamten Bereich des Gemüts, der Liebe, der Hingabe, der Empfindsamkeit, der Sanftheit. Die Libido wird quantifiziert, und so wird sie in der Form der sexuellen Vereinigung als Verlust verbucht. Sie mindert die Power zur wissenschaftlich-technischen Naturbeherrschung. Dabei gerät das Plus der Gegenseite aus dem Gesichtsfeld. Das ist die emotionale Verbundenheit, aus der erst die Verantwortung fühlbar wird, sich um das Leben und die Integrität der anderen und der Natur zu sorgen. Ohne Empfindsamkeit weiß der Mensch nicht, wo sein Angreifen und Unterwerfen zum Verletzen und Zerstören wird, wo er zugunsten momentaner egoistischer Befriedigung längerfristiges eigenes oder gemeinschaftliches Unglück heraufbeschwört.

Freuds an die Männer gerichtete Warnung vor der Frau enthüllt also zwei Elemente. Das ist unverkennbar die uralte Angst vor der vitalen Übermacht des Weibes als eines verschlingenden und den Mann bezwingenden Wesens. Die Zauberkraft der Hexe belebt wieder die Phantasie. Zugleich wird die Frau zur projektiven Entsorgung aller Eigenschaften gebraucht, die der herrschaftliche Mann als schwächlich, minderwertig und weibisch verwirft. Wiederum wird dadurch der Gedanke nahe gelegt, dass sich in unserer Kulturphase im Großen widerspiegelt, was die Pubertät des individuellen männlichen Jugendlichen charakterisiert: Superman-Träume bei gleichzeitigen Entmännlichungsängsten, heimliche Selbstvergöttlichung als Überkompensation von Ohnmachts-

8 S. Freud: G.W., Bd. XIV, S. 435

panik. Es ist im Hintergrund das eigendynamische Zusammenspiel des Gotteskomplexes: Der Drang zur Allmacht, um in der Position der Herrschaft die Hilf-, Schutz- und Gnadenlosigkeit der Gottverlassenheit zu kompensieren.

***

Der Philosoph, der in seiner familiären Biographie die kulturelle Konfliktstruktur der Aktualität am prägnantesten vorwegnimmt, ist aber Nietzsche. Unter den Nietzsche-Forschern ist Jørgen Kjaer derjenige, der mit seinem Buch *»Nietzsche – die Zerstörung der Humanität durch Mutterliebe«* präzise herausarbeitet, wie die Idee des Philosophen vom Übermenschen und das auf dieser fußende Programm einer gnadenlosen Herrenmoral aus einer pathogenen Familienstruktur hervorgegangen sind. Nietzsche, der früh seinen Vater verloren hat, bleibt sein Leben lang an seine ihn ebenso bewundernde wie überprotektiv dominierende Mutter gefesselt. Sie raubt ihm nicht die Sublimationskraft für seine enorme philosophische und schriftstellerische Kreativität, aber verwehrt ihm die Ablösung von ihr und damit die Befähigung zu einer erwachsenen Partnerschaft. Als er endlich – erstmalig in seinem Leben – zu Lou Salomé in stürmischer Liebe entflammt, bestrafen ihn Mutter und Schwester mit so massiven Anklagen und Einschüchterungen, dass er eilig zu Kreuze kriecht und in Depression verfällt. Sein Selbstgefühl bricht zusammen. Seinen Kampf um Autonomie verlegt er nun allein auf die Phantasie. An die Gestalt Zarathustras delegiert er sein *»grandioses Selbst«*, während er sich gegenüber Mutter und Schwester in demütige Unterwerfung verkriecht. Kjaer schreibt: *»Der Mann, der als Lehrer der Menschheit auftritt, ist so befangen in narzisstisch-infantilen Gefühls- und Reaktionsmustern, dass er den Gedanken nicht lange aushält, Mutter und Schwester könnten der Meinung sein, er habe sich ›schlecht benommen‹.«*[9] *»Aus Zarathustra als Sprachrohr Nietzsches sprechen letzten Endes nicht die Souveränität, die Macht, die Potenz, die Kraft der Liebe, sondern die Ohnmacht, die Verzweiflung, die Impotenz, die Unfähigkeit zu lieben …«*[10]

9 J. Kjaer: Nietzsche, S. 191
10 J. Kjaer: Nietzsche, S. 260

Aber eben das, was Nietzsche nicht ist, teilt er überkompensatorisch seinem Helden Zarathustra zu. Der ewig gehorsame Muttersohn berauscht sich am Willen zur Macht. »*Was ist gut?*«, fragt er. Antwort: »*Alles was das Gefühl der Macht, den Willen zur Macht, die Macht selbst im Menschen erhöht. Was ist schlecht? Alles, was aus der Schwäche stammt.*« »*Die Schwachen und Missratenen sollen zugrunde gehen: erster Satz unserer Menschenliebe. Und man soll ihnen noch dazu helfen. Was ist schädlicher als irgendein Laster? – Das Mitleiden der Tat mit allen Missratenen und Schwachen – das Christentum!*« Ein höherer Typus Mensch müsse gezüchtet werden. »*Aus der Furcht heraus wurde der umgekehrte Typ gewollt, gezüchtet, erreicht: das Haustier, das Herdentier, das kranke Tier Mensch – der Christ.*«[11]

Er selbst, der Geknickte, der Schwache, berauscht sich am Gegenbild des furchtlosen Verbrechers und schreibt: »*Der Verbrechertypus, das ist der Typus des starken Menschen, unter ungünstigen Bedingungen krank gemachter Mensch. Ihm fehlt die Wildnis, eine gewisse freiere Natur und Daseinsform, in der alles, was Wehr und Instinkt des starken Menschen ist, zu Recht besteht.*«

In anderer Weise als Bacon erweist sich Nietzsche als Prophet. Scharen der folgenden Generationen lesen ihn nicht etwa als wilden Romantiker oder als kranken Phantasten, sondern als Deuter ihrer eigenen Träume. Schließlich feiern sie ihn als maßgeblichen Wegweiser. Georg Lukács wird 1962 in »*Die Zerstörung der Vernunft*« feststellen: »*Die meisten seiner moralischen Feststellungen wurden zur schrecklichen Wirklichkeit im Regime Hitlers und bewahren ihre Aktualität auch als Darstellung der Moral des gegenwärtigen ›amerikanischen Jahrhunderts‹*«.[12] Heute kann man sagen: noch bis ins 21. Jahrhundert.

Aber wie kann man verstehen, dass sich in Nietzsches eindeutig neurotisch fundierter »*Herrenmoral*« Millionen wiederfinden und willig deren Einpeitschern nachlaufen? Es muss etwas von dem geschehen sein, was in Nietzsche selbst passiert ist: Ein drohendes Abgleiten in Ohnmacht und Verzweiflung, stattdessen ein Überspielen der faktischen Schwäche durch Anklammerung an eine

11 F. Nietzsche: Bd. 2, Der Antichrist, S. 1165f
12 G. Lukács: Die Zerstörung der Vernunft, 2. Bd. S. 37

Vision von Grandiosität und Übermacht – eine Wandlung von enormem Selbsthass in eine barbarische Ausrottungsmentalität.

Die Massen bewegende Faszinationskraft des Zarathustra-Nietzsche lässt sich in der Tat schwer erklären ohne die Annahme einer heimlichen Depressivität und Verzagtheit, gegen die sich ein unbändiger Herrschaftswille phallisch aufbäumt. Das psychologische Klima muss eine männliche Angst vor Entzug von Energie bzw. Potenz enthalten, die der Kompensation durch eine gigantische phallische Erektion bedarf. Wiederum drängt sich der Gedanke an eine in kultureller Dimension ablaufende Männlichkeitskrise auf. Im geschlagenen und gedemütigten Deutschland ersteht nach dem Ersten Weltkrieg die neurotische Vision des unschlagbaren welterobernden Herrenmenschen als faschistische Zarathustra Version, herstellbar in Züchtungsanstalten – bei gleichzeitiger mitleidloser Ausmerzung der *»Missratenen«* nach Nietzsches Anweisung. Es scheint fast zwangsläufig, dass dieses Land den Nährboden für die Erfindung der furchtbarsten Mittel der Massentötung liefert.

Der Anblick von Missbildungen und Behinderungen schürt Angst, weil diese an die eigene Zerbrechlichkeit erinnern. Erbliche Leiden werden zu *»unwertem Leben«*. Es kommt ein *»Gesundheitswahn«* auf, der ahnen lässt, dass auf die Bio- und Gentechnologie Riesenerwartungen an Verhinderung oder Reparatur aller Angst und Leiden bereitenden Übel zukommen. Mit Recht erinnert Bischof Franz Kamphaus in seinem FAZ-Aufsatz *»Zeige deine Wunde«*[13] an den Zusammenhang des *»Gesundheitswahns«* mit der Krankheit, nicht mehr leiden zu können.

Denn es geht nicht mehr nur um die Überkompensation von Schwäche, um die Abwehr von Entmännlichungsangst, sondern um den Sieg über das Leiden überhaupt. Der Krieg gegen den Terrorismus ist deshalb endlos und unerbittlich, weil er sich gegen die Verletzbarkeit und die Sterblichkeit schlechthin richtet. Der absolute Feind, gegen den der Mann – wie Blackett es ausdrückt – die absolute Waffe erfunden hat, ist nicht die Achse terroristischer Mächte, sondern die zum Feind erklärte eigene, durch kein Machen zu überwindende Endlichkeit. Es ist die unabwendbare, geschöpfliche Zerbrechlichkeit. Diese als Feind

13 FAZ, 18.11.2005, Nr. 269, S. 8

austilgen zu wollen, hat paradoxerweise zu der Waffe geführt, die dem Machtwillen lediglich noch die Genugtuung verschaffen könnte, das gemeinsame Ende nicht erleiden zu müssen, sondern selber machen zu können.

Dritter Teil
Analyse neuzeitlicher Strömungen

17. Kapitel

Rastloser Rekordehrgeiz. Wettkampf in der Hochbauarchitektur. Phallische Machtsymbole des Kapitalismus. Aber auch Proteste der Ergebenheit: Triumph für die Frauenkirche in München

400 Jahre später ist die Welt tatsächlich der Vision Francis Bacons sehr ähnlich geworden, und er würde in sie glatt hineinpassen. Die Wissenschaft hat wahr gemacht, was er phantasierte. Die Natur gehorcht dem Menschen, wo überall er sich ihrer Gesetze technisch bemächtigt hat. Sie hat ihn zu einem *»Prothesengott«* (Freud) gemacht. Psychologisch hat sich der neue männliche Machtmensch weitgehend in Bacons Sinn fortentwickelt: Der Eroberertyp verachtet Schwäche, Sanftheit und Leidensfähigkeit als unmännlich, aber verfällt ahnungslos in vermeintlich überwundene Zustände von absoluter Hörigkeit in archaisch atavistischen Massenbewegungen, die im 20. Jahrhundert unter Stalin, Hitler und Mao unermessliche Verheerungen angerichtet haben. Das Allmachtsstreben im technischen Fortschrittsdrang muss für die Unterdrückung der sozialen Bindungskräfte mit dem Wiederaufleben primitiver massenpsychologischer Eruptionen büßen, die der Barbarei mittelalterlicher Verfolgungsszenarien in nichts nachstehen.

Im Ganzen gesehen sind die Frauen stärker geworden, während die Männer, von den Konkurrenzerfolgen der Frauen bedrängt und verunsichert, unentwegt weiter nach phallisch narzisstischer Selbsterweiterung und -erhöhung streben. Einen anschaulichen Ausdruck findet dieser Drang unter anderem in der von Francis Bacon vorausgedachten Leidenschaft, Türme von himmlischer Höhe zu bauen. Bacon prophezeite seinerzeit bewohnte Türme, die eine halbe Meile über die Erde herausragen sollten. Das wären über achthundert Meter. Die 500 Meter sind von dem *»Taipei 101«* in Taiwan schon überschritten. 541 m hoch soll der *»Freedom Tower«* auf Ground Zero in New York werden.

Der Ehrgeiz, immer höher zu bauen, hat nach der Mitte des

19. Jahrhunderts eingesetzt. Es war ein Zufall von symbolischer Bedeutung, dass Nietzsche in seiner letzten Schaffensphase, als der Wille zur Macht alle anderen Themen in seiner Philosophie verdrängte, in Turin die *»Mole Antonelli«* entstehen sah, damals das höchste Gebäude der Welt, nach Fertigstellung 167 m hoch. Nietzsche brach in Begeisterung aus. Dieser Riesenbau erfülle seinen großen Traum von einem würdigen *»Haus des Denkens«*. Das sei die neue Architektur, in der er seine Gedanken entfalten könne.[1]

Dreimal hat der Surrealist De Chirico die gigantische Mole von Turin als Vorlage für das gemalte Bild eines Turms gewählt, der sich aus der Enge einer Häuserschlucht befreit. Bald aber sind es die kapitalistischen Großkonzerne, die den Wettkampf um die Hochbaurekorde unter sich austragen. Es entstehen die Imponierburgen des Kommerz. 1913 übertrifft das *»Woolworth Building«* mit 241 m Höhe alle anderen, bis das *»Chrysler Building«* mit 319 m vorbeizieht, das wiederum schon ein Jahr später dem *»Empire State Building«* mit 381m den Vorrang überlassen muss. Bald wird die Konkurrenz interkontinental. Allein zwischen 2000 und 2004 sind 28 Türme von mehr als 240 m Höhe entstanden. Nun läuft die Planung für den *»Freedom Tower«* auf Ground Zero, den Nachfolger der zerstörten *»Twin Towers«*. 2009 oder 2010 soll er fertig sein. *»Siegessäule«* hat ihn sein neuer Chefarchitekt David M. Childs genannt.

»Siegessäule«? Darauf angesprochen, sagt Childs: *»Das war vielleicht zu kräftig formuliert.«* Trotzdem sei der Wiederaufbau *»ein Symbol dafür, dass wir nicht geschlagen wurden«*. Nicht geschlagen? Das erinnert an die Worte Bushs nach dem 11. September: *»Das ist Krieg, und wir werden siegen!«* Aber erst einmal war es eine traurige Niederlage, wenn auch durch ein entsetzliches Verbrechen. Die Täter hatten sich selbst getötet. Saddam Hussein wurde zwar geschlagen. Aber er hatte mit dem Anschlag nichts zu tun. Osama Bin Laden blieb verschwunden. Und der Terrorismus entbrannte durch den Irakkrieg, der ihn ausrotten sollte, erst in verheerendem Ausmaß. Über 2000 US-Soldaten starben im Irak-Krieg. 15.000 wurden verwundet. 30.000 irakische Zivilisten verloren ihr Leben. War *das* ein Sieg?

---

1 NRW-Forum: Der Traum vom Turm, S. 24

Dennoch passt Bushs Trotz wie der Höhenrausch der Städte-Architektur zum Zeitgeist der unbeirrbaren Größenträume und eines unbeirrbaren Machtwillens nach dem Motto: Niemand kann uns mehr zu Leiden zwingen. »*Wer nicht leiden will, muss hassen!*« heißt eines meiner Bücher. Es ist der Hass auf Schwäche und Ohnmacht, der die Riesentürme der Moderne in den Himmel treibt. Bush gibt dem Ausdruck, als er den Amerikanern predigt: Ihr müsst nicht leiden. Ich werde für euch den Schmerz in Triumph über den Feind verwandeln. Damit repräsentiert er die manische Allmachtsvision, mit welcher der Westen, gestützt auf die Werkzeuge der technischen Revolution, gegen den großen Feind antritt, das ist die Verletzbarkeit, die Zerstörbarkeit, die unüberwindbare Endlichkeit des menschlichen Lebens. Daher sind die terroristischen Feinde, die Schurkenstaaten, nur ein vordergründiges Übel. Sie verschaffen die Illusion, dass man, wenn man diese besiegt, sich dem Ziel einer unendlichen Freiheit annähere. Deshalb mussten das Leid, die Trauer und der Anschein von Ohnmacht nach dem 11. September 2001 so rasch von den Bildern der Raketen- und Bombeneinschläge in Afghanistan und später im Irak verdrängt werden. Aber der Untergang der »*Twin Towers*«, der stolzen Trutzburg des globalen Kapitalismus, die wie dieser unzerstörbar schienen, bleibt ein Menetekel. Und sicherlich bewegt nicht wenige, die nach dem 11. September trauernd in die Kirchen geströmt sind, die Frage, ob nicht doch ein Sinn darin liege, dass ausgerechnet das Symbol der globalisierten kapitalistischen Herrschaft getroffen worden war. Nun wird dieses Wahrzeichen allerdings in noch provokativerer Grandiosität wieder auferstehen – in der Höhe von 541 m – das sind 1776 Fuß –, die an das Jahr der Unabhängigkeitserklärung der USA erinnern sollen. Der Vorsprung von 126 bzw. 124 m vor den zerstörten »*Twin Towers*« soll die erlittene Scharte auswetzen. Es muss weiter aufwärts gehen. Einer der Großen aus der Chicagoer Architekten-Elite hat diesen Drang nach unaufhaltsamer baulicher Demonstration menschlicher Selbsterhöhung so ausgedrückt:

»Es muss hoch sein –
jeder Zoll an ihm muss hoch sein –
die Kraft und die Gewalt der Höhe
müssen in ihm sein –
der Glanz und der Stolz der Begeisterung.« [2]

Jetzt aber ist bereits sicher, dass die *»Siegessäule«* als Nachfolgerin der *»Twin Towers«* in New York nicht den Weltrekord erringen wird. Denn schon sind in Dubai die Fundamente für den *»Burj Dubai«* gegossen worden, den der Chef-Architekt Adrian Smith mit 705 m schon fast auf die Höhe hinauftreiben will, die Francis Bacon in seiner Utopie vor 400 Jahren vorausgesagt hat. 2008 soll das Ungetüm mit eingebauter Eisbahn und einem drei Stockwerke hohen Aquarium bereits fertig sein. Kosten: mindestens 20 Milliarden Dollar.

***

Die Idee, es könnte irgendwann nicht mehr höher und machtvoller hinaufgehen, macht Angst. Das Fortschrittsfieber des Machtdranges erlaubt keinen Stillstand. Das Siegen muss sich fortsetzen. Warnzeichen, dass der Mensch sich umso verletzbarer macht, je weiter er über sich herauswachsen will, werden verdrängt. Aber es bleibt ein Unbehagen, das nicht durch Jagd auf Terroristen zu beschwichtigen ist, weil es mit einer unausgesprochenen Schuldangst zusammenhängt, die nach dem 11. September zurückgeblieben ist. Das Böse der Superbia, des Übermuts, vor dem Augustinus gewarnt hatte, hat sich ins Bewusstsein eingeschlichen. Die Gigantomanie mancher Städtearchitektur erregt Unbehagen. Zu dem Lebensgefühl der Massen von sozialen Verlierern, die ihren Abstand zu den Reichen ständig wachsen sehen, passen schlecht die prunkvollen Monumentalbauten der Banken, Versicherungen und der transnationalen Konzerne. Je höher die Prestigetürme des Kapitalismus emporragen, umso brutaler erniedrigen sie die Heere der Armen überall in der Welt. Die Machtsymbole des Hochmuts werden zu einer einzigen Verhöhnung für die Schwächeren, erst recht für die Elenden in den Hungerländern, in denen

2 In NRW-Forum: Der Traum vom Turm, Vorspann

die Lebenserwartung kaum die Hälfte derjenigen in den Wohlstandsregionen erreicht. Es ist, als wollten die Reichen durch die protzige Demonstration ihrer Übermacht die Delegation von Demut, Leiden und Ohnmacht an die Armen noch besonders augenfällig machen. Das aber weckt allmählich heimliche Empörung auch in den Kreisen der Mittelklasse, denen die Gefühle für Gleichheit und Gerechtigkeit, für Demut und Ehrfurcht noch nicht abhanden gekommen sind. Dann kann etwas Unerwartetes und Denkwürdiges passieren:

Unlängst wurde in München die Planung von Hochbauten bekannt, die über die Frauenkirche, das Wahrzeichen der Stadt, hinausgeragt hätten. Das rief Unwillen hervor. Ex-Oberbürgermeister Kronawitter (SPD) machte sich zum Sprecher der Widerstrebenden. Man entschloss sich zu einer Bürgerbefragung. Allgemein wurde erwartet, dass eine Mehrheit die Bereicherung des Stadtbildes durch imposante Prestige-Hochbauten begrüßen würde. Aber – die Bürgerinnen und Bürger sagten: Nein! Manche gewiss aus ästhetischen Gründen oder aus Bedenken gegen die Verengung des Blickfeldes. Aber andere wollten ganz schlicht das ehrwürdige Haus Gottes nicht im Schatten prunkvoller Konzernpaläste versinken sehen. Es gibt sie also noch, die von Pascal gelobte Ehrfurcht, mag man sie noch so oft als altertümliche Gutmenschlichkeit und Blauäugigkeit abtun.

In Köln ist es sogar die UNESCO, die dem Kölner Dom die Aberkennung des Status *»Weltkulturerbe«* androhte, weil vorgesehene hohe Neubauten die freie Sicht auf einen der eindrucksvollsten Kirchenbauten der Welt einschränken würden. Vorerst hat die UNESCO dem Dom noch nicht die hohe Auszeichnung weggenommen. Aber der Bau steht nach wie vor auf einer *»roten Liste«*. Nun hört man jedoch, dass die Investoren von sich aus ihr Vorhaben in Frage stellen, um nicht, statt Bewunderung zu ernten, in schlechtes Licht zu geraten. Warum also nicht bescheidener flach bauen? Es heißt auch, in Köln gebe es noch reichlich ungenutzte Bürofläche. Vielleicht verbreitet sich ja tatsächlich ein neuer Zweifel am Sinn protziger Gigantomanie überhaupt und speziell im Wettbewerb mit den Türmen von Gotteshäusern?

***

Während in New York die Planung des *»Freedom Tower«* voranschreitet, den die Süddeutsche Zeitung das ehrgeizigste und fragwürdigste Bauvorhaben der Gegenwart nennt, wurde unlängst ein anderer repräsentativer Neubau eingeweiht, ebenfalls in der Nachfolge eines durch Flugzeuge zerstörten Vorgängerbaues: Die Frauenkirche in Dresden. Der Anschlag auf das *»World Trade Center«* hatte 3000 Menschen das Leben gekostet. Das britisch-amerikanische Bombardement Dresdens, dem u.a. die Frauenkirche zum Opfer fiel, mehr als 35.000. In Manhattan waren islamistische Terroristen am Werk. In Dresden gehorchten reguläre Soldaten einer von Hitler begonnenen, von den Alliierten allerdings mit grausamster Härte fortgesetzten Kriegsstrategie, ebenfalls gegen ungeschützte Zivilbevölkerung. Auch die Frauenkirche war mit 91,34 m ein Hochhaus, als es 1743 fertiggestellt worden war. Aber die Höhe diente zum ehrfürchtigen Hinaufschauen, nicht zur grandiosen Selbstdarstellung. *»Allein Gott in der Höhe«* singt der Kirchenchor bei der Neueinweihung der originalgetreu nachgebauten Kirche am 30. Oktober 2005.

Es heißt, die Frauenkirche sei das Herz und die Seele Dresdens gewesen. Seit 1945 lag diese Seele unter Trümmern begraben. Viele Jahre begegneten die Menschen seitdem in der Ruine den Spuren eigenen Leids, eigener Schmach und Verbitterung. Aber dann taten sich neun Dresdener zusammen und bildeten eine Initiative für den Wiederaufbau. *»Ruf aus Dresden«* hieß ihr Hilfsappell, mit dem sie in die internationale Öffentlichkeit gingen. Es kamen viele Einwände, aber noch mehr Zustimmung. Eine enorme Spendenflut setzte ein. Von den benötigten 180 Millionen Euro kamen über 100 Millionen von privaten in- und ausländischen Spendern. In England wurde Herzog von Kent Schirmherr des *»Dresden-Trust«*, der eine hohe Summe und außerdem eine Neuanfertigung des goldenen Turmkreuzes beisteuerte, an dessen Herstellung ein Silberschmied mitarbeitete, dessen Vater den tödlichen Luftangriff mitgeflogen war.

Wie aus dem Nichts bildete sich eine internationale Selbsthilfebewegung. Es war die Bewährungsprobe für einen großen gemeinsamen Willen, sich von der psychischen Krankheit zu kurieren, die zu jener furchtbaren Bombennacht geführt hatte. Die britische Königin ließ das erwähnte goldene Turmkreuz eine Weile auf Schloss Windsor aufstellen, bevor es in Coventry gezeigt wurde und dann nach Dresden wanderte. In Coventry hatten deutsche Bomber die berühmte Kathedrale 1940 zerstört. Dort war mir 1990 die Ehre zuteil geworden, zum 50. Jahrestag des Bombenangriffs eine Versöhnungsrede zu halten. Die Kathedrale von Coventry ist Ruine geblieben. Für die Dresdner Kirche hat eine Initiativgruppe aus Coventry ein Nagelkreuz als eigene Versöhnungsbotschaft gespendet.

Als zu der großen Einweihungsfeier in Dresden etwa 100.000 Menschen auf dem Vorplatz zusammenströmten, von denen nur die Allerwenigsten das Innere der Kirche zu sehen bekamen, mögen sich manche an die Massen auf dem römischen Petersplatz erinnert haben, die dem sterbenden Papst Johannes Paul nahe sein wollten. Aber diesmal ging es nicht um einen Abschied in Trauer, sondern die Feier eines gemeinsamen Gesundungswillens.

Dass aus der Idee der kleinen Dresdener Bürgerinitiative die gewaltige internationale Aufbauleistung entsprang, sagt allein schon einiges darüber aus, dass der Zeitgeist nicht nur von einer ehrgeizigen kapitalistischen Hochbaukonkurrenz bestimmt wird, sondern dass dahinter noch religiöse Ehrfurcht und eine Sehnsucht nach Versöhnung schlummern. Versöhnung als Leistung, aber auch als ein Geschenk wie in dem Weihnachtslied: *»Christ ist erschienen, uns zu versühnen.«* Das sind heute Worte, vor denen man fast Angst hat, weil sie so gutmenschlich klingen. Aber Nietzsche hat einmal gesagt, als er noch nicht vom Übermenschen-Wahn besessen war: *»Das Gute missfällt uns, wenn wir ihm nicht gewachsen sind.«*[3]

Nur auf den ersten Blick sieht es so aus, als habe sich der westliche Mensch endgültig für die *»Nova-Atlantis«*, das heißt für die Utopie Francis Bacons, entschieden, für die Herrschaft des Superman, den weder äußere Hindernisse noch innere Hemmungen am Aufstieg zu gottähnlicher Grandiosität hindern können. Aber noch ist der neue *»Freedom Tower«* nicht fertig. Und noch ist die Warnung Blaise Pascals nicht vergessen, der an den Einsturz des Turms von Babylon erinnerte: *»Wir verbrennen vor Sehnsucht, einen festen Ort und ein endgültiges bleibendes Fundament zu finden, um einen Turm darauf zu erbauen, der sich bis ins Unendliche erhebt, aber alle unsere Fundamente bersten, und die Erde*

3 F. Nietzsche: Menschliches, Allzumenschliches II, S. 391

tut ihre Abgründe auf.« »Ich glaube, wer das recht begriffen hat, wird ruhig in dem Stande bleiben, in den die Natur ihn gestellt hat.« [4]

4 B. Pascal: Gedanken, Sammlung Dieterich, S. 152, 153

18. Kapitel

Gipfelstürmer als Flüchtlinge vor der Maschine. Extrembergsteigerinnen egalisieren die Männerrekorde. Selbstvervollständigung der Frauen. Männer im Schwanken zwischen komplementärer Selbsterweiterung und Entmännlichungsangst. Das sichtbare Leiden der Frauen ist die unsichtbare Krankheit der Männer

»Würde der Mensch damit beginnen, sich selbst zu erforschen, würde er erfahren, wie unfähig er ist, über sich hinauszugelangen.«
Blaise Pascal, Gedanken

Gleichzeitig mit dem plötzlichen Höhenrausch der Turm-Architekten nach der Mitte des 19. Jahrhunderts fallen aus England die ersten *»Alpinisten«* in die Schweiz und Tirol ein, um die dortigen Gipfel zu erobern. *»Die Seele flieht vor der immer wichtiger werdenden Maschine; darum fällt das Eintreffen der ersten englischen Alpeneroberer in der Schweiz in jenen Zeitabschnitt, wo drüben in Manchester die ersten Fabriken aus dem Boden schießen und graue Kamine in den Himmel zu schloten beginnen«*, das schreibt Werner Kämpfen 1941 in seinem *»Kleinen Zermatt Brevier«*. Sein Bild von der Flucht vor der Maschine enthält eine ahnungsvolle Deutung. Was geschieht, ist ein Versuch des Menschen, sich vor dem Verschlungenwerden im Massenzeitalter zu retten. Er baut die Maschine, die ihm einerseits neue Macht verleiht, ihn andererseits ersetzbar macht. Es wird eine Zeit kommen, dass sie ihm die Arbeit aus der Hand nehmen und ihn beherrschen wird. Er wird auf der Hut sein müssen, dass sie ihn nicht umbringt, wie es die Raketen Wernher von Brauns eines Tages beinahe tun werden. Jedenfalls borgt die Maschine dem Mann eine neue künstliche Potenz. Aber sie ist eben nicht die seine. Es ist die einer Prothese. Also steigt in ihm der Trotz hoch, die Sehnsucht nach dem Selbstbeweis, den er braucht, da ihm der Glaubenshalt immer weiter entglitten ist. Er will nicht nur himmelhohe Türme bauen, sondern die Türme erobern, mit denen die Natur ihn überragt. Diese werden zu Gegnern, die er nun zu besiegen aufbricht.

Gewiss ist es kein Zufall, dass der Höhendrang, der bald ganze Städte in Wolkenkratzer-Landschaften verwandelt hat, zeitlich mit dem Sturm auf die Berge zusammenfällt und dass beide Entwicklungen als Aufstand gegen Gefühle von Unfreiheit und Einschnürung zu lesen sind. Die himmelstürmenden Baumeister sehen ihren Drang durch die Probleme der Statik, der Baumaterialien, des technischen Gerätes behindert. Die Alpinisten stoßen auf uralte Ängste und Tabus, die den Eroberer-Ehrgeiz bremsen. Götter, Zwerge und Kobolde werden auf den Gipfeln vermutet. Geister sollen in Schluchten und Höhlen hausen. Whymper, der Matterhorn-Erstbesteiger, wurde noch vor wütenden Teufeln gewarnt, die von uneinnehmbaren Höhen Felsen auf Frevler herunterschleudern würden. Es hieß auch, oben hausten die Geister der Verdammten und der ewige Jude. Andere glaubten, auf dem Matterhorngipfel liege eine Stadt in Trümmern, die von Geistern bewohnt sei.[1] Aber auch ohne diese magischen Zutaten ging von den bislang unbestiegenen Fels- und Eisriesen eine Bedrohung aus, die nun gerade zum Meistern solcher Risiken reizte, um sich selbst Superpotenz und Unzerstörbarkeit zu beweisen. Die wildesten Gipfel wurden als Gegner gesucht, um über sie wie über böse gigantische Urväter zu triumphieren. Das ist bei den prominenten Kletterern so geblieben. Ulrich Aufmuth gerät in seiner *»Psychologie des Bergsteigens«* ins Schwärmen, wenn er diese Kämpfe der großen Alpinisten beschreibt: *»Hier wächst diesen Kämpfernaturen eine Lebendigkeit zu, die ihnen ihr ganzes übriges Leben nicht annähernd gewährt.« »Das schenkt uns ein barbarisch großartiges Lebensgefühl, das Lebensgefühl eines Raubtiers, das mit seinesgleichen ringt.«*

»Wie die Helden der frühen Sagenwelt hasten die großen Eroberer der Berge von Kampf zu Kampf …« »Der Lauf des Schicksals ähnelt auch häufig genug demjenigen der Kriegerfiguren der abendländischen Sagen: Viele sterben auf dem rastlosen Zug

1 E. Whymper: Berg- und Gletscherfahrten, S. 98

von Kampf zu Kampf, und wenige nur finden schließlich Frieden und innere Erfüllung außerhalb des unsteten Kämpferseins.« [2]

Neben den fröhlichen Bergwanderern werden diese Helden bald Idole des neuen Zeitgeistes. Der Touristenstrom hat eben erst begonnen, da entbrennt schon der Kampf um die mächtigsten Gipfel. Das Drama am Matterhorn ist symptomatisch: Wettkampf, Triumph, Tragödie. Drei siegen, vier stürzen ab. Kein Hochgebirge von den Anden bis zum Himalaja bleibt vom Ansturm der Eroberer verschont. Flieht die Seele vor der Maschine, wie es Walter Kämpfen sieht? So kann man es deuten. Maschine, das ist Anonymität, Massengesellschaft, Automatisierung. Am Berg ist der Mensch mit seinen Gefährten allein der Natur ausgesetzt. Nur sein Wille, seine Kräfte, sein Herz helfen ihm, Schwierigkeiten und Gefahren zu bestehen – wenn es ihm die Natur erlaubt. Aber warum finden gerade die bewunderten Rekordbergsteiger nur selten Ruhe und Zufriedenheit? Warum hetzen sich viele zum Tode? Auch hier droht die Sucht der Maßlosigkeit. Es ist die Unfähigkeit, sich mit den eigenen Grenzen auszusöhnen. Die Dankbarkeit, Abenteuer heil zu bestehen, die Freude an großartigen Landschaften, die Genugtuung über gelungene Unternehmungen reichen nicht – weil es mit dem Siegen kein Ende haben darf.

Einer, der viele berühmte Berge der Welt bestiegen hat und am Mount Everest schon als tot aufgegeben worden war, hat darüber sehr ehrlich geschrieben, kommentiert von seiner Frau. Es ist der amerikanische Pathologe Beck Weathers. Sein Buch heißt: *»Für tot erklärt«*. Er schreibt: *»Dass ich dem Bergsteigen verfiel, war eine unbewusste Reaktion auf eine niederschmetternde Depression, als ich Mitte dreißig war. Diese psychische Störung brachte meine ohnehin chronisch geringe Selbstachtung auf Null und stürzte mich in einen Abgrund von Verzweiflung und Elend«*. Dann die Erlösung: *»Bei einem Familienurlaub in Colorado entdecke ich die Freuden und Leiden des Bergsteigens. Zunehmend war ich überzeugt, dass die Bezwingung weltberühmter Gipfel mir Mut und Männlichkeit bescheinigen würde.«* [3]

Trainieren und Klettern vertreiben seine Depression. Er

---

2 U. Aufmuth: Zur Psychologie des Bergsteigens, S. 27
3 B. Weathers: Für tot erklärt, S. 9

ersteigt schließlich die höchsten Berge aller Erdteile. Über Wochen wissen Frau und Kinder nicht, wie es ihm ergeht oder ob er überhaupt noch lebt. Was er ihnen durch sein periodisches Verschwinden an Enttäuschung und Traurigkeit, aber auch an Zorn bereitet, das hat seine Familie in sein Buch hineingeschrieben, in dem er Rechenschaft ablegt, nachdem er am Mount Everest sein Leben fast schon verloren hatte. In einem Kältekoma hatte man ihn bereits aufgegeben, als er – mit schweren Erfrierungen – doch noch wieder erwacht. Als man ihm die erfrorenen Hände abgenommen und ihn wieder »zusammengeflickt« hat, schreibt er: *»Zum ersten Mal in meinem Leben genieße ich inneren Frieden.« »Die ganze Welt habe ich nach dem abgesucht, was mich erfüllen könnte, und die ganze Zeit besaß ich es schon.«* Und seine Frau schreibt: *»Ich glaube, meine Wut hat sich in Trauer verwandelt, in Trauer um alles, was wir nie hatten.«* [4]

Längst haben auch schon viele Frauen den Mount Everest bestiegen. Zu Hunderten waren sie bereits auf dem Matterhorn. Wo überall Männer die schroffsten Gipfel und Wände bestiegen haben – überall sind die Frauen ihnen nachgefolgt. Das ist wie bei allen übrigen Rekordleistungen im Sport, in der Wissenschaft, in der Wirtschaft, in der Politik und der Justiz. Drei Frauen haben schon acht der vorhandenen vierzehn Achttausender erklettert. Eine, die Polin Wanda Rutkiewicz, ist seit 1992 verschollen. Wer von den anderen beiden wird als erste *»Königin der Todeszone«* werden und alle vierzehn Gipfel gemeistert haben? An der Spitze liegen die Spanierin Edurne Pasabán und die Österreicherin Gerlinde Kaltenbrunner. Eine von beiden wird es schaffen, und durch ihren Rekord wird es mit einem der letzten einsamen Superman-Triumphe vorbei sein. Aber auf der anderen Seite sind da die Frauen wie Weathers Frau Peach, die auf sich nehmen, was die Männer bei ihnen zurücklassen bzw. *»entsorgen«* zu können glauben; das ist das Bewahren und Heilen von Bindungen, das ist die Kraft zu lieben, Leid zu tragen, mitzutragen und zu versöhnen.

Bei den berühmten Helden der Berge findet man vermehrt eine zeittypische Angst vor Depression. Depression, das ist Kleinheit, Enge, Minderwertigkeit, Nichtigkeit. Es ist aber auch Selbstverachtung und Selbsthass bis zum Drang zur Selbstzerstö-

---

4 B. Weathers: Für tot erklärt, S. 250

rung. Beck Weathers schildert seine Not, bevor er den Bergen verfiel: *»Ich zog mich von meinem Leben und mir selbst zurück und war kurz davor, mich umzubringen.«* [5]

Reinhold Messner wurde vor Längerem in der ZEIT von André Müller interviewt. Daraus ein Abschnitt:

Müller: *Sie sagen, Sie steigen auf die Berge und gehen zum Südpol, um nicht verrückt zu werden.*
Messner: *Richtig, ja*
Müller: *Wie sieht die Verrücktheit aus, die Sie befürchten?*
Messner: *Ich würde im Zimmer hin und her gehen wie ein wildes Tier, das man eingesperrt hat. Ich würde nicht mehr klar denken können. Ich bin als Student, der eigentlich klettern wollte, nachts häufig aufgewacht, in Angstschweiß gebadet, weil ein bestimmter Gedanke dauernd durch meinen Kopf lief. Ich habe im Kreis gedacht ...*
Müller: *Aber Sie sind nicht verrückt geworden.*
Messner: *Hätte ich weiterstudiert, statt auf den Himalaja zu gehen, hätte ich mich vermutlich erschossen.*

Messners berühmter Vorgänger Walter Bonatti, der die Matterhorn-Nordwand im Winter als Alleingänger erklettert hat, schildert seine Verfassung vor einer anderen Erstbesteigung so: *»Ich bin nervös, leicht erregt, angewidert, unausgeglichen, ohne Ziel und manchmal grundlos verzweifelt. Eines Tages kommt die Erlösung. Plötzlich springt in mir der Gedanke auf, zum Südwestpfeiler (der Drus) zurückzukehren und ihn allein zu besiegen.« »Ich beneide alle Menschen, die nicht wie ich eine solche Aufgabe bewältigen müssen, um wieder zu sich selbst zu finden.«* [6]

Seinem neuen Buch *»Gobi«* stellt Reinhold Messner einen kleinen Text von Bruce Chatwin voran, in dem er offenbar sein eigenes Lebensmotto wieder findet. Chatwin benutzt eine Passage der Pensées von Pascal, die er so deutet: Der Mensch muss zur Zerstreuung aus seinem Zimmer ausbrechen, um nicht verrückt zu werden. Sein Unglück ist die Unrast. Bricht er nicht aus, *»hat er die besten Aussichten von Halluzinationen und Selbstbeobach-*

5 B. Weathers: Für tot erklärt, S. 9
6 W. Bonatti: Berge, meine Berge, S. 80, S. 82

tung gequält zu werden und dem Wahnsinn anheim zufallen«.[7] Das könnte man so lesen, als würde Pascal diesen Ausbruch nahe legen. Aber dieser zieht sich bekanntlich umgekehrt in religiöse Verinnerlichung zurück und geht eine Zeit lang in ein Zisterzienserinnen-Kloster.

Warum ist diese Unrast so explosiv? Warum glaubt Reinhold Messner, dass er sich erschossen hätte, wenn er im Zimmer geblieben und nicht auf den Himalaja gestiegen wäre? Warum hat Beck Weathers geglaubt, seine Angst vor Unmännlichkeit durch Eroberung der Gipfel aller Kontinente besiegen zu müssen? Warum überschreibt Messner sein Buch mit dem Zitat von der Psychose, die Menschen befalle, wenn sie in ihrem Zimmer von Selbstbeobachtung gequält würden? Walter Bonatti gesteht ganz offen, dass er alle Menschen beneide, die es nicht wie er nötig hätten, die waghalsigsten Klettertouren zu unternehmen, um zu sich selbst zu finden. Aber er wie die anderen Genannten werden von großen Leserzahlen beneidet, obwohl sie ihre Motive selbst als psychopathologisch beschreiben. Denn was ist es anderes als die Abwehr von depressivem Selbsthass oder Entmännlichungsangst, wenn man in tödliche Risiken entfliehen muss, um es mit sich selbst auszuhalten – wie es die Autoren selbst bekennen? Genau genommen schildern sie sich ja selbst als Patienten, Beck Weathers allerdings als ein beinahe Wiederauferstandener, der nun kuriert ist, und sagen kann: *»Mein Verhalten war krankhaft«.*

Mit einiger Phantasie kann man in der Geschichte von Beck Weathers und seiner Familie einen Aspekt moderner westlicher Befindlichkeit in idealtypischer Verdichtung wiedererkennen. Da ist der Mann, der sich für seine Schwäche so hasst, dass er sie nicht einmal einem Helfer gestehen kann. Einen schützenden Gott hat er nicht mehr, nur noch vor sich die Chance, sich in eine narzisstische Grandiosität hineinzusteigern, in der er sich selbst bewundern und die Bewunderung der anderen erringen kann. Erst die Übermenschlichkeit Nietzsches, die Herrschaft über die eigene Schwäche und das Triumphieren über die Schwäche der anderen verschafft die momentane Genugtuung von Potenz und Vollwertigkeit. Aber da kein anderer Halt mehr da ist als der Glaube an die bewiesene eigene fiktive Großartigkeit, muss der

7 Bruce Chatwin in R. Messner: Gobi, S. 8

Selbstzweifel laufend aufs Neue besiegt werden. Und so kommt die Hetze von einem Gipfel zum anderen, vom Überqueren endloser Steppen oder arktischer Eiswüsten zu nächsten gewaltigen Naturhindernissen zustande. Es müssen in der Phantasie jeweils die mächtigsten Feinde sein, weil nur deren Einzigartigkeit den Beweis eigener Stärke und Unbezwingbarkeit liefern kann. Das Siegen darf kein Ende haben, weil sonst wieder die Depression droht. Das Buch von Weathers ist besonders deshalb so erhellend, weil es schonungslos enthüllt, was eine solche männliche Mentalität in dem vermeintlichen Sieger selbst, erst recht aber in seinen Beziehungen an Verheerungen anrichtet.

In der Konzentration auf seine Selbstbeweise verschwinden Frau und Kinder ganz aus seinem Gesichtsfeld. Wenn er sich aus der Ferne seiner Abenteuer nie bei ihnen meldet, so deshalb, weil er sie auch gar nicht mehr als wichtig fühlt. Er denkt nicht daran, dass da eine Frau um ihn bangt, die früh ihren Vater verloren hat und ihn braucht. Die sich wünscht, dass die beiden Kinder einen Vater haben sollten, den sie selbst nicht hatte. Das alles hat sie, Peach Weathers, offen immer wieder in das Buch hineingeschrieben. Sie gibt die Gefühlswelt preis, die Beck in sich selbst und damit auch von ihr abgespalten hat. Dadurch wird das Buch nicht eine von den einseitigen heroischen Männergeschichten, sondern vervollständigt den sonst oft fehlenden sozialen Zusammenhang. Man erkennt das mit dem Erobern verbundene Scheitern in der Beziehung. Man erfährt von der Kehrseite des männlichen phallischen Übermuts, das ist das Leiden der Frau und der Kinder. Da verschieben sich dann die Gewichte. Es tritt die seelische Stärke der Frau hervor, die für die Kinder die Verantwortung mitträgt, die der versagende Mann nicht einmal empfindet. Und dann nimmt sie den Mann nach 11 Operationen mit schweren Entstellungen und Behinderungen zurück, der alles getan hatte, was ihr jedes Vertrauen in seine Beziehungsfähigkeit hätte rauben können.

Sie erlebt dann aber, wie er seine Gefühle nicht wieder, sondern erstmalig entdeckt und ihr zeigen kann. Sie erlebt, wie er sich für ihren sterbenden Bruder so aufopfert und engagiert, wie sie es ihm nie zugetraut hätte. Aber erst seine fast tödliche selbstverschuldete Katastrophe und die große emotionale Tragfähigkeit der Frau konnten in diesem Fall die endgültige Zerrüttung verhindern.

Wenn man will, kann man in diesem Drama typische psychologische Züge der heutigen Situation wiederfinden: Eine dominierend von Männern geprägte Welt in Hetze nach Maß- und Grenzenlosigkeit zur Kompensation von Entmännlichungsängsten; immer mehr abgespalten von Empathie, von Gefühlen der Verbundenheit, des Sorgens umeinander, bei schrumpfender Verantwortung für die abgehängten Schwächeren und für das Leben in nachfolgenden Zeiten – eine Welt, die vorläufig noch von der größeren Tragfähigkeit und Bindungskraft der Frauen leidlich in der Balance gehalten wird.

An der Bergsteigerszene lässt sich tatsächlich einiges Typische über die Problematik der modernen Geschlechterbeziehung ablesen. Der Mann ist auf die Gipfel gestürmt, als er dort noch die Power entfalten konnte, die ihm die Maschine mehr und mehr abnahm, ehe sie ihn total zu ersetzen begonnen hat. Der Rekordehrgeiz hat ihm auf den Bergen eines der Terrains geboten, wo er sich im Bestehen halsbrecherischer Abenteuer noch einmal seiner stets gefährdeten Potenz vergewissern konnte. Nun aber ist ein Teil der Frauen ihm hinterher geklettert und schickt sich an, alle seine Rekorde einzustellen. Das Gleiche passiert ihm in zahlreichen Berufen, die lange seine Domäne waren. Die Frau hat sich in den letzten Jahrzehnten also nach der Seite der vordem als männlich definierten Psychologie hin vervollständigt.

Wie steht es aber mit der psychologischen Selbstvervollständigung des Mannes? Beck Weathers entdeckt erst, nachdem er fast schon tot war und seine Hände verloren hatte: *»Die ganze Welt habe ich nach dem abgesucht, was mich erfüllen könnte, und die ganze Zeit besaß ich es schon.«*

***

In der kritischen sozialen Bewegung der 70er Jahre machten sich viele tausend junge Männer auf, ihre unterdrückte Sensibilität zu rehabilitieren, sich in der Zweierbeziehung und als Väter in einem neuen Rollenverhältnis zu erproben. Sie gingen in betreuende und pflegerische Berufe, und viele fanden, dass es ihnen gut tat, mehr Gefühle zuzulassen und ihre Widerstandsfähigkeit mehr in Zivilcourage als in Hahnenkämpfen zu erproben. Aber die Angst, diese innere Öffnung mit Entmännlichung bezahlen zu müssen, kam schon bald wieder zum Vorschein, als es auch in der großen Politik mit der *»Compassion«* Willy Brandts und dem *»Lernziel Solidarität«* vorbei war und Pazifismus zum Weicheier-Stigma wurde. So besetzt nun nur noch ein Teil der Frauen wie bisher die Felder Sensibilität, *»Menschlichkeit«*, Fürsorglichkeit – zusätzlich aber mehr als früher auch die Felder Ehrgeiz und Power in Führungsrollen. Die Männer sind immer noch starrer, härter, emotional eingeengter. In repräsentativen Vergleichsuntersuchungen, die wir in Giessen über Jahrzehnte angestellt haben, geben die Frauen zwar durchschnittlich mehr Beschwerden an als die Männer, sind aber weniger krank – daher die These: Das sichtbare Leiden der Frauen ist die unsichtbare Krankheit der Männer.

19. Kapitel

»Pro« versus »Anti«, Vertrauen versus Argwohn als Grundkategorien der Friedensbewegung. Eine Vergleichsuntersuchung Russen-Deutsche widerlegt die Vorurteile der Hasspropaganda: »Ihr seid ja so wie wir!«

Psychologisch kann man alle geistesgeschichtlichen Epochen daraufhin ableuchten, ob in ihrer jeweiligen Grundstimmung das *»Pro«* oder das *»Anti«* überwiegt. Schopenhauer hat diesen Unterschied auf Charaktermerkmale von Personen bezogen, auf soziale Offenheit oder egozentrische Abgrenzung, auf Vertrauen oder Argwohn. Aber er hat diese relativierende Typeneinteilung nicht unkommentiert stehen lassen, sondern Offenheit, Vertrauen, Mitfühlen als Innewerden einer *»wahrhaft vorhandenen Einheit«* aller Individuen jenseits ihrer Vielheit und Verschiedenheiten angesehen.

Zu allen Zeiten gibt es Menschen, die ihre Stabilität vornehmlich im Schutz *gegen Bedrohung* suchen, also von Anti-Gefühlen beherrscht werden, und andere, die primär im *Vertrauen auf Gemeinsamkeit*, auf Verbundenheit und *Solidarität* leben. Wer in Grimms Wörterbuch sprachgeschichtlich nach den Wurzeln des Begriffs *»Frieden«* forscht, findet diese gegensätzlichen Akzentuierungen wieder. Ein Ursprung verweist auf die Wort- und Sinnverwandtschaft mit *»Freude«*. Der *»Pro«*-Frieden ist der Frieden der Freude. *»Jede Freude, meiner Seele Frieden, ist dahin«*, klagt Lotte in Goethes Werther. Aber es gibt auch den *»Anti«*-Frieden. Der kommt von dem Wortsinn Friede gleich Einfriedung, Einzäunung – also Abgrenzung, Schutz gegen Störer. Den Frieden des *»Pro«* erlebten die Deutschen in der Ära Willy Brandt. Er glaubte an die *»Compassion«*, an das Mitfühlen, an Versöhnung, Solidarität mit den Schwächeren. In diesem Sinne inspirierte er die Nord-Süd-Kommission und betrieb die West-Ost-Aussöhnung durch die Ost-Verträge. Die sozialen Reformen der siebziger Jahre waren die Frucht dieses *»Pro«*, des

Zutrauens in die Kräfte des Zusammenhalts, der Geschwisterlichkeit der Menschen. Der Frieden des *»Anti«*, der in Wahrheit kein echter, sondern ein permanenter Spannungszustand ist, wurzelt in kollektivem Misstrauen. Das Weltbild ist gespalten. Man ist ständig auf der Hut vor dem bedrohenden Bösen. Nur durch Aufrüstung, Überwachung und Spionage glaubt man, einen Unheilsverhütungs-Frieden temporär zu sichern, es sei denn, man fällt vorbeugend über vermeintliche Verfolger her. Auch diese Mentalität ist weit verbreitet und kommt solchen Politikern und Parteien zugute, die bereit liegende Verfolgungsängste zu schüren verstehen, um für ihre fremdenfeindliche Politik zu werben.

Der Psychoanalytiker erfährt, dass Misstrauen als Grundeinstellung von Menschen stets mit *Selbstmisstrauen* oder regelrechtem *Selbsthass* zu tun hat. Wie dieser auch immer aus kindlichen Enttäuschungen entsprungen sein mag, er führt oft zu einer dauerhaften sozialen Abwehrhaltung, die in der Welt permanent das Böse sucht und auch findet, um es zu bekämpfen. Diese psychische Verfassung kann sich über ganze Völker ausbreiten, die sich an Feinde geradezu klammern, um sich des geheimen inneren Selbsthasses zu erwehren. Je stärker dieses Sündenbockbedürfnis in der Motivation von rassistischen, religiösen, nationalistischen Verfolgungen mitspielt, umso mehr wächst die Neigung, solche Landsleute und Parteien zu diskriminieren, die zu Nachsicht, Toleranz und Versöhnung aufrufen. Die Friedensprediger mögen mit ihrer *»Pro«*-Einstellung noch so authentisch und glaubwürdig sein – sie machen sich unweigerlich zu Verrätern, Häretikern oder Wehrkraftzersetzern, weil sie – wenn sie erfolgreich wirken – tatsächlich die Front des Hasses und der permanenten Kriegsbereitschaft schwächen. Die Stigmatisierung und soziale Ächtung von Irakkriegs-Gegnern in den USA war ein leicht durchschaubarer Beleg für genau diesen Mechanismus.

Das Misstrauen hat seine Wurzeln aber auch im Schwinden sozialen Halts. Die Herrschaft der transnationalen Konzerne, die Globalisierung der Märkte und die schwer regulierbaren Kapitalströme schränken den sozialpolitischen Spielraum des Staates ein. Der Druck auf die sozial Schwächeren wächst. *»Eigenverantwortung«* und *»Flexibilisierung«* werden den Leuten als Rezepte eingehämmert, um sie auf die Einschränkung sozialer Unterstützung einzustimmen. Aber das erzeugt Wut nicht nur bei Gruppen mit unangemessenen Verwöhnungsansprüchen. Die Massen sind hellhörig geworden, seit ihnen die Machtelite Korruptionsaffären ohne Ende vorführt. Kanzler, Minister, Staatssekretäre, Spitzenmanager, Gewerkschaftsbosse werden bei Unredlichkeiten ertappt. Als ich bereits vor 20 Jahren für meine Satire *»Die hohe Kunst der Korruption«* die anschwellende Flut solcher Skandale sichtete, wurde mir klar, dass sich hier eine neue *Normalität* entwickelt hat, die bei der einzukalkulierenden Dunkelziffer erschreckende Ausmaße erreicht hat. Dies genau ist der Nährboden, auf dem ein Geist des Argwohns, des *»Anti«* regelrecht gezüchtet wird.

Wir erleben sozialpsychologisch in etwa die Situation des Mittelalters wieder, als der Klerus die Empörung über den eigenen Sittenverfall von sich auf Glaubensabweichler und Muslime umlenkte und sich durch deren rücksichtslose Bekämpfung Entlastung verschaffte. Wie damals Ketzerei und islamische Bedrohung zu Weltgefahren aufgebauscht wurden, um Verfolgung, Folter und Kreuzzüge zur Abreaktion zu inszenieren, so geschieht es heute mit dem islamistischen Terror. Dieser hielt sich in Grenzen, bis man ihn insbesondere durch den Irakkrieg verhundertfacht hat. Die Ankündigung weiterer kriegerischer Optionen gegen *»Schurkenstaaten«* verspricht die Fortsetzung dieser Strategie. Zwei von der Hisbollah entführte Soldaten genügen Israel, sich mit amerikanischer Rückendeckung für diese Bedrohung durch wochenlanges Bombardement des Libanon zu rächen, Beschießung eigener Städte in Kauf zu nehmen, um darauf wiederum im Nachbarland Hunderte zu töten, Zigtausende zu vertreiben, Straßen, Brücken und Kraftwerke zu zerstören.

In zahlreichen Ländern blähen sich Verfolgungsapparate aus Terroristenfurcht auf: Überall Polizei, Kontrollen, Geheimdienst-Aktivitäten, Undercover-Agenten, Video-Überwachung auf Schritt und Tritt, Denunzianten-Unwesen, Lauschangriffe – wie in der Inquisition des Mittelalters nur eben mit moderner technischer Perfektion. Argwohl überall – mit der verdeckten Absicht, dass die Leute sich vor den Terroristen mehr fürchten als vor sozialem Absturz, Armut und Not und dies, obwohl beispielsweise Deutschland auf dem eigenen Territorium noch keinen einzigen islamistischen Anschlag erlebt hat.

***

Den Deutschen hatte sich nach dem Verschulden zweier Weltkriege und dem Holocaust eine besondere Chance eröffnet, eine Pionierrolle im Durchbruch zu einem Zeitalter der Versöhnung und des *»Pro«* zu übernehmen. Insbesondere nach der Befreiung aus der Frontstaatrolle im Kalten Krieg winkte diese Gelegenheit. Aber Willy Brandt fand keinen Nachfolger für seine *»Politik der Compassion«* und der Solidarität. Mit dem Mut zum Vertrauen in die Kräfte des *»Pro«* war es vorbei. Der Reifetest des Beinahe-Infernos Cuba 1962 mündete in Scheitern. Die westlichen Nuklearmächte sagten im Atomwaffensperrvertrag *»Ja«* zur atomaren Abrüstung – noch unter dem Cuba-Schock – aber taten keinen Schritt, ihr Versprechen einzuhalten. Und die westdeutschen Politiker waren klammheimlich froh, sich verbotenerweise im eigenen Land von 150 US-Atombomben bewachen zu lassen. Aber die Bevölkerung hält still, so wie die ganze westliche Welt stillhält, obwohl ahnend, dass die zugrunde liegende Logik des Stärkekults in sich den Zeitzünder zur gemeinsamen Selbstvernichtung enthält.

Der Stärkekult verlangt, dass man präventiv zuschlagen muss, um nicht von fremder Bedrohung überholt zu werden. Einstein wollte die Atombombe, um nicht von Hitler überholt zu werden. Aber dann erwies sich das Motiv des Selbstschutzes als Selbstbetrug. Die Vernichtungsenergie machte sich selbständig – nicht die Technik, sondern die menschliche Destruktivität, der Hass, der das Inferno auslöste. Der Hass auf die verteufelten Japaner blockierte das Mitgefühl mit 200.000 zum Tode verurteilten Menschen.

Deshalb ist die gegenwärtige *»präventive«* Sicherheitspolitik unmenschlich, weil der in den Massenvernichtungswaffen materialisierte Hass nicht mehr durch versöhnendes Mitfühlen gebändigt wird. Das Gewissen bleibt stumm, wenn im Irak Tausende von Frauen, Kindern und Alten sterben müssen – angeblich zur präventiven Abwehr einer militärischen Bedrohung, die es aber gar nicht gibt. Das ist keine Panne, sondern logische Folge der Abschaltung der emotionalen Alarmglocken, die vor Entfesselung von massenmörderischer Gewalt bewahren müssten. Die Paradoxie dieser absurden Strategie liegt darin, dass die militaristische Stärkepose nichts anderes ist als Ausdruck mangelndem Vertrauens in die Werte, die immerfort laut beschworen werden – als da sind Gleichheit, Mitmenschlichkeit, Geschwisterlichkeit, Solidarität. Das Bild einer Welt, die angeblich jeden Augenblick gegen finstere Bedrohungen verteidigt und gerettet werden muss, ist nichts als die Abspiegelung tiefer eigener Zerrissenheit, Trostlosigkeit und Verlorenheit. Es ist die Flucht geheimer Verzweiflung in überkompensatorische Manie, eingebettet in die übergreifende kulturelle Psychopathologie des Gotteskomplexes.

***

Vor 20 Jahren waren noch nicht die islamistischen Terroristen, sondern die Moskauer Kommunisten Objekt der eingeimpften westlichen Verfolgungsfurcht. Als erwiesen galt, dass die Russen durch ihr System auf Generationen hinaus fest auf aggressive Welteroberung programmiert seien. Nur übermächtige atomare Bedrohung verheiße, den Moskauer Aggressionswillen vorerst durch Einschüchterung zu hemmen. Zweifel an der den Russen zugeordneten militanten Bösartigkeit galten als weltfremd, töricht und suspekt. Damals hatten wir Friedensärzte (IPPNW) bereits seit Anfang der 80er Jahre guten Kontakt mit russischen Atomkriegsgegnern aus Medizin und Sozialwissenschaften. Ich konnte durch die internationale Ärzteorganisation in Moskau wie in Washington die gleichen Vorträge über schädliche Verdrängung der atomaren Gefahr, über die Notwendigkeit von Verständigung und nuklearer Abrüstung halten. Unsere Ärztebewegung gewann nach Gorbatschows Machtantritt so viel Aufmerksamkeit, dass uns das Osloer Nobelkomitee sogar mit seinem Friedenspreis auszeichnete.

Das geschah 1985 auf dem Höhepunkt des Kalten Krieges. In Ost und West liefen die Propaganda-Maschinerien auf Hochtouren, um den Völkern weiszumachen, dass nur allerhöchste militärische Anstrengungen die Gegenseite von einem tödlichen Atomschlag abhalten könnten. Jeder Anschein eigener Schwäche könne den Feind zum Losschlagen verleiten. Die Anti-Haltung der Verfolgungsmentalität wurde systematisch auf die Spitze getrieben. In Amerika zog man Psychiater zu Rate, um mit Medienhilfe zu suggerieren, dass ein Atomkrieg ohne Weiteres zu überleben und dass es feige sei, die Bombe zu fürchten. Man hatte eine Sonderkommission aus Psychiatern und Sozialwissenschaftlern gebildet, die in einem Bericht an den *»Pioniergeist der USA«* appellierten, *»Härten als Herausforderung anzunehmen und sich gegen Verweichlichung zu wappnen«*.[1] Gemeint war, die herrschende atomare Risikopolitik in heroischer Haltung in Kauf zu nehmen und darauf bezogene Ängste zu unterdrücken. In der Bundesrepublik verfolgte die Regierung Kohl die gleiche Strategie der psychologischen Militarisierung.

So gerieten unsere Ärztebewegung wie ich selbst als deren damaliger Sprecher unter Dauerbeschuss der militaristischen Propaganda – genau nach dem Schema des bereits genannten Abwehrmechanismus. Die eingeimpfte Verfolgungsstimmung ließ es nicht zu, den Versöhnungsgedanken anders als verräterisch und feindlich zu interpretieren. In der Bundesrepublik ließ man uns Friedensärzte vom Verfassungsschutz observieren, verschwieg jedoch, wie ich später vom Ex-Innenminister erfuhr, dass diese Recherchen keinerlei Anhalt für irgendwelche Beeinflussung unserer Friedensorganisation von östlicher Seite entdeckten. Übrigens überwachte die Stasi der DDR in jener Zeit alle meine Kontakte mit DDR-Ärzten, denen als Nicht-Mitgliedern der SED oder als Bürgerrechtlern die Mitgliedschaft bei uns verweigert wurde. Meine Telefongespräche nach dem Osten und Westberlin wurden von der Stasi systematisch abgehört, wie ich aus den inzwischen zugänglichen Akten entnehmen kann.

Aller Aufwand an Diffamierung und Verdächtigung konnte aber nicht verhindern, dass die Botschaft unserer humanistischen Friedensbewegung in die Köpfe – und in die Herzen – drang. Dass Ärzte aus Ost und West gegen einen drohenden gemeinsamen Völker-Selbstmord kämpften und die Gefahren mit genauer medizinischer Sachkenntnis ausmalen konnten, überzeugte nicht nur, sondern gab vielen den Mut, der Militarisierungspropaganda zu widerstehen. Willy Brandt, Gorbatschow, Sacharow erkannten in dieser Friedensbewegung eine erwünschte Unterstützung für die Stärkung und Ausbreitung ihrer Versöhnungsideen. Allmählich brachen die Dämme der Anti-Mentalität und wurden von einer Versöhnungssehnsucht überwunden, deren Leidenschaftlichkeit kundgab, dass sie unter der Oberfläche des eingeimpften Argwohns längst bereit lag.

1 J. Lifton u. E. Markusen: Die Psychologie des Völkermordes, S. 37

Noch aber war der Eiserne Vorhang nicht gefallen, das atomare Wettrüsten nicht gebrochen, als ich meine Verbindung zu russischen Wissenschaftlern aus der dortigen Friedensbewegung nutzen konnte, um ein spannendes Projekt vorzubereiten. Die Idee war, in einer breit angelegten Untersuchung Russen und Westdeutsche (von den Ostdeutschen trennte uns ja noch die Mauer) nach ihren Meinungen über sich selbst und über die jeweils anderen zu befragen und ihre politischen Ansichten zu erkunden. Vielleicht würde uns eine solche Erhebung helfen, wechselseitige Vorurteile deutlicher zu erkennen und die psychologische Tragfähigkeit einer Politik der Verständigung besser abzuschätzen. Wie stark war noch das *»Anti«* in den Köpfen verankert, bzw. welche Anzeichen gab es für gegenseitige Annäherungswünsche?

Ich gewann die Mitarbeit auf deutscher Seite von Prof. Dieter Beckmann, Prof. Hans-Jürgen Wirth und Dr. Roland Schürhoff, auf russischer Seite von Frau Prof. Galina M. Andreeva, Dr. Leonid Gozman und Dr. Marina Gozman. Wir verständigten uns auf die Benutzung des von uns 1968 entwickelten Giessen-Tests, eines inzwischen in zahlreichen Ländern benutzen Persönlichkeits- und Gruppentests, der sich gut statistisch auswerten lässt, ergänzt durch gemeinsam vorbereitete politische Fragen. 1000 Moskauer und 1400 Giessener Studenten mit gleicher Geschlechtsverteilung aus den Fächern Wirtschaftswissenschaften, Psychologie, Medizin, Physik nahmen an der Untersuchung teil. Die Übersetzung der Fragen und die organisatorischen Vorbereitungen während der immer noch angespannten politischen Verhältnisse kosteten Zeit und Mühe. Aber endlich klappte alles nach Wunsch und Plan. Was ist herausgekommen?

Die Russen erleben sich offener, gefühlswärmer, gehen leichter aus sich heraus, zeigen ein größeres Bindungsbedürfnis, machen sich häufiger Selbstvorwürfe, tendieren eher zu Nachgiebigkeit, die Deutschen mehr zu Eigensinn. Wie weit dabei die unterschiedlichen biographischen Erfahrungen von gesellschaftlichem Zwang bzw. demokratischer Liberalität eine Rolle spielen, bleibt offen. Auf den ersten Blick überrascht, dass die im kommunistischen Atheismus erzogenen jungen Russen sich deutlich religiöser einschätzen als die Deutschen, obwohl diese in einem

System leben, das die christlichen Werte gegen die kommunistische Ideologie zu verteidigen vorgibt. Valentin Falin, russischer Ex-Botschafter in Deutschland, dazu befragt, glaubt daran, dass die religiöse Moral mit der Politik wieder mehr verschmolzen werden müsse und dass die russischen Menschen das spürten.

Noch interessanter ist nun der Vergleich der politischen Einstellungen. Beide Seiten bekunden gegeneinander kaum noch Argwohn. Fast zwei Drittel betonen Zutrauen. Nur 11 Prozent sind noch skeptisch. Von den eigenen sozialen Verhältnissen haben beide Seiten jeweils eine schlechtere Meinung als die Gegenseite, widersprechen also dadurch der Erwartung von negativen Vorurteilen. Besonders hoffnungsvoll stimmt die mehrheitliche Feststellung beiderseits, dass die Verhältnisse im eigenen Land wesentlich von der Entwicklung im anderen abhingen: Nur wenn es euch gut geht, wird es auch uns gut gehen. Das ist, wie wir in nachfolgenden Interviews erfahren, eine beiderseits geteilte Überzeugung: Wir sind, ob wir wollen oder nicht, aufeinander angewiesen. Es ist, was Schopenhauer meint, wenn er sagt, dass im Mitfühlen *»eine wahrhaft vorhandene Einheit«* zum Vorschein komme.

Ein weiterer Befund weckt Hoffnungen. Das ist ein starkes Interesse, sich rückblickend mit der Hitler- bzw. mit der Stalinzeit auseinanderzusetzen. 87 Prozent der Russen halten eine eigene kritische Beschäftigung mit der Stalinzeit für unumgänglich, so wie 86 Prozent der jungen Deutschen die gleiche Notwendigkeit für den Rückblick auf die Hitlerzeit bejahen. Bei den Deutschen haben wir noch zusätzlich geprüft, wie sich ihre Erinnerungsbereitschaft auf ihr Verhältnis zu den Russen auswirkt. Ergebnis: Je mehr die Deutschen eigene Auseinandersetzung mit der Hitlerzeit noch für wichtig halten, umso zuversichtlicher beurteilen sie die Aussicht auf eine Freundschaft mit den Russen. Dieser Zusammenhang entspricht auch Erfahrungen aus der Antisemitismusforschung. Das anhaltende Bedürfnis, alles über die Nazi-Verfolgung der Juden zu erfahren, verbindet sich in der Regel mit größerer Hoffnung, dass der Antisemitismus überwunden werden könne. Wer sich nicht erinnern will, schiebt häufig den Grund vor, dass er sich gegen einen von außen aufgenötigten Erinnerungszwang wehre, während er in Wahrheit eigenen antisemitischen Gefühlen nachgibt.[2] Wenn mehr als vier Fünftel der jungen Russen und Deutschen danach verlangen, die eigene stalinistische bzw. nationalsozialistische Vergangenheit weiterhin kritisch zu betrachten, so lässt das auf eine Immunisierung gegen Rückfälligkeit hoffen.

Die Erinnerung an den 2. Weltkrieg beschäftigt Russen wie Deutsche nach wie vor erheblich, die Russen allerdings noch vermehrt, nämlich zu 74 gegenüber 58 Prozent der Westdeutschen. Beiderseits überwiegt der Optimismus, dass die gegenseitigen Beziehungen sich erfreulich entwickeln werden. Allerdings sind die Russen darin mit 64 Prozent etwas vorsichtiger gegenüber den Deutschen mit 90 Prozent. Kann es in Zukunft noch einmal einen Krieg gegeneinander geben? Höchstwahrscheinlich nicht, sagen 80 Prozent der Deutschen, 65 Prozent der Russen, die also auch hier eine Spur skeptischer sind.

Erfahren haben wir noch, dass keine Seite an der absoluten Schädlichkeit der Atomwaffen für die Sicherung des Friedens zweifelt. Aber die Hoffnung, dass diese Waffen jemals ganz abgeschafft werden könnten, lebt in den Russen vergleichsweise erheblich stärker. 71 Prozent äußern diese Zuversicht, die nur von 15 Prozent der Deutschen geteilt wird. Zu jener Zeit hören die Russen noch laufend die Beteuerung von Gorbatschow, dass er bis zum Jahre 2000 eine atomwaffenfreie Welt erreichen wolle. Die mit dem amerikanischen Kurs besser vertrauten Deutschen behalten mit ihrer Mutmaßung Recht, dass die Amerikaner unbeirrbar eine dauerhafte atomare Übermacht und keinen Frieden des Gleichgewichts anstreben werden.

Gesellschaftspolitisch gibt es einen Einklang beider Seiten in der

---

2 Diesen Zusammenhang hat unlängst N. Lorenz in seinem Buch »Judendarstellung und Auschwitzdiskurs bei Martin Walser« Verlag J.B. Metzler, Stuttgart, dargelegt. Antisemitische Akzente in Walsers Judendarstellung lassen die Klage des Autors über aufgezwungene Schuld – und Reuebekenntnisse als psychologisches Abwehrmanöver deuten. Allerdings ist es absurd, aus der Walser Analyse gleich eine Generationen-Diagnose abzuleiten, wie das Elke Schmitter im SPIEGEL Nr. 36, 2005 tut. Flak-Helfer und Jungsoldaten sind in großer Zahl nicht mit heimlichem Trotz, sondern mit vollständiger ideologischer Desillusionierung aus dem Krieg zurückgekehrt und fühlten sich später von Willy Brandts Warschauer Kniefall in den eigenen Gefühlen verstanden. Ich kenne keine einzige Untersuchung, die bei den 1945 16–25-Jährigen eine erhöhte Anfälligkeit für antisemitische Ressentiments nachgewiesen hätte.

Klage, dass hier wie dort viel zu wenig für das Wohl der Kinder und der alten Leute gesorgt werde. Hinsichtlich der Vernachlässigung der Kinder liegen die Beanstandungen fast gleichauf bei etwas über 70 Prozent. Den Alten ergeht es noch um einiges schlimmer nach Ansicht von 74 Prozent der Deutschen und 85 Prozent der Russen. Indirekt wird damit eine narzisstische Ungerechtigkeit der Macht tragenden Generation kritisiert.

Dass Chemie und Technik die Umwelt schädigen, bereitet 75 Prozent der Russen, 90 Prozent der Deutschen große Sorgen. Tschernobyl ist unvergessen. Die Auswirkungen werden noch heftig gespürt von 90 Prozent der Russen und 75 Prozent der Deutschen. Wie wird es weitergehen? Ist Optimismus oder Pessimismus am Platze? Wie bei der Aussicht auf atomare Abrüstung sind die Russen zuversichtlicher gestimmt. Jeder 2. Russe, aber nur jeder 4. Deutsche glaubt an eine bessere Zukunft.

Resümee: War ursprünglich gedacht, man werde durch die Untersuchung von der Propaganda eingeimpfte negative Vorurteile herausfinden, um an ihnen arbeiten zu müssen, so hat sich diese Sorge erledigt. In vielen Fragen wird vielmehr eine unerwartete Nähe der Empfindungen und Einstellungen entdeckt. Ganz wichtig erscheint das Erkennen der gegenseitigen Abhängigkeit: Das Wohl der einen ist nur gesichert, wenn sie sich auch um das Wohl der anderen kümmern. Nur wenn es euch gut geht, wird es auch uns gut gehen. Bemerkenswert scheint auch die Feststellung: Wir müssen uns als Deutsche unbedingt noch weiterhin mit der Nazivergangenheit, bzw. als Russen mit dem stalinistischen Erbe auseinandersetzen. Dazu kommt der statistisch errechnete Zusammenhang: Je stärker dieses Erinnerungsinteresse betont wird, umso eher wird eine freundschaftliche Entwicklung der gegenseitigen Beziehungen erwartet. Der weitgehende Gleichklang in der Forderung nach atomarer Abrüstung und intensiverem Umweltschutz ist ebenfalls ermutigend. Aber nun kommt noch eine Frage mit einer beiderseits bedrückenden Antwort: *»Wie ernst nehmen Politiker, was Leute wie ich denken?«* Kaum ernst, sagen 2/3 der Befragten, genau 67,4 Prozent der Deutschen, 69,9 Prozent der Russen.

***

Unsere Untersuchung fällt in eine Phase, in der das sich aufhellende Ost-West-Stimmungsklima mit den Tendenzen der Politik gerade mal zusammenpasst. Die Menschen sehnen sich nach friedlichem Austausch, sie vertrauen auf beiderseitige Gutwilligkeit, sind sich über die Fatalität des atomaren Rüstungswahnsinns und der Umweltzerstörung einig. Die Politik steht kurz vor der Überwindung des Eisernen Vorhangs und der Kette der friedlichen Revolutionen im Osten. Gorbatschow erringt mit Sacharow den Durchbruch durch die nukleare *»Ausrottungsmentalität«* (Lifton). Es hat den Anschein, als sei die Politik endlich auf dem Wege, die Kluft zum Volkswillen zu schließen und das bedrückende nukleare Bedrohungs-Szenario zu beenden. Gorbatschow, so sieht es aus, versöhnt die Macht mit der Basis. Humanisierung der internationalen Beziehungen und atomare Abrüstung verkündet er als unverrückbare Programmziele.

Die unerfreuliche Fortsetzung ist bekannt. In großer Mehrheit erhoffen sich die von den akuten Atomkriegsängsten befreiten Menschen den Anbruch einer friedlichen Epoche. Dass die Bevölkerungen in Ost und West schon länger viel näher beieinander waren, als es die offizielle Abschreckungspolitik und die Medien vorgespiegelt hatten, kommt jetzt zum Vorschein. Unsere Untersuchungen, die wir trotz einiger Widerstände bekannt machen konnten, leisten dazu vielleicht einen kleinen Beitrag. Aber auf amerikanischer Seite will man Gorbatschow nicht als Friedensstifter anerkennen und sorgt sich, das Tauwetter könnte den radikalen Moskauer Abrüstungsforderungen Rückhalt verschaffen. Prompt lässt Washington verbreiten, Gorbatschow habe nur aufgegeben, weil Amerika ihn tot gerüstet habe. Sogar der deutsche Exkanzler Helmut Schmidt, der die amerikanischen Raketen nach Westdeutschland geholt hatte, folgt dieser Version, um sich nachträglich zu rechtfertigen. Aber Egon Bahr stellt richtig: Moskau hatte längst Kurzstreckenraketen entwickelt, mit denen es die amerikanischen Pershings in der Bundesrepublik hätte ausschalten können, ehe diese gestartet wären. Aber Washington sagt: Wir waren die Sieger im Kalten Krieg. Und das haben wir mit unserer atomaren Einschüchterung erreicht. Deshalb denken wir gar nicht daran, unser Versprechen im Atomwaffensperrvertrag wahrzumachen, d. h. durch Verhandlungen auf das Ziel einer nuklearwaffenfreien Welt hinzuarbeiten.

Inzwischen gehört Krieg längst wieder zur Normalität. Nach dem Kosovo-Krieg hat das Schwedische Amt für psychologische Verteidigung festgestellt: *»Die Medien der kriegsführenden Länder verwandeln sich von einem kritischen Kontrolleur der Staatsmacht in eine vierte Waffengattung neben Heer, Luftwaffe und Marine.«* Die Bevölkerungen hätten der Nato-Propaganda sogar besser widerstanden als die Medienprofis. Den Mehrheiten widerstrebt die starrsinnige Fortsetzung einer unheilvollen Atomwaffenpolitik. Aber sie schweigen. Im Februar 2005 meldete der Natural Resources Defense Council in New York, in Deutschland lagerten 150 US-Atombomben. Zwei bis dreimal so groß wie bisher angenommen sei die Zahl der Bomben in ganz Europa. Laut demoskopischer Befragung wollen 89 Prozent der Bundesbürger die US-Atombomben von deutschem Boden weghaben. Den Irak-Krieg haben in Spanien, Italien und sogar in England Mehrheiten abgelehnt. Aber die Regierungen haben das Gegenteil getan. Da und dort eine Demonstration – aber das ist es dann auch schon. 67 Prozent der Studenten aus unserer Erhebung glauben nicht, von den Politikern ernst genommen zu werden. Aber auch sie halten still. Wir Friedensärzte der IPPNW hatten zum 60. Jahrestag des Atombombenabwurfs in Hiroshima eine ganzseitige Anzeige in der auflagenstärksten bürgerlichen Tageszeitung platziert. Es war ein Appell an die Bundesbürger, von den Wahlkandidaten eine klare Stellungnahme zu den widerrechtlich auf deutschem Boden gehorteten US-Atombomben zu fordern. Hoch war die Zahl der Unterzeichner, auch die Summe eingegangener Spenden. Aber die große Masse hat sich an die Bürgerentmündigung durch die Vorenthaltung von plebiszitären Partizipationsrechten, wie sie etwa in der Schweiz die Demokratie lebendig machen, lange gewöhnt.

Jahr für Jahr veranstaltet ein kleines mutiges Grüppchen eine Protestaktion auf dem Gelände des US-Kommando-Zentrums EUCON in Stuttgart und erntet dafür Geld- oder Haftstrafen. Das Publikum reagiert teils beschämt, teils beifällig, teils gar nicht. Dr. Wolfgang Sternstein, Initiator der Gruppe, führt seinen Kampf unbeirrt weiter wie ein weltfremder Traumwandler.[3] Aber manchen wie mir erscheint er als einer der Gesunden in einer verrückten Welt. Und die von der Politik unbeachteten

3 Aus W. Sternstein: Atomwaffen abschaffen! S. 15–19

jungen Russen und Deutschen, die wie Sternstein nicht unter dem Damokles-Schwert einer verordneten gemeinsamen atomaren Selbstbedrohung leben wollen, erscheinen als die Normalen unter der Herrschaft einer kranken politischen Klasse.

20. Kapitel

Unterwerfungssucht und automatischer Gehorsam als Antrieb von Massenbewegungen unter Stalin, Hitler und Mao

Unsere Befunde über die psychisch geistige Verfassung der jungen Russen und Deutschen und über ihre zivilisierten Einstellungen stehen in auffälligem Kontrast zu der Stufe der Verrohung und Dehumanisierung, auf die beide Völker zuvor unter Stalin und Hitler abgesunken waren. In beiden Völkern wird nach Befreiung aus ihren Diktaturen eine Menschlichkeit sichtbar, die zuvor schon verschüttet schien. Der Psychiater und Psychoanalytiker fühlt sich an Rekonvaleszenten erinnert, die nach schwerer psychischer Störung Mühe haben, sich in dem kranken Ich wiederzuerkennen, das sie zuvor waren. Sie erwachen aus einem Sich-selbst-Fremdgeworden-sein.

Schon vor den beiden Psychoanalysen, die mir halfen, mich in der Krise nach Untergang des Hitler-Staates selbst besser zu verstehen, irritierte mich die Art des Wandels, der sich im Bewusstsein zuerst der Österreicher, dann der Deutschen abspielte. In Österreich, wohin ich am Ende des Krieges nach Desertation in Italien geflohen war, fand ich ein eben noch Hitler ergebenes Volk wie von Zauberhand blitzgeheilt. Endlich erlöst aus der Unterdrückung – so lautete die kollektive Eigendiagnose, von den neuen Mächtigen kräftig gefördert. Man strengte sich an, ganz unschuldig dort weiterzumachen, wo man 1938 von Hitler angeblich überwältigt worden war bzw. sich ihm in Wahrheit freudig in die Arme geworfen hatte. Aus vorübergehender Gefangenschaft 1946 nach Deutschland zurückgekehrt, stieß ich hier auf eine ganz ähnliche Reaktion: Jetzt endlich können wir wieder so sein, wie wir eigentlich sind und woran Hitler uns bisher nur gehindert hatte. Das kann man zum Teil als Legende zur Schuldverleugnung betrachten, also als bewusste Unredlichkeit.

Aber die Überzeugung, in Wahrheit anders zu sein als derjenige, als der man widerstandslos mitfunktioniert hat, kann offenbar durchaus ehrlich sein. Das Gehorchen inmitten eines massenpsychologischen Szenarios vermag ohne innere Konfliktarbeit vonstatten zu gehen. Der Führer substituiert das Gewissen. Das Gehorchen befreit von drückenden Zweifeln und Skrupeln, im Vertrauen, dass man durch vorbehaltlose Gefügigkeit Sicherheit erlange.

Die Frage bleibt: Wie ist es möglich, dass die Rückverwandlung von Menschen aus dem Mitfunktionieren in einem System der Verrohung und der Gewalt ähnlich wie das Erwachen aus einem Traum vor sich gehen kann? Und umgekehrt: Wie anfällig sind Menschen mit allen Anzeichen einer zivilisierten Mentalität dafür, in einen Zustand von Hörigkeit zu verfallen, in dem sie sich zu den schlimmsten moralischen Entgleisungen hinreißen lassen? Konkret gefragt: Ist die Genugtuung darüber berechtigt, dass wir z.B. bei unserer Untersuchung junge Russen und Deutsche mit einer selbstkritischen Besonnenheit, mit einem feinen Gespür für Gerechtigkeit, für soziale und ökologische Verantwortung vorfinden? Waren ihre Eltern und Großeltern nicht vielleicht sehr ähnlich beschaffen, ehe sie von einer als Heilsreligion getarnten mörderischen Irrlehre überwältigt wurden? Welche Gewähr gibt es dafür, dass künftig solche Rückfälle ausbleiben?

Der Völkermord an den Juden bot die Gelegenheit, die Biographien von Nazitätern systematisch zu studieren. Man erwartete, eine Kategorie von Menschen mit antisozialen Merkmalen vorzufinden. Der polnische Soziologe Zygmunt Bauman schreibt: *»Man las, dass die Vollstrecker im Privatleben durchaus nichts Böses an sich hatten und im Grunde Menschen wie du und ich waren, treusorgende Ehemänner und Väter, aufopferungsvolle Freunde. Es schien nicht vorstellbar, dass dieselben Männer, in eine Uniform gesteckt, Tausende von Ehemännern und Vätern, Frauen und Kinder erschossen oder vergast oder den Befehl zu deren Vernichtung gegeben haben konnten.«* [1]

Systematische psychologische Testuntersuchungen fielen ähnlich überraschend aus. Die meisten getesteten Täter boten durchschnittliche Befunde, mit denen sie übliche Eignungsprüfungen gut bestanden hätten. Das war ebenso erschreckend wie das Resultat des Experiments von Stanley Milgram, das zur Mediensensation wurde.

1 Z. Bauman: Dialektik der Ordnung, S. 166

Bekanntlich fanden Milgram und ihm nachfolgende Sozialforscher heraus, dass eine Mehrheit von Menschen bereit ist, andere zu quälen, wenn ihnen dafür ein einleuchtender Zweck durch eine Vertrauen erweckende Autorität vorgetäuscht wird. Sie geben ihren Widerstand auf, sobald sie ihre Folgsamkeit als Pflicht interpretieren.

Der Sinn des Experiments sei, so wird ahnungslosen Teilnehmern erklärt, die mögliche Besserung von Gedächtnisleistungen durch Schmerzreize zu überprüfen. Die Versuchsperson sitzt an einem elektrischen Schaltkasten und muss glauben, dass in einem Nebenzimmer ein anderer schmerzhafte Schläge als *»Strafe«* dafür empfängt, dass er bei dem Gedächtnistest Fehler macht. Der vermeintliche Folterer hört, wenn er elektrische Schalter bedient, aus dem Nebenzimmer Schreien und Wimmern des scheinbar Gefolterten. Die Schocks werden in der Intensität gesteigert. Am Schluss der Schalterreihe lauten die Kennzeichnungen: schwerer Schock, sehr schwerer Schock, Gefahr, bedrohlicher Schock, schließlich zwei Schalter markiert mit einem dreifachen X. Über 60 Prozent der untersuchten Amerikaner haben das Experiment vollständig, einschließlich der Bedienung des letzten Schalters, mitgemacht.

Als die Resultate seines Experiments noch unbekannt waren, ließ Milgram renommierte Psychologen raten, wie hoch sie die Bereitschaft der durchschnittlichen Amerikaner einschätzten, die Folterbefehle zu befolgen. Alle nahmen an, die Probanden würden sich während des Versuchs irgendwann widersetzen. Also sogar erfahrene Fachleute teilen die Überschätzung der Widerstandsfähigkeit gegen die Verleitung zu Grausamkeiten, wenn diese von einer geachteten Autorität ausgeht. Milgram schließt: Grausamkeit hängt weniger von der Psychologie der Täterpersönlichkeiten als von den Autoritätsstrukturen ab, was Zygmunt Bauman festzustellen veranlasst: *»Die furchtbare Erkenntnis aus dem Holocaust und dem, was man über die Vollstrecker erfuhr, war jedoch nicht, dass ›so etwas‹ auch uns widerfahren könnte, sondern, dass jeder von uns es tun könnte«.*

Das ist eine logische, dennoch schwer erträgliche Einsicht. Sehr viel leichter eingängig war die später widerlegte These Adornos und seiner Mitarbeiter von der *»autoritären Nazipersönlichkeit«*: Der Nazistaat war demnach unmenschlich, weil die Nazis autoritäre Unmenschen waren. Hätte sich diese These behaupten können, hätte sie es der Menschheit gestattet, sich gegen das deutsche autoritäre Böse für alle Zeit abzugrenzen. Aber das ging eben nicht. Raul Hilberg, einer der führenden Holocaustforscher stellt fest: »*Gibt es im Westen eine Nation, die dessen absolut nicht fähig wäre? Noch 1941 war der Holocaust unvorstellbar, und gerade das ist der Grund unserer Besorgnis. Wir müssen fortan auch das Unvorstellbare einkalkulieren.*«

Stanley Milgram erlebte, dass man seine Experimente zwar nicht entkräften konnte, dass man ihm aber die Bedingungen sehr übelnahm, unter denen er seinen Probanden die fatale Willigkeit zum Foltern entlockte. So machte man ihn zum eigentlichen Täter. Hätte er die Amerikaner als standhafte Verweigerer von fragwürdigem Gehorsam entdeckt, wäre man über ihn des Lobes voll gewesen. So aber erntete er in den USA überwiegend abfällige Rezensionen oder vollständige Nichtbeachtung.

Nachfolgende Experimente ähnlicher Art haben Milgrams Entdeckungen voll bestätigt. Nämlich dass eine erschreckend hohe Zahl von sonst unauffälligen Menschen mit normalen moralischen Standards sich in skrupellose Täter verwandeln lässt – ein Rätsel für die Betreffenden selbst und von den Sozialwissenschaften soweit ignoriert wie möglich. Freud war diesem Phänomen 1920 auf der Spur,[2] gehörte aber bald wie die große Mehrzahl seiner jüdischen Psychoanalytiker-Kollegen selbst zu den Verfolgten, an denen sich eine Vielzahl von Tätern genau mit derjenigen Gewissenlosigkeit schuldig machte, deren Bedingungen bis heute ungenügend erforscht sind. Die Hirnforscher werden sicherlich irgendwann erkunden, welche neuralen Prozesse mit diesen Vorgängen zu tun haben. Aber da die Anfälligkeit offenbar die Mehrheit betrifft, wird die Naturwissenschaft uns kaum weiter bringen als bis zu der von Max Born vorgebrachten Annahme, dass der Defekt konstitutioneller Art ist, dass wir es mit einem »*Konstruktionsfehler*« der Gattung zu tun haben. Aber das ändert nichts an der Aufgabe, in der Erziehung alle Möglichkeiten zu nutzen, um die Widerstandskraft gegen die Enteignung des Gewissens zu stärken.[3]

* * *

2 S. Freud: G.W. Bd. XIII, S. 71–101
3 S. Freud: G.W. Bd. XIII, S. 183f.

Nun war der mechanische Nazigehorsam aber in einen tiefer reichenden Ungeist eingebettet, also mit einem Denkwandel verbunden, der als eine Art von Gehirnwäsche bezeichnet werden könnte. Im Nazi-Fall ging es um eine totale geistige Umprogrammierung nach dem Willen des *»Großen Bruders«*. Dieser Hitler war omnipräsent in Radio, Zeitung, Kino, bei allen öffentlichen Heil-Hitler-Gruß-Ritualen, in der Abhöranlage der Schulklasse. Der Mann war ein Seelenfänger mit hypnotischer Magie, überwältigend mit der Selbstheiligung als vermeintlicher Erlöser. Jedenfalls war er nicht der halbirre Hysteriker, wie ihn Bruno Ganz in dem Film *»Der Untergang«* spielte, überaus eindrucksvoll, aber weit entfernt vom Original. Hitler ist wohl überhaupt unspielbar. Auch aus Tonaufnahmen, Bildern und Filmausschnitten können Spätergeborene kaum erkennen, wie dieser im bürgerlichen Leben gescheiterte Weltkriegsgefreite nicht nur die Massen, sondern auch seinen Führungszirkel so in seinen Bann ziehen konnte, dass die Leute in irrationale Gefügigkeit versanken.

Die gläubige Ergebenheit, die sich unter Hitler ausbreitete, war durch mannigfache Umstände begünstigt – durch den Autoritätsschwund der Politik, durch Depression in der ökonomischen Misere mit Massenarbeitslosigkeit, auch durch das Trauma Versailles, aber eine ganz wesentliche Komponente war die von Hitler ausgehende Faszinationskraft in Verbindung mit einer irrationalen Unterwerfungsbereitschaft nicht nur der Massen, sondern gerade auch seiner Führungselite.

Freud hatte ein solches Phänomen schon 1920 in seiner Schrift *»Massenpsychologie und Ich-Analyse«* beschrieben: Der Einzelne überträgt sein Ich-Ideal auf die Figur eines Führers oder Hypnotiseurs oder lässt es sich von diesem quasi enteignen. Die Selbststeuerung geht in Fremdsteuerung über. Mit Recht sagt Freud von der Hypnose: *»Es ist noch vieles an ihr als unverstanden, als mystisch anzuerkennen. Sie enthält einen Zusatz von Lähmung aus dem Verhältnis eines Übermächtigen zu einem Ohnmächtigen, Hilflosen…«* [4]

Freud spricht von der Hypnose als einer *»archaischen Erbschaft«* aus der Frühzeit der Menschheitsgeschichte, mit der Vorstellung von einem Vater *»als einer übermächtigen und gefähr-*

4 S. Freud: G.W. Bd. XIII, S.127

lichen Persönlichkeit, gegen die man sich nur passiv-masochistisch einstellen konnte, an die man seinen Willen verlieren musste«. So etwa könne man sich das Verhältnis des Einzelnen der Urhorde zum Urvater denken. *»Wie wir aus anderen Reaktionen wissen«*, fährt Freud fort, *»hat der Einzelne ein variables Maß von persönlicher Eignung zur Wiederbelebung solch alter Situationen bewahrt.«* Tritt das Phänomen in der Masse auf, so ist *»der Führer der Masse noch immer der gefürchtete Urvater, die Masse will immer noch von unbeschränkter Gewalt beherrscht werden, sie ist in höchstem Grade autoritätssüchtig, hat nach Le Bons Ausdruck den ›Durst nach Unterwerfung‹. Der Urvater ist das Massenideal, das an Stelle des Ich-Ideals das Ich beherrscht«.*[5] Wie dieser mystische *»Durst nach Unterwerfung«*, der sich in hypnotischen und in massenpsychopathologischen Erscheinungen offenbart, auch immer entstanden ist – sein unverändertes Weiterleben bis heute ist unbestreitbar.

Als vor einem halben Jahrhundert die Hypnose-Therapie in der Psychologischen Medizin eine Zeitlang wieder in Mode kam, habe ich als junger Arzt an Versuchen mit dieser Methode selbst teilgenommen. Ich stellte bei mir die Fähigkeit zum Hypnotisieren fest und konnte z.B. die vollständige Auslöschung von Schmerzen bei kleinen chirurgischen Eingriffen demonstrieren. Ich konnte Patienten nach Belieben in hypnotischen Schlaf versetzen. Stotterer hörten auf zu stottern. Unheimlich wurden mir die eigene Macht wie die offensichtlich wehrlose Gefügigkeit der Hypnotisierten. Ich habe damals meinen Studenten gefilmte Hypnosen aus einem anderen Institut vorgeführt, in denen Hypnotisierte einen Revolver in die Hand nahmen und abdrückten, um eine beliebige Person zu erschießen. Andere warfen sich auf der Straße vor ein Auto, weil ihnen dieser Suizid suggeriert war. Es waren schreckliche Experimente, die aber vor der geläufigen Illusion warnen sollten, Hypnotisierte würden im Falle unmenschlicher Zumutungen erwachen und den Gehorsam verweigern. Ich lernte auch, dass es Wach-Hypnosen gibt, die undurchschaut funktionieren und als Wunder bestaunt werden. Meine Erfahrungen reichten mir, mich von der Hypnose als Manipulation von unbewussten Hörigkeitsbedürfnissen bald wieder abzuwenden und mich ganz der

5 S. Freud: G.W. Bd. XIII, S. 142

Psychoanalyse zu widmen, die Menschen nicht infantilisiert, sondern in psychischen Reifungsprozessen unterstützt.

Neuerdings machen indessen wieder Therapeuten mit hypnotischer Begabung von sich reden, die, sogar vor Publikum, scheinbar dramatische Wunderheilungen in Blitzesschnelle vollbringen. Sie präsentieren sich mit einem narzisstischen Allmachts- und Unfehlbarkeitsglauben, das Risiko unterschätzend, statt Beglückung leicht auch Zerstörung und Verzweiflung zu produzieren. Um solche *»Wunderheiler«* herum pflegen sich Gläubige, Patienten und Nachahmer zu scharen. Franz Anton Mesmer entfachte zur Zeit Goethes als Wunderheiler und Verkünder einer Lehre vom *»tierischen Magnetismus«* eine regelrechte Bewegung von Gläubigen.[6]

***

Anführer von Massenbewegungen wie Wunderheiler bleiben ihren noch so bemühten Biographen meist insofern ein Rätsel, als ihre erstaunlichen oder unheimlichen Wirkungen in keinem erkennbar plausiblen Verhältnis zu ihren Persönlichkeitsmerkmalen stehen. In psychiatrischen Kliniken sind Maniker, pathologische Weltverbesserer und Paranoiker zahlreich vertreten. Trotz fanatischer Besessenheit bleiben sie klinische Fälle und geraten mit exzessiver Symptomatik zu recht in medizinische Obhut. Hitlers und Maos psychische Auffälligkeiten erscheinen klinisch vergleichsweise weit weniger spektakulär, so dass sie nicht eigentlich als Verursacher, nur als Auslöser der von ihnen ausgehenden Hörigkeitsepidemien gelten können.

Was die Selbstaufgabe in einer Beziehung anbetrifft, hat Freud auf Ähnlichkeit zwischen Unterwerfungsdrang und exzessiver Verliebtheit in seiner Arbeit *»Massenpsychologie und Ich-Analyse«* hingewiesen. Auch bei schwärmerischer Verliebtheit kann das Ich sich bis in Selbstaufopferung hineinsteigern. *»Das Objekt hat das Ich sozusagen aufgezehrt«*, schreibt Freud. *»Alles was das Objekt tut und fordert, ist recht und untadelhaft. Das Gewissen findet keine Anwendung auf alles, was zugunsten des Objektes geschieht, in der Liebesverblendung wird man reuelos zum Ver-*

6 R. Tischner, K. Bilfel: Mesmer und sein Problem

brecher.« In der gleichen Verblendung sind z. B. Hitler- und Mao-Hörige in Massen zu Verbrechern geworden. Die absolute Unterwerfung ist die gleiche. Auch für Hitler wie für Mao sind viele in den Tod gegangen. Aber da ist ein Unterschied. Der Verlust des geliebten Objektes hinterlässt Trauer. Der Verlust Hitlers oder Maos stiftete keine eigentliche Trauer, sondern Leere. Diese konnte im Fall Hitler schnell wieder aufgefüllt werden, so wie die Westdeutschen unverzüglich in großer Zahl ihr Über-Ich auf die Amerikaner umgekoppelt haben. Hitler war keine geliebte Person, sondern nur ein narzisstisches Objekt, das ersetzbar war. Die Chinesen konnten Mao sogar als Ich-stützende Kultfigur festhalten, weil er nicht in Schimpf und Schande unterging, sondern als intakte Integrationsfigur starb. Sie konnten verbliebene Hörigkeitsbedürfnisse im Totenkult und in dem Gehorsam sättigen, den sie – wenn auch in allmählicher Abschwächung – vorläufig seinem System weiterhin erweisen.

Auch wenn Maos Kommunismus sich krass vom Hitlerfaschismus abhebt, so weist die massenhafte Unterwerfungsautomatik in beiden Fällen doch deutliche Parallelen auf. Der Maoismus hat die größte Ergebenheitsbewegung seit Hitler produziert. Wiederum hat ein ganzes Volk einem Führer wie einem Gott gehuldigt. Wieder hat der *»Durst nach Unterwerfung«* Grade angenommen, die jene »Aufzehrung des Ich durch das Objekt« erreicht haben, von der Freud gesprochen hat. In ihrem Buch (verfasst zusammen mit ihrem Ehemann Jon Halliday) *»Mao, das Leben eines Mannes, das Schicksal eines Volkes«* schildert Jung Chang, wie sie an Selbstmord dachte, als sie einmal als junges Mädchen bei einer Veranstaltung verpasste, dem großen Vorsitzenden ins Angesicht zu blicken, weil er ihr den Rücken zukehrte. *»Mein Herz war gebrochen.« »Er war unser aller Idol, unser verordneter göttlicher Führer.«* Heute spricht sie von *»Gehirnwäsche«*, als sei sie es nicht selbst gewesen, die diese Verblendung in sich hergestellt hatte. So ist sie ein typisches Beispiel für das Sich-Sträuben gegen die eigene Autorschaft in der Selbstentmündigung, die allerdings unbewusst war.

Jung Chang hat damals einen inneren Kampf geführt, um wieder zu sich selbst zu finden. Sie klagte sich dafür an, dass sie verbotene Gefühle gegen Mao in sich wahrnahm. Denn ihr Gewissen sprach noch dessen Sprache, bis sie durch die ihren Eltern zugefügten

Folterungen die Kraft aufbrachte, inneren Widerstand aufzubauen.

Orwells *»1984«* verblasst gegen die Unmenschlichkeiten der Kulturrevolution, die Jung Chang auf 16 Seiten schildert. Kaum fassbar auch, dass und wie Mao während der als *»Großer Sprung nach vorn«* bezeichneten Aktion absichtlich durch Verhungern und Überarbeitung 38 Millionen Chinesen sterben ließ. Erschreckend ist der unverschleierte Sadismus, mit dem *»der große Steuermann«*, nacheinander gegen Bauern, Lehrer, Schriftsteller, Künstler, Parteifunktionäre wütete und die Kultur im Ganzen auszulöschen strebte. Noch weniger fassbar erscheint, wie sich der Großteil dieses alten Kulturvolkes nicht nur gegen andere, sondern gegen sich selbst, gegen die eigenen Autoritäten, gegen die eigenen Funktionäre, gegen die eigenen traditionsgeheiligten Werte aufhetzen ließ. Wie in Hypnose gelang diese Manipulation, so dass man schwer umhin kann zu vermuten, dass bei den Massen ein aktiver Drang zur Aufopferung des eigenen Selbst mitwirken musste. Die Selbstauslöschung muss wie ein Akt der Befreiung gewirkt haben.

Wie es einen Schindler gibt, der im Holocaust-Museum in Washington und im Film als Beispiel dafür gezeigt wird, dass auch inmitten eines Systems der Barbarei ein Aufstand des Gewissens möglich ist, so hilft auch Jung Chang, die Gewandelte, dem Leser die Lektüre ihres Buches durch das Beispiel einer Ausnahme erträglich zu machen: Am 18. August 1966 war die 19-jährige chinesische Deutschstudentin Wang Ron-ten unter den Versammelten auf dem Platz des Himmlischen Friedens. *»Ihr kam die Versammlung vor ›wie bei Hitler‹.«* Und sie schrieb einen Brief an Mao: *»Wohin führen sie China? Die Kulturrevolution ist keine Massenbewegung. Da ist nur ein Mann mit einem Gewehr, der die Massen manipuliert. Ich erkläre hiermit, dass ich aus der Kommunistischen Jugend austrete.« »Mit dem Brief in der Tasche trank sie vor der sowjetischen Botschaft vier Flaschen Insektenvertilgungsmittel in der Hoffnung, dass die Russen ihre Leiche finden und ihren Protest der Welt bekannt machen würden. Aber sie überlebte und wachte in einem Polizeikrankenhaus auf. Sie wurde zu einer lebenslangen Haftstrafe verurteilt. Monatelang wurden ihr die Hände mit Handschellen hinter dem Rücken gefesselt, so dass sie über den Boden ihrer Zelle kriechen musste,* *um mit dem Mund an das Essen zu kommen, das man auf den Boden geworfen hatte.«* [7] Sie hat das Gefängnis und Mao überlebt.

Es gab auch eine Reihe anderer Auflehnungsversuche, die aber nichts daran ändern, dass ein altes Kulturvolk von mehreren hundert Millionen fast geschlossen Verletzungen, Demütigungen und systematische Ermordungen hingenommen hat. Mao hat mehr Menschen umgebracht oder absichtlich sterben lassen als Hitler und Stalin zusammen – meistens sogar ohne Tarnung seiner Verbrechen. Die jungen *»Roten Garden«* hielt er direkt dazu an, Grausamkeiten zu verüben. Jung Chang schildert ein Beispiel: Während der Kulturrevolution durfte ein Mädchen Mao eine Armbinde der *»Roten Garden«* umlegen. Er hatte sie beobachtet, als sie bei der Misshandlung und Tötung einer Schulrektorin beteiligt war. *»Er fragte sie ›wie heißt du?‹ Sie antwortete: ›Son bin‹ Der Vorsitzende Mao fragte: Ist es das Bin wie in ›wohlerzogen und sanft?‹ ›Ja.‹ Mao sagte: ›Sei gewalttätig!‹«* Das Mädchen änderte seinen Namen daraufhin in *»Sei gewalttätig«*. *»Und die Schule erhielt den Namen ›Die gewalttätige Schule‹.«* [8] Im August 1966 heizte Mao die Brutalitäten der Kulturrevolution dadurch an, dass er Polizei und Militär ausdrücklich jegliches Eingreifen verbot. *»Mit dem Segen der Behörden brachen die Roten Garden in Häuser ein, verbrannten Bücher, zerschnitten Gemälde … zerstörten alles, was mit ›Kultur‹ zu tun hatte. Viele der Überfallenen wurden in den eigenen Häusern zu Tode gefoltert.«* 33.695 Häuser wurden allein in Peking überfallen, 1772 Bewohner zu Tode geprügelt. Jung Chang: *»Das ›Zuhause‹ mit Büchern und allem, was man mit Kultur assoziierte, wurde zu einem gefährlichen Ort.«* Ein fast heiliger Ort, das Haus des Konfuzius, des Heiligen der chinesischen Kultur, wurde Ziel der Verwüstung. Es war ein wunderbar ausgestattetes Museum in Shandong. Die anliegenden Bewohner sollten es zerstören, zeigten aber Hemmungen. Also mussten Rotgardisten her. Sie gelobten, ganze Arbeit zu machen und hießen Konfuzius *»den Rivalen, den Todfeind von Mao Tse-tungs Denken«*.

Über tausendvierhundert Jahre hatten die Ideen des Konfuzius, wie die Jesuiten den Meister Kung genannt hatten, das chinesische

7 Juang Chang, Jon Halliday: Mao, S. 684

8 Dieses und die folgenden Zitate sind dem Kapitel »Die große Säuberung« in Juang Chang, Jon Halliday: Mao, S. 668–684, entnommen.

Denken geprägt. Als weiser Sittenlehrer bewahrte er seine Autorität bis in die Gegenwart, ausstrahlend auf die gesamte ostasiatische Welt, etwa auf ein Drittel der Menschheit. In der Tat musste Konfuzius für Mao ein Dorn im Auge sein, denn der alte Weise hatte genau das gelehrt, was Mao jetzt zerbrechen wollte, nämlich das Lernen aus der Geschichte, die Verehrung des Alten. Kung war tief in die geistige Welt des Altertums eingedrungen, die er der Jugend lehrend vermittelte. Er bestand auf einer ethisch begründeten Politik und vertrat eine strikte Ordnung, beseelt von Ehrfurcht und Liebe in allen Beziehungen.

Mao fand also eine fest gegründete Tradition des Autoritätsgehorsams vor. Gehorsam sei eine Wurzel des Menschentums, war ein konfuzianischer Lehrsatz. Einem Fürsten zu dienen, und dabei die eigene Person dranzugeben, pries der große Weisheitslehrer. Aber Mao konnte nur der neue Gott für das Volk sein, wenn er Konfuzius vom Thron stürzte. Seine kleine rote Bibel, die jeder stets bei sich tragen sollte, duldete keine Konkurrenz. Oder – umgekehrt – die Jugend hungerte danach, ihrem neuen Gott ganz zu gehören, sie war süchtig, alles in sich auszulöschen, was sie hinderte, nur dem einen *»Großen Steuermann«* zu gehören und dessen Bibel zu folgen. Nichts sollte im Kopf noch Platz haben neben seinen Ideen und Weisungen. Kein Vorgesetzter, kein Dichter, kein Denker, kein Künstler. Daher zerstörten in Peking viele ihre Bücher und Kunstgegenstände selbst, ehe die Roten Garden in ihren Häusern wüteten. Vorübergehend wurden Schriftsteller, Gelehrte, Künstler, Schauspieler in Arbeitslager verbannt. Als Schulen und Universitäten später wieder geöffnet wurden, fehlten die vernichteten Bücher und Lehrmittel.

Dass Mao sich selbst vergötterte, dass er sich mit den mächtigsten Herrschern der Weltgeschichte verglich, dass er nur Selbstmitleid und kein Mitgefühl etwa für die 70 Millionen aufbrachte, die seiner Schreckensherrschaft zum Opfer fielen, – dies sind erwartungsgemäß die zu den Verbrechen passenden Wesenszüge des Initiators, der aber, wie gesagt, dieses Inferno nur auslösen konnte, weil ihm eine kaum fassbare Selbstverwandlung seines Riesenvolkes entgegen kam, in der sich dieses im Nachhinein so wenig wieder erkennt, wie es die Deutschen und die Russen nach Hitler und Stalin getan haben. Dieses Entgegenkommen ist das eigentlich mysteriöse Phänomen, das auch nur ins Auge zu fassen so schwer fällt. Nämlich weil es die Anerkennung einer psychischen Manipulierbarkeit bis zur Suspendierung der freien Willensbestimmung enthält. Es erscheint unerklärlich, ja unmöglich, dass Menschen bei Sinnen, also im Wachzustand sind, dennoch wie ferngelenkt Dinge tun, die allem widersprechen, woran sie in normalem Zustand glauben – und dies, ohne dass es dazu bekannter Hypnose-Hilfsmittel bedarf. Hat die *»Gehirnwäsche«* erst einmal einen lokalen Herd gebildet, kann sie auf Massen überspringen wie eine Virus-Infektion. Die Infizierten halten an ihrer Hörigkeit fest wie an einem Rettungsring. Wer sie von ihrer Abhängigkeit kurieren will, macht ihnen Angst und wird zu einem Feind, der sie eines unentbehrlichen Halts berauben will. Das Denunzieren der Abweichler vom einsuggerierten neuen Glauben geschieht meist nicht aus Niedertracht oder purem Opportunismus, sondern aus Furcht vor eigener innerer Destabilisierung. Es läuft ähnlich ab wie bei bekannten Konflikten in Sekten, wo Aussteiger in Panik und Suizidtendenzen verfallen, so als hänge ihr Selbst an der Sekte und an deren Meister wie an einer psychischen Beatmungsmaschine.

Grad und Form der Führervergöttlichung variieren von Volk zu Volk und im historischen Wandel. Aber die Dynamik bleibt die gleiche, nämlich was Freud als *»Aufzehrung des Ich«* im Verfall in eine absolute Abhängigkeit beschrieben hat, die bis zur Bereitschaft zum Verbrechen reicht. Was zuvor Gewissen war, spricht jetzt die Sprache des vergöttlichten und sich selbst vergöttlichenden Befehlsgebers. Heißt die Vorschrift Töten, ist die Befolgung moralisch, die Widersetzlichkeit unmoralisch und strafwürdig.

Wer heute China bereist, findet dort weit und breit kaum Menschen, denen er zutraut, einst mit den Roten Garden *»Klassenfeinde«* systematisch gefoltert, tot getrampelt oder erschlagen zu haben. Kaum etwas im Antlitz des modernen China mit seiner disziplinierten Bevölkerung lässt die Barbarei ahnen, von der dieses Land vor 40 Jahren heimgesucht worden ist. Die amerikanischen Psychologen, die für die Deutschen eine endlose Umerziehungsphase vorausgesagt hatten, um die Nazi-Entzivilisierung zu kurieren, staunten ebenfalls über das Tempo der Rückverwandlung in eine äußerlich unauffällige Normalität. Eben diese raschen Restitutionsprozesse verführen dazu, die Phasen der Barbarei als eine Art Ausnahmezustände zu betrachten, die wie ein Blackout, ein Ausrasten oder wie ein epileptischer Dämmerzustand anmuten. Die Abruptheit der Zustandswechsel weckt die Assoziation an Anfalls-Ereignisse oder auch an die Schübe einer Psychose. Aber im Gegensatz zu diesen klinischen Phänomenen ist jedes Mal ein Auslöser im Spiel, der im Hintergrund Regie führt – wie der von Freud angenommene Urvater der Urhorde – im Zusammenwirken seines Allmachtsanspruches mit einer ebenso geheimnisvollen Unterwerfungssucht der Menschen. Der neue Urvater fängt die Massen wie der Rattenfänger von Hameln dadurch ein, dass in ihnen auf seinen Pfiff ein innerer Mechanismus spontan in Gang kommt, der eine unwiderstehliche Willfährigkeit und Eliminierung des eigengesteuerten Denkens auslöst. Das läuft aber offenbar in den Manipulierten nicht einfach als passives Erleiden ab, sondern als Erfüllung einer dunklen archaischen Sehnsucht. So bedeutet die absolute Unterwerfung einerseits eine Fesselung und Entmündigung durch den in die Neuzeit versetzten *»Urvater«*, andererseits die Entfesselung eines schwer verständlichen, dennoch indirekt zu erschließenden archaischen Dranges nach Selbstentäußerung bei den Entmündigten, die sich aber in Wahrheit auf den Pfiff des Rattenfängers selbst entmündigen. Nahe liegt die Annahme, es handle sich um das Einklinken eines alten Instinktmechanismus. Aber dagegen spricht die schon erwähnte Erkenntnis der Verhaltensforschung, wonach der Mensch unter tausend Arten, die Kämpfe ausfechten, als einziger innerhalb der eigenen Art zum Massenmörder werden kann.

Also beschränkt sich der Trieb, der auf die Pfeife des Rattenfängers anspringt, ganz überwiegend auf die Unterwerfung selbst, auf die Aufgabe jeglicher Eigenbestimmung ohne Beschränkung auf eine spezielle Zielrichtung. Die Menschen wissen nicht, wohin sie entführt werden, wenn sie bedingungslos hinterherlaufen. Aber die Sage deutet an, dass sich hinter dem Pfeifer der Satan verbirgt. Verwerflich ist ja auch allein schon die Selbstversklavung, die Preisgabe der freien Willensbestimmung – so wie der Vordenker der Aufklärung René Descartes gemahnt hatte: *»Ich kenne nur eins, was uns genügend Grund zur Achtung unserer selbst geben kann: das ist der Gebrauch des freien Willens.« »Dieser Wille* *macht uns gleichsam Gott ähnlich, indem er uns zum Herrn über uns selbst macht. Nur dürfen wir nicht aus Lässigkeit die dadurch erlangten Rechte wieder preisgeben.«* [9]

Man muss also dem Unterwerfungstrieb einen eigenen Platz in der Nähe des Sexualtriebes und des Destruktionstriebes einräumen. Dass er bis jetzt nicht als solcher anerkannt wird, erklärt sich daraus, dass er meist erst nachträglich aus seiner Äußerung erschlossen werden kann. Ehe er als Bedürfnis erkannt wird, hat er schon sein Werk getan. Daher auch überwiegend das Widerstreben, ihn überhaupt als solchen zu erkennen. Eher pflegen Täter in der Bedrängnis rationale Begründungen für einen irrationalen Gehorsam zu erfinden – also etwa die Berufung auf eine unausweichliche Pflicht –, als die Unwillkürlichkeit zuzugeben. Sie sagen: Ich habe es getan, weil die Umstände mich dazu zwangen. Dass die Schuld noch tiefer begründet sein kann, nämlich im unbemerkten Prozess einer Selbstentmündigung, wird oft gar nicht erwogen oder angeführt, weil der Betreffende selbst keinen Bruch in seinen Verhaltensabläufen erkennt. Er weiß im Nachhinein nur: Ich habe Dinge getan, die mir fremd sind und in denen ich mir selber fremd bin. Aber ich war ja nicht verrückt. Also muss ich doch einen plausiblen Grund für mein Verhalten gehabt haben. Ähnlich ergeht es Hypnotisierten, die posthypnotische Befehle ausführen und dafür Gründe erfinden, weil ihnen ihr Gehorsam nicht bewusst ist und ihnen ihr »Unterwerfungsdurst« unerträglich erscheint.

Die Frage ist aber nun: Ist der unheimliche Hörigkeitsdrang präventiv beeinflussbar? Kann der Mensch lernen, satanischen Rattenfängern stand zu halten, anstatt der Sucht nach Entführung von sich selbst anheim zu fallen? In der Gestalt des Über-Ichs gibt es ja eine interne Überwachungsinstanz, die vor kritikloser Hingabe an Rattenfänger oder sonstige Unheilsstifter warnen und Widerstand gegen drohenden Selbstverrat mobilisieren sollte.

Wer über ausgedehnte Erfahrung in der Kinder- und Jugendlichenpsychologie und -psychotherapie verfügt, erfährt manches darüber, wie die Reifung dieses Warnsystems behütet oder umgekehrt behindert oder sogar total unterdrückt werden kann. Viel

9 R. Descartes: Philosophische Werke, Bd. 2, Über die besonderen Leidenschaften, Art. 152, S. 81

hängt davon ab, ob Eltern oder andere Autoritäten dem Kind erlauben, seinen eigenen in ihm angelegten Sinn für Recht und Unrecht wachsen zu lassen, oder ob man ihm beibringt, dass nur gut ist, was es gut finden darf, und dass es nur bei totaler Anpassung an Autoritäten auf Wohlwollen rechnen kann. Natürlich braucht das Kind Anleitung zur moralischen Orientierung. Aber wehe, die totale Anpassung wird für das Kind zu einer Art Überlebensfrage, weil narzisstische Erwachsene die kindliche Unterwerfung zur Selbststabilisierung nötig haben. Dann kann passieren, was die kleine Jung Chang erlebt hat, nämlich dass Entfremdung von der geliebten Autorität tiefen Selbsthass bzw. eine unstillbare Sehnsucht nach Einssein mit der idealisierten Führungsfigur auslöst. So kann dann kein widerstandsfähiges inneres Über-Ich wachsen, sondern erhalten bleibt ein ewiger Hang nach Befreiung von sich selbst durch eine erlösende Unterwerfung. Der unterdrückte Selbsthass liegt dann bereit, sogar zur Ausübung von befohlener Gewalt. Was immer man im Dienst für die vergöttlichte Figur tut – bis zum Töten – verschafft Übereinstimmung mit dem Selbst, das von der introjizierten Führergestalt ausgefüllt ist. Die Prozesse laufen am Ende ganz automatisch ab. Das Warnsystem ist außer Funktion.

Das Heranwachsen und Einwurzeln eines stabilen Über-Ichs in der kindlichen Entwicklung muss als eine wichtige Bedingung dafür angesehen werden, dem Durst nach Unterwerfung zu widerstehen oder diesen in sich gar nicht erst aufkommen zu lassen. Aber dafür ist wiederum, wie gesagt, eine Erziehung von Bedeutung, die das Kind vor erdrückenden Anpassungszwängen schützt. Wenn es lernt, beim Erleiden von Manipulationen stets noch einen Spielraum für Selbstbeobachtung und Eigenbestimmung zu bewahren, dann hat es Aussicht, im entscheidenden Moment der Pfeife des großen Rattenfängers zu widerstehen. Aber das ist nicht nur ein individuelles oder familiäres Problem. Es kommt darauf an, ob Erziehung eingebettet ist in gut funktionierende demokratische Strukturen, die selbst wiederum Individuen mit intaktem Verantwortungssinn brauchen, die für die Erhaltung solcher Strukturen nötig sind. Kurz gesagt: Psychische Emanzipation braucht Demokratie. Und Demokratie geht nur mit emanzipierten Menschen.

21. Kapitel

Das psychologische Nazierbe und die RAF. Neue Selbstbestimmung der Frauen. Terrorismus und Versöhnungsarbeit

Die Autoritätssüchtigkeit, aus der Freud das Phänomen der Massensuggestion herleitet, wird erst in dem Augenblick sichtbar, da der andere Teil des Szenarios, der *»Rattenfänger«*, in Funktion tritt. Auf der Stelle wird aus dem Befehlen und dem Gehorchen ein unheimliches Zusammenspiel. Aus dem *»er will«* wird ein *»wir wollen«*. Das Gespenstische des Vorgangs liegt darin, dass die Masse sich dem Führer willig ergibt, ohne von seiner Seite eine entsprechende Hingabe zurückzuerhalten. Genau dies hat Freud von der Struktur der von ihm skizzierten Urhorde beschrieben. Er unterscheidet *»zweierlei Psychologien, eine der Massenindividuen und eine des Vaters, des Oberhauptes oder des Führers. Die Einzelnen der Masse waren so gebunden, wie wir sie heute finden, aber der Vater der Urhorde war frei«. »Er liebte niemand außer sich, und die anderen nur, insoweit sie seinen Bedürfnissen dienten.« »Noch heute bedürfen die Massenindividuen der Vorspiegelung, dass sie in gleicher und gerechter Weise vom Führer geliebt werden, aber der Führer selbst braucht niemand anderen zu lieben, er darf von Herrennatur sein, absolut narzisstisch, aber selbstsicher und selbständig.«*[1] So klar hat Freud die Massenpsychologie des Nazisystems 1920 vorausgesehen.

In den drei genannten großen Massenbewegungen des Stalinismus, des Nationalsozialismus und des Maoismus haben die jeweiligen Führer überdeutlich ihre Verachtung und Rücksichtslosigkeit gegenüber ihren Völkern demonstriert. Stalin wütete mit seinen Gulags und *»säuberte«* seinen Machtapparat rücksichtslos durch brutale Morde. Hitler betrieb nicht nur zielstrebig die Vernichtung der Juden, sondern war entschlossen, das ganze deutsche Volk in den eigenen Untergang mit hinabzureißen, als er den

1 S. Freud: G.W. Bd. XIII, S. 137f

Krieg verloren gab. Mao ließ in Friedenszeiten im eigenen Land etwa 70 Millionen sterben. Sogar 300 Millionen Chinesen war er für die Weltrevolution zu opfern bereit, wie er vor Zeugen erklärte. Dennoch waren Massen von Russen, Deutschen, Chinesen in Ergebenheit erstarrt, luden entsetzliche Mitschuld auf sich, denunzierten Abweichler und ignorierten die Selbsterniedrigung, die sie in ihrer sklavenhaften Willfährigkeit auf sich nahmen. Sie waren keine Sklaven, sondern machten sich dazu und hätten nachträglich einsehen müssen, dass ihr Gehorsam eine Selbstentmündigung war, eine willige Preisgabe drückender Verantwortung.

Einstein fragte Freud in dem berühmten gemeinsamen Briefwechsel zum Thema *»Warum Krieg?«*, warum Herrschende aus nationalem Egoismus oder zur Anhäufung eigener ökonomischer Macht es fertig brächten, die durch Krieg nur Leiden erfahrenden Massen zu *»willenlosen Werkzeugen ihrer Gelüste«* zu machen. Freud antwortete mit einer weit ausholenden Erläuterung des Destruktionstriebes. Zur Dynamik der kollektiven Selbstentmündigung sagte er kein Wort. Man kann als sicher annehmen, dass er das Zusammenspiel von suggestiver Herrschaftswillkür einerseits und Unterwerfungssüchtigkeit andererseits am konkreten Beispiel des Hitlersystems beschrieben hätte – zurückgreifend auf seine Ausführungen in *»Massenpsychologie und Ich-Analyse«* von 1920 – wäre es nicht der Augenblick gewesen, da die jüdischen deutschen Psychoanalytikerinnen und Psychoanalytiker zur Flucht aufbrachen oder eingesperrt wurden. Er selbst hoffte in Wien noch, sein dortiges Institut vor dem drohenden Nazi-Zugriff retten zu können.

Sonst hätte er wie Ernst Simmel reden müssen, der es noch 1932 riskierte, die Deutschen ungeniert eine »verantwortungsmüde Menge« zu nennen, die auf dem Boden liege, von dem einzig aufrecht stehenden Führer überragt. *»Man will gar nicht den politischen Führer sehen, sondern einen Messias, der auf magische Weise, unter Umgehung des Intellekts, die Menschen von einem Leid erlöst, dessen Entstehung und Sinn sie nicht begreifen.«* Er versetze sie wieder in einen Kriegszustand und nehme ihnen ihr Verantwortungs- und Schuldgefühl ab.[2]

***

2 E. Simmel: Nationalsozialismus und Volksgesundheit, S. 154

Genau besehen, befreien sich die Gehorsamen eben nur zum Schein von ihrer Mitverantwortung, denn heimlich steuern sie die Machtwillkür der Führungsfigur mit. Auch dies geht vielleicht auf die Frühzeit des Menschengeschlechts zurück, als sich der Urvater von der gebündelten Kraft der hörigen Masse gestärkt sehen wollte, Kämpfe gegen Feinde erfolgreich zu bestehen. Im Nazisystem wurden die Massen mit der narzisstischen Verheißung belohnt, durch Preisgabe ihrer individuellen Autonomie ihre angeblich wahre Identität, nämlich als Teil des Großindividuums Herrenvolk, zu stärken: Du bist Volk, du bist Deutschland, demnächst Großdeutschland! In deinem wahren Selbst bist du mehr als ein individuelles Selbst, sondern eins mit dem großen Ganzen. Die Unterwerfung ist dein Stolz und deine Ehre. *»Für die Mehrzahl der jungen Deutschen«*, schreibt Götz Aly, *»bedeutete der Nationalsozialismus nicht Diktatur, Redeverbot und Unterdrückung, sondern Freiheit und Abenteuer.«* [3] Sie kamen sich, als sie für Hitler in den Krieg zogen, wie antiautoritäre Tatmenschen vor – und waren doch nur gefügige Werkzeuge in der Hand eines größenwahnsinnigen, machtbesessenen Narzissten, was viele aber eben erst merkten, als er nicht mehr da war.

Dann wäre es fällig gewesen, sich mit den inneren Spaltungen und der sklavischen Anpassung auseinanderzusetzen. Aber wie sollten sie das ihren Söhnen und Töchtern erklären? Etwa so: *Wir haben das alles mitgemacht, aber eigentlich waren wir ganz anders. Wir waren immer so wie jetzt, konnten vorher nur nicht so sein, wie wir sein wollten. Seht her: Wir funktionieren doch tadellos demokratisch. Wir hassen keine Juden und verabscheuen Krieg.* Was hätten die Eltern sagen sollen? Etwa: *Wir waren Gehorsamsautomaten wie die Folterer im Milgram-Experiment, wir waren die Ratten des Rattenfängers!?*

***

Als ich 1952 Leiter einer Beratungs- und Forschungsstelle für seelisch gestörte Kinder und Jugendliche in Berlin wurde, ahnte ich nicht, dass mir bevorstand, die unbewusste Weitergabe der

3 G. Aly: Hitlers Volksstaat, S. 12

ungeheilten inneren Schäden der Eltern aus Nazizeit und Krieg an ihren Kindern zu studieren. Zusammen mit meinen Mitarbeiterinnen und Mitarbeitern beobachtete ich, wie die Kinder mit ihren Symptomen – Unruhe, Angst, Jähzorn, Weglaufen, Schulversagen, Stehlen und psychosomatischen Störungen das ausdrückten, was die Eltern verschwiegen. Die Eltern schwiegen, weil sie vielfach selbst nicht verstanden, was mit ihnen geschehen war oder weil sie es nicht verstehen wollten. Viele Kinder fühlten sich unbewusst mit der Verantwortung belastet, die Eltern froher zu machen, ihnen Selbstvorwürfe abzunehmen, belastende Versäumnisse wettzumachen, Partnerverluste zu kompensieren usw. Es half, die Eltern in der Therapie dann doch zum Reden zu bringen und sie ein Stück weit verstehen zu lassen, wie sie mit den eigenen Problemen ihre Kinder belasteten und z. T. krank machten. Sie waren dankbar, als Mitpatientinnen oder Mitpatienten angenommen zu werden.

Aus der mehrjährigen therapeutischen Zusammenarbeit mit solcher Klientel entstand in jenen 50er Jahren die psychoanalytische Familientherapie – nicht aus vorgefasster Planung, sondern schlicht aus der Notwendigkeit, die gemeinsame Verwicklung von Eltern und Kindern in ihren intergenerationalen Konflikten zu verstehen und zu therapieren. Typisch erscheinende Instrumentalisierung von Kindern durch überlastende Erwartungen von unglücklichen Eltern wurde Thema meiner Bücher *»Eltern, Kind und Neurose«* und *»Patient Familie«*, die erst Ende der 60er und in den 70er Jahren plötzlich massenhaft von der Generation gelesen wurden, die meine Mitarbeiterinnen und ich studiert hatten. Über 560.000 Exemplare neben Tausenden von Raubdrucken kamen schnell in die Hände der herangewachsenen Studenten, die nun die Elterngeneration ab Ende der 60er zur Rede stellten. Die aufgebrachte Jugend überfiel die Älteren mit wilden Protesten, aber fand überall noch den Ungeist der Hitlerzeit verankert in den Institutionen, in denen ja auch vielfach noch die Gleichen wie zuvor herrschten.

Der Proteststrom teilte sich in zwei Arme. In dem einen sammelten sich diejenigen, die sowohl in ihrem Innern wie gleichzeitig in den Strukturen von Erziehung, Partnerschaft und Arbeitswelt Befreiung von Repression erringen wollten. Sie lasen die Texte alter und neuer gesellschaftskritischer Psychoanalytiker wie Wilhelm Reich, Siegfried Bernfeld, Erich Fromm, Heinrich Meng und versammelten sich gleichzeitig zu praktischer Emanzipationshilfe für stigmatisierte und ausgegrenzte Randgruppen: gettoisierte Arme, chronisch psychisch Kranke, sozial gestrandete Jugendliche u.a. Junge studentische Eltern organisierten sich gemeinsam in den legendären Kinderläden mit der Idee, ihre Kinder in Gruppen für eine freiere und zugleich solidarischere Gesellschaft vorzubereiten. Zum Teil holten sie sich eine Art Supervisionshilfe bei Psychoanalytikern, um die in den Gruppen entstehenden Schwierigkeiten besser zu verstehen.

Dem anderen Flügel der Protestler genügten diese Reformexperimente nicht. Ihnen schienen sämtliche Ansätze von sozialen und pädagogischen Initiativen nur Stückwerk. Stieß man nicht überall in den Strukturen auf die gleichen Köpfe, die gestern noch für Hitler erzogen, agitiert und Andersdenkende denunziert hatten? Leistete man dem immer noch von faschistischem Ungeist durchtränkten System nicht nur kosmetische Hilfe? Angst kam auf, sich durch falsche Anpassung selbst zu verraten. Von sympathisierenden Intellektuellen kamen aufrüttelnde Revolutionsideen. Hans Magnus Enzensberger etwa schrieb: *»In der Tat, was auf der Tagesordnung steht, ist nicht mehr der Kommunismus, sondern die Revolution. Das politische System der Bundesrepublik ist jenseits aller Reparatur.« »Es ist die Staatsmacht selbst, die dafür sorgt, dass die Revolution nicht nur notwendig (das war sie schon 1945 gewesen), sondern auch denkbar wird...«* [4] Es waren genau die Stimmen, die von den Radikalen der 68er als Ermutigung zur Militarisierung verstanden wurden. Aber die Antriebe derer, die sich schließlich in der RAF sammelten, hatten auch noch tiefere Wurzeln. Diese bildeten eine Brücke zu dem Versagen der Hitlergeneration und führten zugleich zu der Frage nach der schwer zugänglichen Unterströmung des Zeitgeistes und nach dem Verhältnis von Männlichkeit und Weiblichkeit.

Man verwundert sich noch immer darüber, dass gerade junge Frauen innerhalb des RAF-Terrorismus zu bedeutendem Einfluss gelangt sind. Wie kann man das verstehen? Zwei Beispiele seien genannt, an denen klar wird, wie Töchter die Widerstandsschwäche von Vätern als unbewusste Botschaft empfangen haben, unausgelebten Protest selbst zu übernehmen, wobei ihr moralischer

4 M. Enzensberger in Wagenbach: Vaterland, Muttersprache, S. 257

Ansatz später in kriminellen Terrorismus umgeschlagen ist. Es bleibt die Frage, inwieweit die auslösende Schwäche der Männlichkeit und die pervertierte Militanz der Frauen im Zusammenwirken mehr ausdrücken als einen Sonderfall von psychosozialer Pathologie.

***

Die Rede ist von Gudrun Ensslin und Birgit Hogefeld. Religiöse Strenge der Kindheitserziehung – in einem Falle protestantisch, im anderen katholisch – ist beiden gemeinsam, dazu eine ausgeprägte Vaterbindung, deren Spuren bis in beider RAF-Engagement hineinreichen. Stierlin, Koenen, Conzen, Wirth haben die Entwicklung Gudrun Ensslins und ihren familiären Hintergrund ausführlich bekannt gemacht. Als junges Mädchen war sie im evangelischen Mädchenwerk aktiv, leitete dort die Bibelarbeit, noch in den Fußstapfen des protestantischen Pfarrer-Vaters, Angehöriger der *»Bekennenden Kirche«*, der als Gegner des Hitler-Regimes mit den Nazis in Schwierigkeiten geraten war, sich diesen aber schließlich durch Meldung als Wehrmachtsfreiwilliger entzogen hatte. Wie später Birgit Hogefeld hatte Gudrun Ensslin ein alarmierendes Schlüsselerlebnis. Das war die Erschießung des Studenten Benno Ohnesorg auf der Anti-Schah-Demonstration in Berlin. Zusammen mit aufgebrachten Studenten erblickte sie in dieser Tat die enthüllte brutale Gewalt der Staatsgewalt. Verzweiflung und Wut mischten sich: Benno Ohnesorg ist für uns alle gestorben. Der Staat will uns alle töten. Es bleibt uns nur Gegengewalt als Widerstand übrig. Das Opfer wird zum Märtyrer. Und die eigene Gewaltbereitschaft wird zum Gewissenszwang. Die moralische Pflicht kehrt sich um: Das Töten der RAF wird zur Erlösungsmission, Gnadenlosigkeit zur Pflicht. Es ist das klassische Muster der paranoischen Verschmelzung von phantasiertem Verfolgtwerden und Rache am Verfolger – in diesem Falle an den Spitzen des *»Machtapparates«*.

Aber Gudrun weiß sich eines geheimen Einvernehmens mit ihrem Vater sicher. Dieser Anteil ihres Motivs sei besonders hervorgehoben, weil er neben anderen Beispielen den intergenerationalen Zusammenhang des RAF Phänomens deutlich macht. Zu der von der Tochter zusammen mit Andreas Baader verübten

Kaufhaus-Brandstiftung sagt der Vater: »*Was sie sagen wollte,* (im Prozess, der Verf.) *ist doch dies: eine Generation, die am eigenen Volk und im Namen des Volkes erlebt hat, wie Konzentrationslager entstanden, Judenhass und Völkermord, darf die Restauration nicht zulassen. Darf nicht zulassen, dass die Hoffnungen auf einen Neuanfang, Reformation, Neugeburt verschlissen werden. Das sind junge Menschen, die nicht gewillt sind, diese Frustration dauernd zu schlucken und dadurch korrumpiert zu werden. Für mich ist erstaunlich gewesen, dass Gudrun, die immer sehr rational und klug überlegt hat, fast den Zustand einer euphorischen Selbstverwirklichung erlebte, einer ganz heiligen Selbstverwirklichung, so wie geredet wird vom heiligen Menschentum*«.[5]

Also hat Gudrun in dem sie verklärenden Vater dessen eigene tiefe Genugtuung aufgedeckt, als hätte sie die Tat in seinem Sinn, für ihn vollbracht, gleichsam als Kompensation für das Versäumnis seines aktiven Widerstandes gegen die Nazi-Verbrechen.

Birgit Hogefeld stammt aus einem Dorf nahe Hadamar, wo in der psychiatrischen Anstalt Tausende von psychisch Kranken unter Hitler in Anlagen vergast worden waren, die später in Auschwitz eingesetzt wurden. Die Bewohner wussten das. Birgits Vater war ein einfacher Mann, sechs Jahre Soldatenzeit, u. a. an der Russlandfront, lagen hinter ihm, als er zermürbt und resigniert zurückgekehrt war. Mit Birgit kam er noch am besten aus. Von Frau und Schwiegermutter erntete er kaum Achtung. Aber auch Birgit vermochte aus dem schweigsamen Mann nur wenig herauszulocken, nur so viel, dass er sich dem Kommunismus nahe fühlte. Es hätte ihm gut getan, meint Birgit, wenn er sich mit Gesinnungsgenossen zusammengetan hätte. Aber dazu konnte er sich nicht aufraffen. Einmal stand er mit der 8-Jährigen vor einem antirussischen Propagandaplakat und sagte nur: *»So sind die Russen aber nicht!«* Als zwei aus der RAF Bundesanwalt Bubak erschossen, veranstaltete er zu Hause eine kleine Freudenfeier. Sie selbst trug eine Baskenmütze mit einem roten Stern. Ihr Erweckungserlebnis war das Pressefoto des von Hungerstreik völlig ausgezehrten Gefangenen Holger Meins kurz vor seinem Tod. Sie konnte an nichts anderes mehr denken. Zusammen mit einer linken Schülergruppe baute sie nach Erkundung der Maße

5 P. Conzen: Fanatismus, S. 192

genau Holgers Zelle mit Tüchern nach. Sie wollte sein Leiden, sein Elend mittragen und schöpfte daraus zugleich unbändigen Hass auf seine Verfolger. Eine Weile studierte sie Jura mit dem Ziel, später politische Gefangene in der Haft besuchen zu dürfen. Ihr Weg in die RAF führte über die *»Rote Hilfe«*. Stets stand vor ihren Augen das Vorbild der anderen, die für die Sache ihr Leben aufs Spiel setzten. Aber was war das für eine Sache? Ermutigt durch die damalige breite Sympathisantenszene trauten sich die paar RAF-Verschworenen allen Ernstes zu, gleich in drei Kontinenten durch Ermordung von hohen Machtträgern revolutionäre Prozesse in Gang setzen zu können. Wie für Gudrun Ensslin Benno Ohnesorg wurde für Birgit Hogefeld Holger Meins zum Märtyrer, der keinen Zweifel mehr an der wahnhaften Missionsidee erlaubte. Aber außer Holger Meins gab es für Birgit Hogefeld noch eine andere versteckte Kraftquelle. Das war – wiederum eine Parallele zu Gudrun Ensslin – der Vater. Der konnte zwar nicht wie Vater Ensslin seine Verbundenheit mit der Tochter in verklärenden Worten ausdrücken. Aber er stellte sich vor Birgits öffentlich ausgehängte Steckbriefe und erklärte anderen Betrachtern stolz: *»Das ist meine Tochter!«*

In beiden Fällen ist also die Tochter in die Rolle des väterlichen Ich-Ideals geraten, einerseits zur stellvertretenden Wunscherfüllung, andererseits als Opfer eines fatalen Missbrauchs. Der Preis für den narzisstischen Stolz der Väter Ensslin und Hogefeld ist die destruktive und autodestruktive psychotische Verirrung der Töchter. Beide Eltern-Kind-Beziehungen erscheinen wie klassische Lehrbuch-Beispiele aus *»Eltern, Kind und Neurose«*.

***

Dreizehn Jahre hat Birgit Hogefeld nun in der Haft verbracht. Ich hatte sie einmal auf Anregung eines katholischen Geistlichen im Prozess beobachtet und den Eindruck gewonnen, dass ihr mit Unterstützung eine volle Gesundung möglich sein sollte. So kam es zu einer zuerst regelmäßigen, später nur noch sporadischen psychotherapeutischen Betreuung. Ihr anfangs noch auf das Gefängnis übertragene Argwohn, Opfer einer feindlichen Welt zu sein, hat sich bald zurückgebildet. Mein eigener Beitrag zu ihrer Regeneration – zusätzlich zu der verlässlichen Anteilnahme einiger anderer – war wohl nützlich. Aber das Entscheidende hat sie selbst geleistet. Dass ich mich in ihre Beziehung zum Vater gut einfühlen konnte – mit diesem fast gleichaltrig und ebenfalls durch Russlandkriegserfahrung bedrückt und verstört – war unserer Kooperation dienlich. Jedenfalls ist aus der kranken Fanatikerin längst wieder eine sensible, mitfühlende, kritische, aber auch selbstkritische Frau geworden, als die man sie früher kannte. Eifrig betreibt sie ein Fernstudium in Sozial- und Literaturwissenschaft – mit Schwerpunkt jüdische Literatur, Judentum und Antisemitismus. Ihre Freude an Musik – sie wollte einst Orgelbauerin werden – kann sie sich durch Flötenspiel erhalten. Keiner zweifelt daran, dass sie sich nach einer bald zu erhoffenden Begnadigung genau so sozial bewähren wird wie andere längst schon haftentlassene ehemalige RAF-Mitglieder, die sich die Kronzeugenregelung zu nutze gemacht hatten.

***

Es ist, als wollten Gudrun und Birgit zu Ende bringen, wovor die Väter zurückgeschreckt sind. Gudruns Vater wurde noch für Hitler Soldat, um dem Konflikt mit den Nazis auszuweichen. Birgits Vater scheute sich, für seinen Kommunismus Farbe zu bekennen. Aus der Reaktion beider Väter lässt sich so etwas wie Erlösung herauslesen und Stolz auf den Mut der jungen Frauen, bei Helmut Ensslin sogar ein bisschen Heiligenverehrung. Aber es ist nicht nur harmonischer Einklang. Im Handeln der Töchter steckt auch Wut auf die väterliche Feigheit und über die eigene Überlastung mit der psychologischen Erbschaft.

Beider Frauen Reaktion ist hoch kompliziert. Am Anfang steht das Sich-Einfühlen in die väterliche Frustration und in das Leiden der Naziopfer. An deren Stelle treten Benno Ohnesorg und Holger Meins, geheiligt als Märtyrer, als verpflichtende Offenbarung. Ihre Auferstehung in den Seelen der Frauen erinnert an eine heilige Erweckung, jedenfalls im Falle von Gudrun und im Zeugnis des Vaters. Aber die beiden *»Tränenmütter«* in einer Urform barmherziger Weiblichkeit erstehen im gleichen Moment neu als kämpferische Terroristinnen, erfüllt von männlichem rücksichtslosen Kriegsgeist. Und die Ansteckung mit dem paranoischen Fieber des militanten Umfeldes vollendet die Auswechselung der Rollen von Mitleidenden in mitleidlose Täterinnen.

Dass begnadigte Täterinnen und Täter, die natürlich ihre Schuld weiter tragen müssen, inzwischen wieder friedlich unter uns leben, beunruhigt u.a. solche Ex-Sympathisanten, die einst Stellvertreter zur Abfuhr des eigenen heimlichen Vaterhasses gesucht hatten. Mit den Vätern inzwischen arrangiert, haben sie ihren arbeitslosen Hass nun auf die Täter und die Versöhnungsanwälte transferiert. Bei dem nun aufgelebten Streit um die RAF geht es jedenfalls nicht um deren Mythisierung, die keiner will, sondern um nachholende Klärung des immer noch beunruhigenden gesellschaftlichen und psychologischen Hintergrundes und um die Versöhnungsfähigkeit der Gesellschaft.

***

Wenn man den Sprung wagt, sich die handelnden Figuren als Repräsentantinnen und Repräsentanten eines Stücks Zeitgeschichte vorzustellen – was heißt das dann für das Verhältnis von Männlichkeit und Weiblichkeit? Zweifellos war das Naziphänomen ein Auswuchs männlichen Übermenschenwahns. Ein Kriegszug zur Schaffung eines »Tausendjährigen Reichs« mit einer von Nietzsche vorgedachten Herren- und Ausrottungsmoral. Heraus kam dann die klägliche Schlappe der vermeintlichen Helden, die Schande des Holocaust, das psychische und physische Elend der Geschlagenen, der Wiederaufrichtung durch die Frauen bedürftig, zu deren Beschützung die Männer einst ausgezogen waren.

Jämmerlich gescheitert war damit nicht nur das Projekt Hitler, sondern für alle Zeit widerlegt war das Leitbild eines Stärkekults mit dem Ziel einer Willkür-Freiheit von allen verpflichtenden Abhängigkeiten. Grenzenloser Bemächtigungswille bricht sich unweigerlich an der Tatsache der Gegenseitigkeitsbindung allen Lebens, des durchgehenden aufeinander Angewiesenseins. Kassandra hat Recht, wenn Sie dem ewigen männlichen Siegen-Müssen den unausweichlichen Untergang voraussagt.

Aber das Siegen-Müssen entspringt ja eben nicht erwachsener Männlichkeit, vielmehr der Überkompensation verdrängter Ohnmachts- und Entmännlichungsangst – etwa nach dem Muster von Beck Weathers. Und die Frauen? Der Zustand der Welt erlaubt ihnen nicht länger, sich um die Energien der Männer für deren Bemächtigungsehrgeiz zu sorgen, anstatt die eigene große Power entschieden auf eine Kultur fortschreitender Humanisierung einzusetzen, dabei gleichzeitig die Verantwortung der Männer vermehrt auf eben dieses Ziel umzulenken. Allmählich wird deutlich, dass Freuds Ratschlag von 1930, wonach sich die Männer zugunsten Ihrer Kulturarbeit vor Energieausbeutung durch die Frauen schützen sollten, einer regelrechten Umkehr bedarf. Nachdem die Frauen inzwischen alle angeblich männlicher Sublimierung vorbehaltenen Fähigkeiten in Ämtern mit hoher Verantwortung glänzend belegt haben, ist es jetzt an ihnen, die eigene Energie nicht länger in der demütigen Aufopferung für männliche Machtziele zu vergeuden. Erfolgreich im Kampf gegen rechtliche Benachteiligung, Karrierehindernisse und Unterbezahlung steht es ihnen nun zu, mit Selbstbewusstsein den Männern mehr Einsatz für das gemeinsame Kulturziel einer friedlicheren und sozialeren Welt abzufordern – dabei auch mehr politische Standfestigkeit. Waren es doch die Männer, die zu Millionen den Urhordenvätern des 20. Jahrhunderts hinterhergelaufen und dadurch an den Verbrechen der schlimmsten Art mitschuldig geworden sind.

***

Wer sich seit dem Ende des Hitlerkrieges kontinuierlich damit beschäftigt hat, die Fortwirkung der Nazizeit in den Seelen der Kriegsgeneration, ihrer Kinder und Enkel, in den Seelen der aufständigen 68er, der reformistischen und der terroristischen 70er bis in die 80er hinein zu verfolgen, wurde gezwungen, diese Prozesse jederzeit im Zusammenhang mit der geistigen Bewegung der Zeit zu betrachten – und nicht nur aus der Distanz, sondern auch in sich selbst und in den eigenen unmittelbaren Beziehungsfeldern. Das geschah in meinem Fall zuletzt im Austausch mit der Ex-RAF-Frau Birgit Hogefeld und im Rückblick auf ihren Vater aus meiner Generation. Es ist eine Reise, auf der manches sichtbar geworden ist von der unbewussten transgenerationalen Weitergabe psychischer Lasten, von Selbstheilungsversuchen wie von dramatischen Irrungen bis hin zu terroristischen Verbrechen.

Um die Wiederholung eines fatalen Scheiterns zu verhindern, ist es nach psychoanalytischer Erfahrung unerlässlich, sich um Verstehen zu bemühen – nicht im Sinne von Billigen, aber im Sinne von sich hineinversetzen Können. Nur das, was unverstanden abgespalten ist, bleibt eine unberechenbare innere Bedrohung. Es heißt also, das total Fremde aus der Abkapselung zu befreien. Wenn das im Inneren geht, dann geht es vielleicht auch in der Annäherung an das projizierte Feindliche. Was Platon von der Aufgabe des Arztes gesagt hat, nämlich das Feindlichste im Leibe miteinander zu befreunden, kann man in Abwandlung auch von dem Bestreben der Psychoanalyse sagen, das Abspaltende und das Abgespaltene wieder miteinander zu verbinden, d.h. im Verdammen die eigene Unversöhnlichkeit aufzudecken. Birgit Hogefeld hat gelernt, dass sie den Vater nur erlösen kann, wenn sie seine Botschaft nicht primär als übertragenen Rachehass begreift, sondern diese umwandelt zu dem Auftrag, stellvertretend zu sühnen, zu versöhnen. Sie befreit sich von der Identifizierung mit dem väterlichen Hass, in dem sie sich in den Geist des verfemten Judentums hineinlebt. Damit hat sie den väterlichen Auftrag nicht in der *»Anti«*-, sondern in der *»Pro«*-Variante erfüllt, nämlich durch Eintreten *für* das Volk der Nazi-Opfer. Diese Wendung kam aus ihrem eigenen Innern. Sie hat an der Delegation des Vaters unbewusst weitergearbeitet, hat stellvertretend für ihn seine Resignation überwunden. Es ist der Weg, auf dem ihre und die folgenden Generationen weiterarbeiten können, um die Gefahr eines Rückfalls in die größte Barbarei Deutschlands im 20. Jahrhundert zumindest wesentlich zu vermindern.

Fraglos ist der aktuelle islamistische Terrorismus unvergleichbar dem der RAF. Aber er legt wie dieser Anstrengungen zu einer verstehenden Annäherung an seine Motive nahe, um herauszufinden, wie man ihm, anstatt ihn nur durch kriegerische Gewalt zu bekämpfen, was ihn bisher nur verschlimmert hat, konstruktiv beikommen kann. Und das hat in diesem Falle nur Aussicht, wenn die Suche – wie es Orhan Pamuk verlangt, bei einer kritischen Überprüfung eigener Versäumnisse anfängt. Es gilt, sich daran zu erinnern, welche wegweisenden Versuche schon die bedeutendsten Geister in der mittelalterlichen Kreuzzugszeit unternommen hatten, um die großen Übereinstimmungen in der Wertewelt der drei monotheistischen Religionen – Christentum, Judentum und Islam – deutlich zu machen. Für alle Zeit aber bleibt das Rezept der mittelalterlichen Legende gültig, die Helmut Feld unter dem Titel nacherzählt hat: »*Von dem hochheiligen Wunder, das Sankt Franziskus bewirkte, als er den wilden Wolf von Gubbio bekehrte*« (s. 13. Kapitel). Die Beilegung des Krieges mit dem Terroristen, dessen Befriedung und die Versöhnung mit ihm gelingt den Bürgern von Gubbio erst, als sie ihren Anteil an dem scheinbar unüberbrückbaren Zerwürfnis verstehen.

22. Kapitel

Ein Selbstporträt der globalisierungskritischen Bewegung

»Eine bessere Welt ist möglich!« hängt als Transparent über Veranstaltungen von attac-Deutschland und gilt als Losung der internationalen globalisierungskritischen Bewegung, die sich inzwischen in Massen zu Weltsozialforen trifft. Ihre Themen sind Frieden, Armut, Frauen, Umwelt, vor allem aber das neoliberale Scheitern an der Aufgabe einer gerechten Globalisierung. Die Mitglieder nennt man Globalisierungskritiker. Aber diese Leute wollen nicht nur beanstanden, sondern praktisch verändern. Denn das Gewicht liegt mehr auf dem Konstruktiven, auf dem *»Pro«* als auf dem *»Anti«*. Die Kritik des Falschen ist das Eine, das Intervenieren für das Bessere ist das Andere. Also Hoffnung, Einsteigen in eine heilvollere, gerechtere Praxis.

Nach dem Scheitern der diversen sozialistischen Ostprojekte durch ihre Verwandlung in totalitäre Systeme wird erkannt: Es geht nur mit Geduld. Der Wandel braucht eine sehr breite Basis in der Bevölkerung, und dazu müssen Einsicht und Entschlossenheit erst heranwachsen. Es geht nicht mit einem Ruck und unbesonnenem Aktionismus, allerdings auch nicht mit ideologischen Dogmen. Ganz wichtig ist das Einüben einer Gleichheit und Ebenbürtigkeit in den Planungen und in der Organisation des Ganzen.

Das sicherste Mittel, diese Bewegung bald zum Scheitern zu bringen, wäre die geschilderte Entwicklung von Rattenfänger-Strukturen mit Hörigkeitsgefolge. Das könnte leicht in abgeschwächter, ziemlich unauffälliger Form geschehen. Allmählich steigen ehrgeizige Wortführer auf, als Vordenker und begabte Organisatoren. Sie finden am besten die Sprache, die alle leicht verstehen und gut heißen. Meist sind es Leute, die auch zu begeistern vermögen und ihre Dominanz gar nicht mit besonderem

Druck etablieren. Irgendwann haben sie dann die Macht in der Hand, ohne dass es allen bewusst wurde, wie es passierte. Geht es um die Außendarstellung, heißt es schließlich: Der kann es doch am besten. Der kann gut beeindrucken und das meiste für uns herausschlagen. Und wenn der eine oder andere nicht recht mitzieht, dann kommen die Anhänger des Meisters und bringen Schwankende auf Linie.

Das funktioniert in einer Sekte, vielleicht auch in einer Fußballmannschaft, aber nicht in einer Bewegung mit dem Erfordernis von kreativen Basisinitiativen. Dennoch ist natürlich Koordinierung nötig. Und manche Individuen haben die Gabe, Projekte so zu inszenieren und zu steuern, dass alle mitdenken und kreativ sein können. Sie wollen sich nicht persönlich hervortun und ordnen sich dem gemeinsamen Gelingen unter.

Hier sei eine solche gemeinsame Selbstdarstellung der globalisierungskritischen Bewegung geschildert, ausgedacht von einer 34-jährigen Fotografin unter Beteiligung von 36 Personen aus 34 Ländern. Es ist eine erstaunliche kleine Geschichte, im Mittelpunkt die 34-jährige Berliner Fotografin Katharina Mouratidi. Schon als 12-Jährige hat sie auf dem Marktplatz in Stuttgart gegen die amerikanischen Atomraketen in Mutlangen demonstriert. Sie stand in einem Kreis *»Schweigen für den Frieden«*. Mit 16 hat sie in dieser Stadt einen *»Weltladen«* mit aufgebaut, entwicklungspolitisch und christlich ausgerichtet. Dann hat sie in Berlin freie Kunst studiert, ehe sie ganz in die Fotografie überwechselte, schon damals mit der Idee im Kopf, etwas zur Verbesserung der Gesellschaft beizutragen. Sie beschloss, unabhängig zu bleiben, keiner Organisation beizutreten. Erst jetzt hat sie selbst einen Verein gegründet, mit Namen *»Gesellschaft für humanistische Fotografie e. V.«* [1]

Der gemeinnützige Verein soll Fotografie, die soziale und gesellschaftliche Missstände thematisiert, unterstützen sowie zu deren Verbreitung beitragen. Unter anderem soll er dabei mitwirken, ihr jüngstes Projekt, die Ausstellung *»Die andere Globalisierung«*, europaweit zu zeigen. Die Idee war: Drei Jahre durch die Welt reisen und in allen Kontinenten Veranstaltungen der globalisierungskritischen Bewegung besuchen. Dabei Menschen heraus-

1 www.humanistischefotografie.de

finden, in denen der Geist und die Vielfalt dieser Bewegung sich ausdrücken. Von diesen Menschen lebensgroße Foto-Porträts anfertigen und zusammen mit einer Kurzbiographie und einem persönlichen Interview auf öffentlichen Plätzen aufstellen. Fertig. Aber nun die Menschen finden. Werden sie mitmachen? Sie holte sich Rat, orientierte sich jedoch überwiegend selbständig, fand heraus, wer auf den internationalen Veranstaltungen besonderen Anklang fand und den Geist der Bewegung in typischer Weise zu repräsentieren schien. 2002 bis 2004 war sie in allen fünf Kontinenten unterwegs, fotografierte, fragte und hörte zu. September 2005 eröffnete sie ihre Wanderausstellung auf dem Potsdamer Platz in Berlin. Etwa 60.000 Menschen gingen zu den Bildern und lasen in den Texten. Dann zog die Ausstellung weiter nach Stuttgart.[2]

Ihre Interviews beginnt Katharina regelmäßig mit der Frage: »*Warum tust du das, was du tust?*« Bevor die einzelnen beschreiben, wofür sie sich engagieren, sollen sie ganz persönlich über ihre Motive sprechen. Welche Erlebnisse, welche Gedanken haben sie dazu gebracht, in der Bewegung mitzumachen? Woher kommt ihre Hoffnung, etwas verändern zu können? Die Ideen hinter der Frage sind: Wer sind diese Menschen wirklich, die sich in der größten sozialen Bewegung seit Jahrzehnten engagieren? Was unterscheidet sie von denjenigen, die sich nicht engagieren? Was sind ihre Ziele tatsächlich?

Zum Wesen der Bewegung gehört, dass jeder fühlt, dass er als Person wichtig ist, also nicht nur dadurch, was er macht. Das ist der Unterschied zu den Massenbewegungen, in denen die einzelnen als Subjekte verschwinden, uniformiert und gesichtslos. Aber individuelle Freiheit muss an Gleichheit und Geschwisterlichkeit gebunden sein, wie es die Französische Revolution verstand. Das muss die Richtung des zivilisatorischen Prozesses bleiben. Diese

---

2 Weitere Ausstellungsdaten: 20.09.–7.10.2006 Messebahnhof Köln-Deutz, 23.9.–19.11.2006 Fotofestival »Foto u. Photo« Cesano Maderno bei Milano, 26.1.–22.02.2007 Rathaus Stuttgart, März 2007 Schwäbisch Hall, Mai 2007 Rostock, 15.06.–05.07.2007 VHS Berlin Tempelhof, 06.06.–10.06.2007 Ev. Kirchentag Köln, Juli–August 2007 Melkweg Galerie Amsterdam
Das Buch über die Ausstellung heißt: »Venceremos! Die andere Globalisierung« (2006), Heidelberg (Edition Braus). Die Ausstellung kann auch entliehen werden. Ich danke K. Mouratidi für die Unterstützung meiner Gedanken und für die Erlaubnis, aus einigen ihrer Interviews zu zitieren.

ist gewahrt, wenn sich Politik und Wirtschaft als ebenbürtigen Umgang von Menschen mit Menschen verstehen, anstatt sich Mechanismen zu fügen, die das immer raschere und tiefere Auseinanderbrechen der Gesellschaften in Reichtum und Armut hervorrufen.

Warum tust du das, was du tust? Die Antwort von Walden Bello aus den Philippinen, eines der 36 Befragten, trifft den Geist der Bewegung ziemlich genau: *»Ich engagiere mich, weil ich denke, dass man mit seinem Leben etwas Sinnvolles machen sollte. Da ist nichts Heldenhaftes dabei. Es ist nur so, dass man es tun muss, um menschlich zu sein. Es ist etwas, das wir unseren Mitmenschen schulden, besonders denen, die unterdrückt und an den Rand gedrängt sind. Wir haben eine Situation in der Welt, in der es diese Art von Ausbeutung und Armut, die wir haben, nicht geben sollte. Menschen sollten dazu in der Lage sein, gerechtere Strukturen zu erfinden. Und deswegen muss man ein Teil dieses Prozesses sein. Weil du dich entweder in dem Prozess engagierst und damit dir selbst treu bist oder dich davon absetzt und nur ein Zuschauer bleibst. Und das, denke ich, würde bedeuten, sich selbst nicht treu zu sein. Also ist die Antwort auf die Frage, warum man sich in dieser Arbeit engagiert, dass es das einzig Anständige ist, was man tun kann. Es steckt keine geniale Inspiration und kein großer Heldenmut dahinter. Es ist keine Art von Märtyrertum und auch nichts Ruhmvolles – es ist nur pure Anständigkeit. Das ist es jedenfalls, was mich motiviert.«*

Bello war lange führend in der Bewegung zur Wiedereinführung der philippinischen Demokratie aktiv. Wegen seines Engagements wurde er mehrfach verhaftet und 1987 zu Gefängnis verurteilt. Er ist Soziologe, Ökonom und Menschenrechtler, Friedensaktivist und Umweltschützer. Er gehört zu den bekanntesten kritischen Analytikern der gegenwärtigen Form der Globalisierung. 2003 wurde ihm der Alternative Nobelpreis verliehen.

***

Es ist ein Charakteristikum der Bewegung, dass zu ihr auch Top-Ökonomen aus der Machtelite Zugang gefunden haben und damit zu Häretikern geworden sind. Alle bisherigen kritischen Basisbewegungen waren von einer Art Reinlichkeitszwang angekränkelt und betrachteten es als Selbstverrat, sich mit Leuten von der Spitze des Machtapparates einzulassen. Ein solcher ist Joseph Stieglitz, Ex-Chefökonom der Weltbank, vormals Berater der Clinton-Regierung. Sein Motiv? Er ist in der amerikanischen Stahlstadt Gary in Indiana aufgewachsen – angesichts hochgradiger sozialer Ungleichheit, Armut und Diskriminierung. Hinzu kamen in der Weltbank Einblicke in die Wurzeln der Armut überall in der Welt und in eine von falschen Ideen geleitete Wirtschaft. Auch entsetzte ihn das mangelnde Interesse für die Entwicklungsländer. Deshalb ging er mit den Mängeln der höchsten Wirtschaftsinstitutionen scharf ins Gericht und scheute sich nicht, sich an die Öffentlichkeit zu wenden. So stieß er zur Bewegung und wurde Katharinas Interviewpartner. 2001 erhielt er den Nobelpreis für Wirtschaft.

***

Die Breite des Spektrums der Bewegung wird durch eine andere der 36 Interviewten sichtbar. Iluminada Garcia ist eine Bäuerin aus Paraguay, Mitglied der Vereinigung der *»Landlosen«*, der *»Campesinos sin Tierra«*: *»Wir sind so arm, zu wenig Land, um genügend zum Essen anzubauen.« »Mein Traum vom Leben ist, nützlich zu sein für einander, damit es für uns besser wird.« »Wir haben keine Rechte, die Frauen nicht, die Kinder nicht.« »Da sind Menschen, die nichts haben – ich esse, aber es gibt andere, die nichts zu essen haben. Das tut mir so leid. Weil wir arm sind, müssen wir einander helfen und kämpfen. Das ist meine Verpflichtung. Ich habe in christlichen Frauengruppen und Kindergruppen mitgemacht.«*

80 Prozent des Landes von Paraguay sind in den Händen von 1 Prozent der Bevölkerung. Wer von den Kleinbauern sein Land nicht freiwillig abgibt, wird durch Schikanen vertrieben. Viele wurden getötet. In solcher Not träumt diese Frau davon, sich nützlich zu machen. Und die Bewegung gibt ihr Mut, weiterzukämpfen.

***

Inzwischen berühmt geworden ist die Maya-Indianerin Rigoberta Menchú Tum. *»Ich bin eine Frau mit Überzeugungen, überzeugt* *vom Leben, von den Menschen, aber ich denke, es gibt Millionen, die ihre Gefühle, ihre Meinungen und ihr Wissen nicht ausdrücken können.«* Rigoberta engagierte sich schon als Jugendliche in katholischen sozialen Initiativen und in der Frauenbewegung. Wegen des Verdachts der Beteiligung an Guerilla-Aktivitäten wurden Bruder und Eltern in den 70er Jahren gefoltert und getötet. Sie selbst machte bei Streiks und Demonstrationen für bessere Bedingungen der Farmarbeiter mit. 1981 nach Mexiko emigriert, organisierte sie aus dem Exil den Widerstand gegen die Unterdrückung in Guatemala. Sie wurde eine Leitfigur der Bewegung für Stärkung der Rechte der indigenen Bevölkerung in ganz Lateinamerika. Der Friedensnobelpreis 1992 und die Ernennung zur Sonderbotschafterin der UN verschafften ihr die verdiente hohe Anerkennung.

Warum tut sie das, was sie tut? *»Ich betrachte mich als Botschafterin, weil meine Mission viel mit unserer Kultur zu tun hat, mit den Verstorbenen, mit Personen, die ihre Mission auf dieser Erde nicht erfüllt haben. Meine geistigen Maya-Führer helfen mir, mit Zeremonien und Energien. Ich glaube an die Energien der aufgehenden Sonne, die uns bescheint, auch an ihren Untergang, der uns mit unseren Ahnen vereint. Ich glaube an die Luft, die unsere Wege reinigt, ebenso wie an die Energien der Erde, die uns die Kraft gibt, in einer harmonischen Umgebung zu leben.«*

Die Bewegung und die Vereinten Nationen können sich wahrlich keine bessere Botschafterin für die Ausbreitung ihres Geistes bzw. desjenigen ihrer Charta wünschen als diese Frau mit ihrer Verwurzelung in der immer noch lebendigen Maya-Kultur.

***

Afrika ist in der Ausstellung u. a. durch einen ebenso wichtigen Mitgestalter der Bewegung vertreten, der ihre Philosophie sehr klar auszudrücken vermag. Es ist der Literaturwissenschaftler und Autor Neville Alexander, ehemaliger Mitkämpfer Nelson Mandelas. In einer christlichen Missionsschule hat sich seine Sensibilität entwickelt, *»weil ich dort angefangen habe zu verstehen, dass es nicht genug ist, nur für sich selbst zu sein.« »Später begann ich, die Bedeutung des afrikanischen humanistischen Gedankens des ›Ubuntu‹ zu begreifen, der bedeutet, dass man nur durch andere*

Menschen und nicht von sich aus ein menschliches Wesen sein kann.« (Auch das ist ein Satz, mit dem die Bewegung überschrieben sein könnte.) *»Ich komme aus Südafrika, im 20. Jahrhundert das Paradebeispiel für Rassendiskriminierung. Ich glaube, es ist extrem wichtig für uns, die Unterdrückung und den großen Schmerz, die wir unter der Apartheid erleiden mussten, in Stärke zu verwandeln. Trotz aller Probleme, die wir in Südafrika haben, sind wir doch auf dem besten Weg, der Welt zu zeigen, dass es möglich ist, eine nicht rassistische Gesellschaft aufzubauen. Als ein Südafrikaner, der selbst 10 Jahre im Gefängnis saß, weil er gegen Rassismus war, sehe ich meine Pflicht darin, dafür zu sorgen, dass die weltweite Apartheid, die Apartheid zwischen Nord und Süd, ebenfalls abgeschafft wird.«*

Im Gefängnis auf Robben Island *»lernten wir von den Gefängniswärtern, die auf uns aufpassen sollten, dass wir diese Leute befreien können. Wir haben uns daran gemacht, das Gefängnis in eine Art Universität zu verwandeln, wo alle studierten. Wir haben den Wärtern geholfen, ihre Prüfungen zu bestehen. Für mich war das ein Beispiel dafür, wie wir helfen können, die Unterdrücker zu befreien – ganz praktisch.«*

Das war ja auch der Leitgedanke Nelson Mandelas: Schwarze und Weiße müssen sich gemeinsam befreien: Die Schwarzen aus ihrer Unterdrückung, die Weißen aus dem Gefängnis ihres Hasses und ihrer Selbsterniedrigung. Neville Alexander hat zusammen mit anderen Intellektuellen und Pädagogen aus der Befreiungsbewegung ein neues Bildungssystem für sämtliche Volksgruppen Südafrikas entwickelt, um allen zu gleichen Chancen zu verhelfen.

Sein Fazit: Unterdrückte und Unterdrücker müssen sich gemeinsam befreien, und der Prozess muss von den Unterdrückten ausgehen. Wie bei Rigoberta Menchú Tum christliche Einflüsse und alter Mayaglaube zusammenfließen, so verbindet Neville in sich neutestamentarische Nächstenliebe mit dem traditionellen afrikanischen Ubuntu, wonach der einzelne erst durch die anderen zu einem menschlichen Wesen wird. Wo die Lehre Christi in der Bewegung wirksam wird, ist es das franziskanische Christentum der Liebe und des sozialen Engagements, weit entfernt von dem christlich etikettierten Ungeist des modernen kriegerischen Kolonialismus.

Eine alle Beispiele einende Erfahrung ist die Leistung, den Schmerz der Unterdrückung in Stärke zu verwandeln, wie es Neville Alexander, aber auch die übrigen beschreiben oder indirekt vermitteln. Im Leiden, wenn es nicht mit Hass erstickt wird, kann es zu der von Neville Alexander beschriebenen Entdeckung kommen, dass auch die Unterdrücker sich Gewalt antun, dass sie ihre Menschlichkeit ersticken und damit in einer inneren Unfreiheit leben. So ist in Alexander und Mandela und anderen schwarzen Mithäftlingen während ihrer Haft der Plan gereift, die Kette der Gewalt zu durchbrechen und statt auf Rache auf eine gemeinsame Befreiung zu sinnen. Das Leiden hat in ihren Herzen den Mut und den Stolz hervorgebracht, sich über das Niveau der ihnen angetanen Gewalt und des Unrechts zu erheben und sich nicht länger mit dem Status von Objekten zu identifizieren, sondern erhobenen Hauptes auf die Unterdrücker friedensstiftend zuzugehen, was schließlich Südafrika einen Bürgerkrieg erspart hat.

***

Ein anderes Beispiel kommt aus Afghanistan, einem Land, wo Stammeskriege, militärische Interventionen Anarchie und chaotische Verhältnisse hinterlassen haben und wo eine humanistische Zivilisierung noch auf größte Hindernisse stößt. In diesem Klima ist die heute 24-jährige Studentin Fatima Hussaini dabei, sich selbst zu befreien und zur Wiederaufrichtung der anderen beizusteuern.

Sie hatte wegen der Taliban zeitweilig Afghanistan verlassen. In ihrer Heimat brachten die Taliban viele ihrer Verwandten um. *»Ich sah dort nur Terror. Wenn ich meine Mutter anschaute, weinte sie nur. Ich sah die Angst meiner Schwester, die war 5 und schrie nur nach Essen. So habe ich in einer Ecke gesessen und darüber nachgedacht, was in der Vergangenheit passiert war, wer ich war und was in Zukunft passieren würde. Dann studierte ich Literatur. Ein Professor wurde mein bester Lehrer und Freund. ›Du musst da raus, vielleicht wird dir das helfen.‹«* Sie begann mit Gruppen zu arbeiten und ging in Kabul zu Jugendkonferenzen aus der Zivilgesellschaft. Dort fand sie den Mut zu sprechen. *»Meine Religion ist Sheeah.«* Das ist eine islamische Minderheitsreligion, die vorher diskriminiert gewesen war. Freunde im afghanischen Jugendzentrum in Kabul ermutigten sie, sich bei der Radiostation zu bewerben. Das tat sie und arbeitet nun im ersten regierungsunabhängigen Rundfunkprogramm mit, das von 80 Prozent der Bevölkerung empfangen werden kann. *»Guten Morgen, Afghanistan!«* heißt die Sendung. Vom Programm des Senders sagt man, dass es einen wichtigen Beitrag zum Friedens- und Demokratisierungsprozess und zur Vertrauensbildung zwischen verschiedenen ethnischen Gruppen leiste. *»Und jetzt bin ich so glücklich«*, sagt Fatima, *»dass die Welt Afghanistan sieht. Sie werden Afghanistan nie wieder vergessen!«*

Auch hier zeigt schon die kurze Selbstdarstellung, wie aus Leiden und Verzweiflung nicht nur individueller Selbstheilungswille aufsteigt, sondern ein Verantwortungsbewusstsein, bei dem Wiederaufbau der Gemeinschaft mitzuwirken. Afghanistan soll sich wieder sehen lassen können. Schon diese Hoffnung macht Fatima glücklich.

***

Noch ein letztes Beispiel aus der Porträtsammlung: diesmal aus Israel. Der 27-jährige Student Guy Elhahan ist Mitglied von Courage to Refuse, einer Soldatenorganisation, die sich zwar zur Verteidigung der Sicherheit Israels bereit erklärt, aber den Dienst in besetzten Palästinensergebieten verweigert. Ein paar hundert Männer und Frauen wurden für die Verweigerung bereits mit Gefängnis bestraft. *»1997 starb meine Schwester bei einem palästinensischen Bombenattentat. Wir entschieden, dass meine Schwester kein Opfer von dem ist, was üblicherweise Terror genannt wird, sondern ein Opfer des damaligen Premierministers Benjamin Netanjahu. Was er tat, und er wusste das, führte zu dem Bombenanschlag.«* Als Netanjahu der Mutter, die mit ihm zur Schule gegangen war, einen Beileidsbesuch machen wollte, weigerte sie sich ihn zu sehen. Sie sagte: *»In Israel gibt es zwei Seiten: Menschen die Frieden wollen und Menschen die Krieg wollen, die vom Krieg profitieren«* Guy stellt fest: *»Die Mehrheit der Israelis möchte einen palästinensischen Staat in den Grenzen von 67.70 % haben das erklärt. Das haben wir uns nicht ausgedacht.«* Guy sollte als Panzerfahrer im Libanon eingesetzt werden. Aber seine Mutter machte ihr Hinterbliebenenrecht geltend und sorgte dafür, dass er zu einer anderen Einheit verlegt wurde. *»Ich bin meiner Mutter dankbar, weil sie meine Menschlichkeit gerettet hat.«* Die *»Refusniks«*, so nennt man die Verweigerer, möchten den Verlust unschuldiger Menschenleben verhindern und die Menschenrechte und Würde aller wahren, die vom israelisch-palästinensischen Konflikt betroffen sind. Die Gruppe ist heute eine der führenden Kräfte für eine Beendigung der Besatzung und für eine sichere demokratische Zukunft Israels.

Ein hoher Regierungsberater sagte unlängst, der Plan vom Rückzug aus dem Gazastreifen sei sehr von der Verweigerung beeinflusst worden. *»Er sagte es ganz direkt in der Öffentlichkeit. Das ist ein historischer Moment, und ich bin stolz, ein Teil davon zu sein.«*

***

Das ist nur eine kleine willkürliche Auswahl aus den 36 biographischen Porträts und Interviews, die Katharina Mouratidi in drei Jahren gesammelt und nun zusammen mit den Fotos der Befragten ausgestellt hat. Der Titel *»Die andere Globalisierung«* ist anspruchsvoll, dennoch treffend. *»Die andere«*, das enthält die Richtung, in der die Globalisierung menschlicher, gerechter, friedlicher werden soll, angefangen bei den Motiven der Menschen. Wenn auch viele einzelne materielle Ziele des Engagements aufzuführen wären, wo und wie überall die Befreiung von Ungerechtigkeiten, Unterdrückung und Unmenschlichkeit ansteht, so ist eine wichtige Gemeinsamkeit dieser Strömung, die sich Bewegung nennt, das Bewegende in den Seelen der Menschen. Die praktischen Ansatzpunkte sind unendlich vielgestaltig. Aber die vielen Tausende, die auf den Sozialforen zusammenströmen, empfinden dennoch eine spontane Verbundenheit. Die kommt aus einem Leiden an Unterdrückung von Menschlichkeit zu Lasten von Frauen, Kindern, Alten, von Fremden und Schwächeren und aus einem Gesundungswillen, der aus dem Inneren stammt. Es beginnt damit, sich nicht selbst länger nur als Objekt zu verstehen, mit dem dies und das gemacht wird, sondern als jemand, der ein Recht hat, aufrecht zu gehen und sich mitverantwortlich einzumischen. Im Leiden an Unterdrückung kann erfahren werden, was Alexander und Mandela vermitteln: Die Unterdrücker tun sich selbst Gewalt an, wenn sie ihren eigenen Gerechtigkeitssinn verleugnen und andere entwürdigen. Deshalb entscheidet sich eben auch ein Träger hoher amtlicher Verantwortung wie Ex-Chefökonom und Clinton-Berater Stieglitz zur Solidarisierung mit der Bewegung. Er will nicht länger stumm eine Misere mittragen, in die er sich durch eine falsch geleitete Wirtschaft mit verstrickt fühlt. In ihm kommt das Empfinden von Unanständigkeit auf, das ihn unausweichlich an die Seite der Bewegung treibt. Es ergeht ihm wie Walden Bello, dass er sich nur selbst treu bleiben kann, wenn er für die Bewegung Stellung bezieht. Das unterscheidet diese beiden von den vielen, denen eine verinnerlichte Systemhörigkeit bereits die Wahrnehmung ihres Selbstverrates erspart. Diese anderen sind der von den Massenbewegungen geschilderten Unterwerfungsautomatik verfallen, die sie vor dem Mitgefühl mit den Schwachen und vor Leiden an eigener Unanständigkeit bewahrt. Umso wichtiger ist es für die Bewegung, sich offen zu halten – gerade auch für diese Sensiblen, die zwar der Stellung nach *»von oben«*, aber auf zweifache Weise *»von unten«* kommen. Von unten in dem Sinne, dass sie Partei ergreifen für die Unterdrückten, aber auch in psychologischer Sicht, indem sie im eigenen Innern Regungen folgen, die seit langem als schwach, weichlich und erniedrigend gelten: Empfindsamkeit, Sanftmut, Mitfühlen, Ehrfurcht.

Die globalisierungskritische Bewegung markiert ein Aufbegehren gegen den sozial feindlichen Neoliberalismus. Zugleich artikuliert sie eine noch tiefer greifende Bewusstseinskrise. Sie drückt das Irrewerden am Leitbild des männlichen Allmachtsgottes aus. Der *»Superman«* des Francis Bacon, der Held der Rekorde und der Gipfelerstürmungen, der seine Gefühlswelt verachtete bzw. an die Frauen delegiert hatte, ist am Ende. Jetzt geht es nicht weiter nach oben. Rekorde lassen sich fast nur noch mit Doping-Betrug brechen. Alle Berge sind erobert. Die *»nuklearen Riesen«* lassen die Männer zu »ethischen Zwergen« schrumpfen. Und überall, wo die Männer obenauf sein wollen, haben sie die Frauen schon neben sich, mitunter sogar über sich. Die Western- und Superman-Mythen verblassen und taugen immer weniger zur überkompensatorischen Erstickung von Entmännlichungsangst.

Nur einen kurzen Augenblick konnte George W. Bush vor der Welt noch einmal den großen Triumphator spielen, als er Glauben machte, seinen Kreuzzugskrieg mit dem Auslöschen des Terrorismus krönen zu können. Aber unversehens stand er dann als großsprecherischer Versager da. Ex-Außenminister Powell hatte eben noch seinen kriegsunwilligen französischen Amtskollegen Villepin als unmännlich gescholten. Nach dem Desaster blieb ihm nur das Geständnis reuiger Beschämung übrig. Und die kriegerische siegesbewusste Mannhaftigkeit der US-Kriegsherren ist zu einer peinlichen Pose geronnen.

Dennoch kann man Powells Deutung des Irak-Kriegsabenteuers als Männlichkeitsprobe durchaus ernst nehmen. Es war in der Tat lesbar als symbolisches phallisches Aufbegehren der Nation mit dem noch am wenigsten gebrochenen männlichen Machtehrgeiz in der westlichen Welt. Es sollte eine imponierende Herrschaftsdemonstration werden – zugleich eine Demütigung nicht nur der islamischen Welt, sondern vor allem auch der *»feigen Alteuropäer«* und der *»europhilen Weichlinge«* in der eigenen demokratischen Opposition. Stattdessen geriet das Unternehmen nur zu einer blamablen Vorstellung nach dem Muster des Halbstarkenfilms: *»Denn sie wissen nicht, was sie tun.«*

Es gab keinen Sieg über einen waffenstarrenden Weltfeind, stattdessen die Hinrichtung von Zehntausenden ziviler Iraker mit Bomben und Raketen. Die Friedensforscher nehmen heute überwiegend an, Bush habe den Krieg gar nicht – wie behauptet – wegen verbotener Waffen im Irak geführt, sondern weil er wusste, dass diese gar nicht da waren. Übrig bleibt jedenfalls die bereits durch den Israel-Palästina-Konflikt und durch den 11. September 2001 entlarvte Krise des Glaubens an den Stärkekult, bzw. an den Fortschritt zur Befreiung von allen Abhängigkeiten durch Übermacht und Unversehrbarkeit – psychologisch Hintergrund der Vision vom Endsieg in der neoliberalen Machtkonkurrenz.

Diese Krise ist also nur *von unten aus* zu überwinden, nämlich durch Rehabilitation der seelischen Kräfte, die zugunsten der falschen pubertären Allmachtshoffnungen systematisch stigmatisiert worden sind. Psychologisch hatte die Flucht aus der mittelalterlichen Ohnmacht und Ergebenheit in die egomanische Anmaßung geführt, alle Gebundenheiten in eigene Bemächtigung zu überführen – eine in der Entwicklungspsychologie bekannte Identitätskrise, in der triebhafte Bedrängnis schwere Vernichtungsängste und als Gegenreaktion überschießende Machtbesessenheit entfacht. In der wissenschaftlich technischen Revolution ist kulturell so etwas geschehen wie eine Fixierung auf dieser Stufe pubertärer Unreife, begünstigt durch die von Francis Bacon vorausgesehenen Chancen der wissenschaftlich-technischen Revolution, wodurch die Menschheit nun getestet wird, ob sie weiterhin in blinder Unbesonnenheit mit der Atomtechnik und der Gentechnik in einer Weise herumspielt, die alles Leben auf dem Planeten bedroht – oder ob sie doch noch auf eine Stufe erwachsener und elterlicher Verantwortlichkeit aufzusteigen vermag und in der eigenen Innenwelt die Bindungen wahrnimmt, die ihr Halt und Orientierung geben, wie sie die Zukunft gemeinsam sichern und die Natur vor definitiver Verwüstung schützen kann.

Der heute zu bestehende Reifetest ist keine Männlichkeits-, sondern eine Menschlichkeitsprobe. Zwei Reifetests wurden jüngst zur Blamage. Mit seiner Kriegsstrategie verschaffte der Westen dem islamistischen Terrorismus erst einen Auftrieb wie nie zuvor, zumal in dem bislang terrorismusfreien Irak. Und als der Hurrikan Katharina die Führung der Supermacht herausforderte, erwies sich deren Präsident, der sich alle paar Wochen als Beschützer seines Landes und des *»Guten«* der Welt aufspielt, als kläglicher Versager. Zigtausende Schwarzamerikaner aus New Orleans standen während der Katastrophentage ohne Hilfe da. An ihren Fluchtorten warten die meisten noch heute vergeblich auf Beistand zum Wiederaufbau ihrer Wohnungen. Zugesagte Schutzdämme gegen künftige Überflutungen fehlen noch immer. Fazit: Ein Unglück ohne Feinde als Ursache stellt an Mitgefühl und Fürsorgeengagement Ansprüche, denen die Verantwortlichen offenkundig nicht gewachsen waren. Nur helfen, ohne zu siegen, dazu fehlt es an Empathie und Elan, schlicht an Reife.

Not tut auch, endlich diejenige Abstumpfung zu überwinden, die immer noch Hiroshima als Ruhmestat festhalten will und die es zulässt, übermächtige atomare Bedrohung weiterhin als legitime Einschüchterung zur Herrschaftsausübung zu missbrauchen. Zu Recht hat Papst Benedikt XVI. am Weltfriedenstag, dem 01.01. 2006, eine unausweichliche atomare Abrüstung und die Investierung der eingesparten Mittel für Entwicklungsprojekte, an erster Stelle für die Armen, gefordert. Die radikale Abkehr von der Atomwaffenpolitik wird aber nur stattfinden, wenn im Innern die Empfindsamkeit wieder erweckt wird, die nicht mehr als Schwächung oder Entmännlichung, sondern als Erweiterung von Menschlichkeit und von Freiheit verstanden würde. Denn das Leben unter atomarer Bedrohung bedeutet nichts als Angst, Wut, Rachewünsche und Anstiftung zu heimlichem Wettrüsten, also Unterdrückung von Freiheit. Diese kommt aus Offenheit, aus Mut zur Nähe gegenüber den anderen. Sie erweitert das Ich für die Wahrnehmung des Eigenen im Fremden, so wie wir es festgestellt haben in unserer Vergleichsuntersuchung von jungen Russen und Deutschen noch unter der politischen Atomkriegsdrohung: *»Ihr seid ja so wie wir!«* Es ist auch die Erfahrung der Globalisierungskritiker, etwa von Neville Alexander: Befreiung tut den Unterdrückern wie den Unterdrückten not.

Aber wie kommt es zu dem Mut, sich einzubilden, dass man die Welt verbessern kann? Dazu hat Katharina Mouratidi viele Antworten gehört. Durchgängig kommt bei den Engagierten der Glaube zum Vorschein, dass sie mit einer Verantwortung für das Ganze betraut seien. Das kann aus dem Christentum wie auch dem Islam kommen; auch aus dem afrikanischen Ubuntu, wonach der Einzelne nur durch andere und nicht allein von sich aus zu einem menschlichen Wesen werden kann, auch aus der Maya Religion, aus der Rigoberta Menchú schöpft. Und man kann sich an Mahatma Gandhi erinnern, dem die altindische Ahimsa die Kraft gab, ein Volk von 300 Millionen zu befreien, ohne die Gegner in ihrer Würde zu verletzen.

Noch sind die für eine »andere Globalisierung« engagierten Gruppen zersplittert, und ihr Einfluss ist erst in einigen Regionen spürbar. Aber es rührt sich etwas von diesem Glauben an das Wiedererkennen des Eigenen im Anderen, an eine gemeinsame universale Wertewelt. Diesen Gedanken zur Überwindung spaltender Vorurteile und zur Stärkung von Versöhnungsbereitschaft zu fördern, habe ich als Wunsch Peter Ustinovs herausgehört, als er mir die Wiener Gastprofessur antrug. Ob ich seiner Erwartung leidlich gerecht geworden bin, mögen die Leser entscheiden. Die in diesem letzten Kapitel aufgeführten Zeugen scheinen mir jedenfalls geeignet, Hoffnungen zu stärken, weil sie mit Zuversicht dafür praktisch eintreten, was sie im Sinn haben. Jedes passive Abwarten schwächt Widerstandskraft. Es gibt eine kreisförmige Wechselwirkung von passivem Stillhalten und Pessimismus einerseits und von aktiver Einmischung und Zuversicht andererseits. Die Einmischung sollte das Pro, das Engagement für das Bessere, der unentbehrlichen Kritik am Falschen voranstellen.

Literaturverzeichnis

Albertus, Magnus (2001): Zum Gedenken nach 800 Jahren, Hg. von W. Senner u. a.; Berlin (Akademie Verlag)

Aly, G. (2005): Hitlers Volksstaat; Frankfurt a.M. (S. Fischer Verlag)

Amend, Ch. (2003): Morgen tanzt die ganze Welt; München (Karl Blessing Verlag)

Anders, G. (1980): Die Antiquiertheit des Menschen, 2. Band; München (C.H. Becksche Verlags Buchhandlung)

Anders, G. (1982): Hiroshima ist überall; München (C.H. Becksche Verlags Buchhandlung)

Anders, G. (1987): Gewalt – Ja oder Nein; München (Knaur)

Aufmuth, U. (1992): Zur Psychologie des Bergsteigens; Frankfurt a.M. (Fischer Taschenbuch Verlag)

Augustinus (1939): Bekenntnisse und Gottesstaat; Stuttgart (Kröner Verlag) 2. Aufl.

Augustinus (1989): Bekenntnisse. Hg. von K. Flasch und B. Mojsisch; Stuttgart (Ph. Reclam jun.)

Bacon, F. (1960): Neu Atlantis, In: Der utopische Staat, hrsg. v. Ernesto Grassi; Reinbek (Rowohlt TB Verlag)

Bacon, F. (o.J.): Essays; Hg. v. L. Schücking; Wiesbaden (Dieterischsche Verlagsbuchhandlung)

Bahr, H. E. (2003): Erbarmen mit Amerika; Berlin (Aufbau Verlag)

Bauman, Z. (1992): Dialektik der Ordnung: Die Moderne und der Holocaust; Hamburg (Europ. Verlagsanstalt)

Benedikt XVI (2006): In der Wahrheit liegt der Friede. Botschaft des Papstes zur Feier des Weltfriedenstages, 01.01.2006

Bodin, J. (1586): De la Démonomanie des Sorciers; Antwerpen

Boguet, H. (1929): An Examen of Witches; hg. v. Montague Summers; London

Bonatti, W. (1964): Berge – meine Berge; Rüschlikon/Zürich (Müller)

Born, M. (1953): Kommentar in »Albert Einstein, Hedwig und Max Born Briefwechsel«; München; (Nymphenburger Verlagshaus) 1969

Born, M. (1969): Erinnerungen und Gedanken eines Physikers. In: M. u. H. Born: Erlebnisse und Einsichten im Atomzeitalter. Der Luxus des Gewissens; München (Nymphenburger Verlag)

Born, M., J. Franck (1982): Der Luxus des Gewissens, Physiker in ihrer Zeit; Berlin. Staatsbibliothek; Preussischer Kulturbesitz

Brähler, E., O. Decker u. H.E. Richter (2006): Deutsche im Giessen-Test, Vergleich 1994–2006

Buber, M. (1985): Pfade in Utopia. Über Gemeinschaft und deren Verwirklichung; Heidelberg (Lambert Schneider)

Butler, L. (1999): Sind Kernwaffen notwendig? Rede, gehalten für das Canadian Network to Abolish Nuclear Weapons am 11.03.1999

Chargaff, E. (1985): Zeugenschaft; Stuttgart (Klett-Cotta)

Clark, R.W. (1974): Einstein – Leben und Werk; Esslingen (Bechtle Verlag) S. 401–404

Conzen, P. (2005): Fanatismus – Psychoanalyse eines unheimlichen Phänomens; Stuttgart (W. Kohlhammer)

Decker, R. (2003): Die Päpste und die Hexen; Darmstadt (Primus Verlag)

Descartes, R. (1644): Prinzipien der Philosophie. In: Philosophische Werke, Bd. 2; Leipzig (Verlag Felix Meiner) 1911, S. 248

Descartes, R. (1647): Meditationen. In: Philosophische Werke, Bd. 1, 3. Meditation; Leipzig (Verlag Felix Meiner) 1911, S. 28f

Descartes, R. (1904): Meditationen über die Grundlagen der Philosophie; Leipzig (Verlag Meiner)

DIE WELT (2005): Die Seele Dresdens; Sonderausgabe zur Weihe der Dresdner Frauenkirche; Herbst 2005

Edward, Herzog von Kent (2005): Sachsens Profil in Großbritannien wächst. In: DIE WELT, Die Seele Dresdens

Einstein, A. (1941): Naturwissenschaft und Religion; In: Aus meinen späteren Jahren II; Stuttgart (DVA) 1952

Einstein, A. (1953): Religion und Wissenschaft. In: Mein Weltbild, hg. von C. Seelig; Zürich-Stuttgart-Wien (Europa Verlag)

Einstein, A. (1975): Frieden, hrsg. von O. Nathan und H. Norden; Bern (Herbert Lang Verlag)

Elias, N. (1976): Über den Prozess der Zivilisation, 1. Bd.; Frankfurt a.M. (Suhrkamp Taschenbuch Verlag)

Enzensberger, H.M. (1967): Vaterland, Muttersprache. Zusammengestellt von K. Wagenbach u.a.; Berlin (Verlag Klaus Wagenbach) 1994

Erikson, E.H. (1959): Identität und Lebenszyklus; Frankfurt a.M. (Suhrkamp Taschenbuch Wissenschaft 16)

Erikson, E.H. (1969): Gandhis Wahrheit (Suhrkamp Taschenbuch Wissenschaft 265)

Erbstösser, M. (1996): Die Kreuzzüge; Bergisch Gladbach (Bastei-Verlag G.H. Lübbe)

Farrell, Th. (1945): Bericht an Präs. Truman; In: R.J. Lifton und E. Markusen: Die Psychologie des Völkermordes; Atomkrieg und Holocaust; Stuttgart (Klett-Cotta) 1992, S. 74

Feld, H. (1994): Franziskus von Assisi und seine Bewegung; Darmstadt (Wissenschaftliche Buchgesellschaft)

Flasch, K. (1986): Das philosophische Denken im Mittelalter; Stuttgart (Reclam)

Flasch, K. (1994): Augustin; Stuttgart (Ph. Reclam jun.) 2. Aufl.

Franck, J. (1933): Erklärung seines Amtsverzichts in der Göttinger Zeitung von 18.04.1933

Franck, J. (1945): Franck Report. Memorandum, das am 12.06.45 dem stellv. US Verteidigungsminister übergeben wurde. In: Max Born, James Franck: Physiker in ihrer Zeit; Berlin. Staatsbibliothek Preussischer Kulturbesitz 1982

Franck, Ph. (1979): Einstein, sein Leben und seine Zeit; Braunschweig/ Wiesbaden (Vieweg und Sohn)

Freud, S. (1912): Schlusswort der Onanie-Diskussion; G.W.; Bd. VIII, S. 331–345

Freud, S. (1921): Massenpsychologie und Ich-Analyse; in: GW. Bd XIII, S. 71 – 101

Freud, S. (1927): Die Zukunft einer Illusion; G.W.; Bd XIV, S. 323–380

Freud, S. (1930): Das Unbehagen in der Kultur; G.W.; Bd. XIV, S. 419–506

Freud, S. (1933): Warum Krieg? GW, 16. Bd. XVI, S. 13–27

Fromm, E. (1974): Anatomie der menschlichen Destruktivität; Stuttgart (DVA)

Gorbatschow, M. (1987): Für die Unsterblichkeit der Menschheit. Ansprache vor den Teilnehmern am Internationalen Forum »Für eine Welt ohne Kernwaffen, für das Überleben der Menschheit.« Moskau 16.02.1987; Moskau (APN-Verlag)

Guardini, R. (o.J.): Einführung in B. Pascal: »Gedanken«. Birsfelden-Band (Verlag Schieli-Doppler)

Guhl, E. u. W. Koner (1872): Das Leben der Griechen und Römer; Berlin (Weidmannsche Buchhandlung)

Hatfield, J. H. (2002): Das Bush-Imperium; Bremen-Montreal (Atlantik Verlags- und Mediengesellschaft)

Herrmann, H. (2003): Martin Luther – eine Biographie; Berlin (Aufbau Tb Verlag) S. 433, 434

Hilberg, R. (1980): Significance of the Holocaust in: H. Friedländer u. S. Milton (Hrsg): The Holocaust Ideology, Bureaucracy and Genocide

Hilberg, R. (1986): Die Vernichtung der europäischen Juden: die Gesamtgeschichte des Holocaust; Berlin (Olle u. Wolter)

Hufeland, Ch. W. (1798): Die Kunst, das menschliche Leben zu verlängern; Jena (Akademische Buchhandlung) und Wien (Schaumburg u. Compagnie) 2 Bände

Ibn Ruschd (Averroes) zit. nach W. Windelband: Lehrbuch der Geschichte der Philosophie, hg. von H. Heimsoeth; Tübingen 1935, S. 268–269

Ikeda, D. (2002): Die sieben Schritte für den Frieden; München (Nymphenburger in der F.A. Herbig Verlagsbuchhandlung) S. 186f

Johannes: Offenbarung (Bibel)

Jung Chang, Jon Halliday (2005): Mao. Das Leben eines Mannes, das Schicksal eines Volkes; München (Karl Blessing Verlag)
Kämpfen, W. (1997): Kleines Zermatter Brevier; Visp (Rotten Verlag)
Kamphaus, F. (1993): Versöhnung kommt im Strafrecht nicht vor; Kirchenzeitung für das Bistum Limburg, Nr. 23, 06.06.1993
Kamphaus, F. (2005): Zeige deine Wunde; in: FAZ v. 18.11.2005, Nr. 269, S. 8
Katholische Bischofskonferenz der USA, Pastoralbrief (1983): Die Herausforderung des Friedens – Gottes Verheißung und unsere Antwort. In: Atomwaffen abschaffen; hg. von Pax Christi; Bad Vilbel
Kennedy, P. (1992) In Vorbereitung auf das 21. Jahrhundert; Frankfurt a. M. (S. Fischer Verlag)
Kjaer, J. (1990): Friedrich Nietzsche. Die Zerstörung der Humanität durch ›Mutterliebe‹; Wiesbaden (Westdeutscher Verlag)
Koenen, G. (2003): Vesper, Ensslin, Baader. Urszenen des deutschen Terrorismus; Köln (Kiepenheuer u. Witsch)
Kollek, R. (2000): Präimplantationsdiagnostik; Tübingen und Basel (A. Franke Verlag)
Kolmar, L. (1993): … Ad terrorem multorum. Die Anfänge der Inquisition in Frankreich. In: P. Segel (Hg): Die Anfänge der Inquisition im Mittelalter
Kramer, H. (Institoris) (2000): Der Hexenhammer; München (Deutscher Taschenbuch Verlag, 3. Aufl. 2003)
Kurze, D. (1993): Anfänge der Inquisition in Deutschland. In: P. Segel (Hg): Die Anfänge der Inquisition im Mittelalter
Le Bon, G. (1895): Psychologie der Massen, dt. 2. Aufl. 1912
Levack, B.P. (1995): Hexenjagd. Die Geschichte der Hexenverfolgungen in Europa; München (Beck'sche Reihe 3. Aufl. 2003)
Lifton, R.J. und E. Markusen (1990): Die Psychologie des Völkermordes; Stuttgart (Klett Cotta)
Lifton, R.J. und G. Mitchell (1995): Hiroshima in America. Fifty Years of Denial; New York (Putnam's Sons)
Lorenz, M.N. (2005): ›Ausschwitz drängt uns auf einen Fleck‹ – Judendarstellung und Ausschwitzdiskurs bei Martin Walser; Stuttgart (Verlag Metzler)
Ludwig, U. (2005): Geheime Gesandte. In: DER SPIEGEL, Nr. 23, 06.06.2005
Lukács, G. (1983): Die Zerstörung der Vernunft. 3 Bd.; Darmstadt (Luchterhand)
M. G. (2005): Eine Bürgerinitiative und ihre Vision, Hamburger Abendblatt, 24.10.2005
Mailer, N. (2003): Heiliger Krieg: Amerikas Kreuzzug, Reinbek (Rohwohlt) S. 73
Maimonides: zit. nach Windelband, S. 269–270 und nach Rigo, C.: Zur Rezeption des Moses Maimonides im Werk des Albertus Magnus, Albertus Magnus, S. 29–68

Mandela, N. (1997): Der lange Weg zur Freiheit; Frankfurt a.M. (Fischer)
McNamara, R.S. (1996): Vietnam, das Trauma einer Weltmacht; Hamburg (Spiegel-Buchverlag)
McNamara, R.S. (2005) Code für die Apokalypse; (Freitag) 27.05.2005
Meadows, D. (1972): Die Grenzen des Wachstums; Stuttgart (DVA)
Meier-Seethaler, C. (2004): Das Gute und das Böse; Stuttgart (Kreuz Verlag)
Merkel, A. (2005): In: Süddeutsche Zeitung, 01.12.2005
Messner, R. (2005): Gobi; Frankfurt a.M. (Fischer) 2. Aufl.
Metz, J.P. (1980): Jenseits bürgerlicher Religion. Reden über die Zukunft des Christentums; München, Mainz (Kaiser, Matthias Grünewald)
Milgram, St. (1974): Obedience to Authority, Dt. Ausgabe 1982: Das Milgram-Experiment; Reinbek (Rowohlt)
Mouratidi, K. (2006): Venceremos! Die andere Globalisierung; Heidelberg (Edition Braus)
Nietzsche, F. (1977): Werke in 3 Bänden. Hrsg. von K. Schlechta; München (C. Hauser)
NRW Forum Kultur und Wissenschaft, Düsseldorf (2004): Der Traum vom Turm; Düsseldorf (Hatje Crantz Verlag)
Papst Benedikt XVI. (2006): In der Wahrheit liegt der Friede; Botschaft zur Feier des Weltfriedenstages, 01.01.2006
Pascal, B. (1956): Gedanken; Stuttgart (Reclam)
Pascal, B. (1977): Pensées; Ebenhausen b. München (DTB Verlag)
Pascal, B. (o.J.): Gedanken; Birsfelden-Basel (Sammlung Dieterich; Verl. Schibli-Doppler)
Platon: Gorgias. Der Gestrafte wird an der Seele besser und von größtem Übel befreit. Die Rechtspflege als Befreiung von Ungerechtigkeit. 33, 34
Platon: Phaidon; Wiedergeburt der unphilosophischen Seelen ihrer Sinnesart nach. 31
Platon: Symposion. Die ursprüngliche Natur des Menschen; Herkunft und Art seiner 3 Geschlechter, Bestrafung des menschlichen Übermuts; Art. 14, 15, 25
Plutarch (1996): Griechische und römische Heldenleben. Perikles, Wiesbaden (VMA Verlag), S. 59–67
Postman, N. (1988): Wir amüsieren uns zu Tode; Frankfurt a.M. (Fischer Tb)
Richter, H.-E. (1963): Eltern, Kind und Neurose; Stuttgart (Verlag E. Klett)
Richter, H.-E. (1974): Lernziel Solidarität; Reinbek (Rowohlt)
Richter, H.-E. (1979): Der Gotteskomplex; Reinbek (Rowohlt)
Richter, H.-E. (1981): Alle redeten vom Frieden; Reinbek (Rowohlt)
Richter, H.-E. (1989): Die hohe Kunst der Korruption; Hamburg (Hoffmann u. Campe)
Richter, H.-E. (1996): Birgit Hogefelds Versuch, die eigene Geschichte und diejenige der RAF zu begreifen. In: Versuche, die Geschichte der RAF zu verstehen; Giessen (Psychosozial Verlag)
Richter, H.-E. (2000): Was mich mit einer gewandelten RAF-Gefangenen

und ihrem Vater verbindet. In: Wanderer zwischen den Fronten; Köln (Verlag Kiepenheuer u. Witsch) S. 113–118
Richter, H.-E., Hg. (1990): Russen und Deutsche. Alte Feindbilder weichen neuen Hoffnungen; Hamburg (Hoffmann und Campe)
Rorty, R. (07.09.2002): Der unendliche Krieg. In Süddeutsche Zeitung
Rorty, R. (1993): Hoffnung statt Erkenntnis; Wien (Passagen Verlag)
Rose, E. (1979): Die manichäische Christologie; Wiesbaden (Harrassowitz)
Rousseau, J.J. (1755): Schriften zur Kulturkritik; Hamburg (Felix Meiner Verl.) 2. Aufl. 1971
Russell, B. (1954): Man's Peril from the Hydrogen Bomb. In: The Listener; 30.12.1954
Russell, B. (1963): Sieg ohne Waffen. Was ein Einzelner zu tun vermag; Darmstadt (Verlag Darmstädter Blätter, 1987)
Scheler, M. (1957): Ordo amoris, G.W. Bd., 2. Auflage; Bern und München (Francke Verlag)
Scheler, M. (1963): Von zwei deutschen Krankheiten; GW Bd VI; Bern und München (Francke Verlag) S. 208f
Schimmelpfennig, B.: Des großen Bruders Großmutter. Die christliche Inquisition als Vorläuferin des modernen Totalitarismus. In: P. Segl (Hg): Die Anfänge der Inquisition im Mittelalter
Schmitter, E. (2005): Der ewige Flakhelfer. In: DER SPIEGEL, Nr. 36, 05.09.2005
Schulz, W. (1965): Das Problem der Angst in der neueren Philosophie; In: H.v.Ditfurth (Hg): Aspekte der Angst; Stuttgart (Thieme Verlag) S. 1–14
Seewahl, St. u. Sv. Kellerhoff (2005): Ruf aus Dresden; Welt am Sonntag, 30.10.2005
Segl, Peter; Hg (1993): Die Anfänge der Inquisition im Mittelalter; Köln (Böhlau Verlag)
Seneca: Von den Eigenschaften der Zeit. In: Vom glückseligen Leben; Berlin (Deutsche Bibliothek) ohne Jahr
Sennett, R. (1998): Der flexible Mensch. Die Kultur des neuen Kapitalismus; Berlin (Berlin Verlag)
Simmel, E. (1932): Nationalsozialismus und Volksgesundheit. Der sozialistische Arzt 8; in: E. Simmel: Psychoanalyse und ihre Anwendungen; 1993, Frankfurt a.M. (Fischer Tb)
Sternstein, W. u. a. (1998): Atomwaffen abschaffen; Idstein (Meinhardttext und design)
Stierlin, H. (1978): Familienterrorismus und öffentlicher Terrorismus. Hintergründe terroristischen Verhaltnes in der Bundesrepublik Deutschland. In: Familiendynamik Bd. III; S. 170–198
Süddeutsche Zeitung (29.10.2005): Gute Aussichten für den Kölner Dom; Nr. 250, S. 5
Tinbergen, N., zit. nach E. Fromm (1974) Anatomie der menschlichen Destruktivität; Stuttgart (DVA)

Tischner, R. u. K. Bilfel (1941): Mesmer und sein Problem; Stuttgart (Hippokrates-Verlag)

Ustinov, P. (2003): Achtung! Vorurteile; Hamburg (Hoffmann u. Campe)

von Weizsäcker, C.F. (1967): Friedlosigkeit als seelische Krankheit. In: Der bedrohte Friede; Stuttgart (dtv) 1983

Weathers, B. (2003): Für tot erklärt. Meine Rückkehr vom Mount Everest; München (Deutscher Taschenbuch Verlag)

Weber, M. (1921): Gesammelte politische Schriften; Tübingen (J.C.B. Mohr 1980) S. 551–559

Weizenbaum, J. (1977): Die Macht der Computer und die Ohnmacht der Vernunft; Frankfurt a.M. (Suhrkamp)

Weizenbaum, J. (1993): Wer erfindet die Computermythen? Der Fortschritt in den großen Irrtum; Freiburg, Basel, Wien (Herder)

Weizenbaum, J. (2001): Computermacht und Gesellschaft; Frankfurt a.M. (Suhrkamp)

Weyer, J. (2003): Wernher von Braun; Reinbek (Rowohlt TB Verlag)

Whymper, E. (1872): Berg- und Gletscherfahrten; Braunschweig (Verlag George Westermann)

Windelband, W. (1935): Lehrbuch der Geschichte der Philosophie, hrsg. v. Heinz Heimsoeth; Tübingen (Verl. v. J.C.B Mohr) S. 68ff

Wirth, H.-J. (2002): Narzissmus und Macht; Giessen (Psychosozial-Verlag)

Wolf, Ch. (1983): Kassandra; Darmstadt und Neuwied (Luchterhand), 4. Aufl., S. 132

Wright, Q. (1965): A Study of War; 2. Aufl. Chicago (Univ. of Chicago Press)

Wülzinger, M. (2006): Königinnen der Todesszone. In: DER SPIEGEL, Nr. 1, 02.01.2006

2002 · 439 Seiten · gebunden
EUR (D) 24,90 · SFr 43,70
ISBN 3-89806-044-6
ISBN 978-3-89806-044-8

Gesellschaftliche Macht übt eine unwiderstehliche Anziehungskraft auf Personen aus, die an einer narzisstischen Persönlichkeitsstörung leiden. Die Möglichkeit, politische oder ökonomische Macht auszuüben, nährt Größen- und Allmachtsfantasien. Umgekehrt bahnen Karrierestreben und Rücksichtslosigkeit den Weg zu den Schaltzentralen der Macht.

In detaillierten Fallstudien – u. a. über Ministerpräsident Uwe Barschel, Ex-Bundeskanzler Helmut Kohl, Ex-Sponti und Außenminister Joschka Fischer und Serbenführer Slobodan Milosevic – analysiert der Autor die Verflechtungen zwischen Persönlichkeitsmerkmalen, individueller Psychopathologie und den ethnischen, religiösen und kulturellen Identitätskonflikten der jeweiligen Bezugsgruppe und denen der Gesellschaft.

2004 · 270 Seiten · gebunden
EUR (D) 24,90 · SFr 43,70
ISBN 3-89806-405-0
ISBN 978-3-89806-405-7

Justin Frank, angesehener Washingtoner Psychoanalytiker und Professor für Psychiatrie, erstellt mit Hilfe der Angewandten Psychoanalyse – der Disziplin zur Analyse öffentlicher und historischer Persönlichkeiten, deren Pionier Sigmund Freud ist – ein umfassendes psychologisches Profil von George W. Bush. Kenntnisreich, leicht zugänglich, mutig und kontrovers wirft Frank ein neues Licht auf die derzeitige Regierung und die labile Psyche des Mannes an ihrer Spitze: Ist Bush psychisch überhaupt in der Lage, die USA zu führen?

»Ein hervorragender und mutiger Psychotherapeut liefert uns eine scharfsinnige Beschreibung der psychischen Veranlagung des mächtigsten Mannes der Welt. Sie ist fesselnd und überzeugend und absolut beängstigend.« *Irvin Yalom, Prof. em. für Psychiatrie, Universität Stanford*

2005 · 290 Seiten · Broschur
EUR (D) 24,90 · SFr 43,–
ISBN 3-89806-464-6
ISBN 978-3-89806-464-4

In diesem Buch berichten Therapeutin und Patientin gemeinsam über die Behandlung einer Depression mit der Konzentrativen Bewegungstherapie. Anhand von Protokollen und Tagebuchnotizen schildern Christine Gräff und ihre Patientin Maria L. einen therapeutischen Prozess, der aus dem Dunkel der Depression herausgeführt hat.

Erstmalig ist ein Therapieverlauf dokumentiert, der nicht in der Absicht einer späteren Veröffentlichung geschrieben wurde. Da der Leser sowohl am Erleben der Patientin als auch der Therapeutin teilnimmt, erhält er eine differenzierte Einsicht in beide Seiten. Die Erläuterungen von Christine Gräff geben zudem die Möglichkeit, am konkreten Fall den therapeutischen Prozess mitzuvollziehen.

2005 · 389 Seiten · Broschur
EUR (D) 36,– · SFr 62,–
ISBN 3-89806-411-5
ISBN 978-3-89806-411-8

In den letzten beiden Jahrzehnten haben GruppenanalytikerInnen neue Arbeitsfelder erschlossen, in denen sie Aufträge der Supervision und Organisationsberatung übernehmen. Zu diesem Zweck haben sie ihre Interventionstechniken, die ursprünglich psychotherapeutischen Anwendungen dienten, feldspezifisch weiter entwickelt.

Dieser Sammelband bietet einen doppelten Überblick: Zum einen werden Konzepte und Praxisfelder der Gruppenanalyse in ihrer außertherapeutischen Anwendung vorgestellt. Zum anderen liefern praxisnahe Berichte einen Überblick über die Supervision und Beratung verschiedenster Organisationen wie Schulen, Kliniken, Kirchen, Unternehmen und politischen Parteien.

Weizenbaum, Computermacht
Mc Namara: Autobiographie